中国三峡集团招标文件范本

项目类型：水力发电工程

金结与机电设备类招标文件范本

（第三册）

（2017 年版）

中国长江三峡集团有限公司　编著

中国三峡出版传媒

中国三峡出版社

图书在版编目（CIP）数据

金结与机电设备类招标文件范本. 第三册：2017 年版/中国长江三峡集团有限公司编著. —北京：中国三峡出版社，2018.6

中国三峡集团招标文件范本 项目类型.水力发电工程

ISBN 978 - 7 - 5206 - 0046 - 0

Ⅰ.①金… Ⅱ.①中… Ⅲ.①三峡水利工程—金属结构—招标—文件—范本 ②三峡水利工程—机电设备—招标—文件—范本Ⅳ.①TV34 ②TV734

中国版本图书馆 CIP 数据核字（2018）第 135949 号

责任编辑：危 雪

中国三峡出版社出版发行

（北京市西城区西廊下胡同 51 号 100034）

电话：（010）57082566 57082640

http：//www.zgsxcbs.cn

E—mail：sanxiaz@sina.com

北京华联印刷有限公司印刷 新华书店经销

2018 年 6 月第 1 版 2018 年 6 月第 1 次印刷

开本：787×1092 毫米 1/16 印张：24.75

字数：475 千字

ISBN 978 - 7 - 5206 - 0046 - 0 定价：128.00 元

编 委 会

前　言

1992 年，经全国人大批准，三峡工程开工建设。中国长江三峡集团有限公司（原名"中国长江三峡工程开发总公司"，以下简称"三峡集团"）作为项目法人，积极推行"项目法人负责制、招标投标制、工程监理制、合同管理制"，对控制"质量、造价、进度"起到了重要作用。三峡工程招标采购管理的改革实践，引领了当时国内大水电招标采购管理，为国家制定招投标方面的法律法规提供了宝贵的实践经验。三峡工程吸引了全国乃至全世界优秀的建筑施工企业、物资供应商和设备制造商参与投标、竞争，三峡集团通过择优选取承包商，实现了资源的优化配置和工程投资的有效控制。三峡集团秉承"规范、公正、阳光、节资"的理念，打造"规范高效、风险可控、知识传承"的招标文件范本体系，持续在科学性和规范性上深耕细作，已发布了覆盖水电工程、新能源工程、咨询服务等领域的 100 多个招标文件范本。招标文件范本在公司内已经使用 2 年，对提高招标文件编制质量和工作效率发挥了良好的作用，促进了三峡集团招标投标活动的公开、公平和公正。

本系列招标文件范本遵照国家《标准施工招标文件》（2007 年版）体例和条款，吸收三峡集团招标采购管理经验，按照标准化、规范化的原则进行编制。系列丛书分为水力发电工程建筑与安装工程、水力发电工程金结与机电设备、水力发电工程大宗与通用物资、咨询服务、新能源工程 5 类 9 册 15 个招标文件范本。在项目划分上充分考虑了实际项目招标需求，既包括传统的工程、设备、物资招标项目，也包括科研项目和信息化建设项目，具有较强的实用性。针对不同招标项目的特点选择不同的评标方法，制定了个性化的评标因素和合理的评标程序，为科学选择供应商提供依据；结合三峡集团的管理经验细化了合同条款，特别是水电工程施工、机电设备合同条款传承了三峡工程建设到金沙江 4 座巨型水电站建设的经验；编制了有前瞻性的技术条款和技术规范，部分项目采用了三峡标准，发挥企业标准的引领作用；对于近年来备受关注的电子招标投标、供应商信用评价、安全生产、廉洁管理、保密管理等方面，均编制了具备可操作性的条款。

招标文件编制涉及的专业面广，受编者水平所限，本系列招标文件范本难免有不妥当之处，敬请读者批评指正。

联系方式：ctg_zbfb@ctg.com.cn。

编者

2018 年 6 月

目　录

水电工程闸门及金属结构采购招标文件范本

水电工程启闭机（液压及卷扬式）采购招标文件范本

水电工程闸门及金属结构
采购招标文件范本

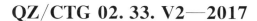

QZ/CTG 02. 33. V2—2017

_____金属结构采购

招标文件

招标编号：_____

招标人：

招标代理机构：

20____年____月____日

使用说明

一、《招标文件》适用于中国长江三峡集团有限公司水电建设项目的<u>闸门及金属结构采购项目</u>招标。

二、《招标文件》用相同序号标示的章、节、条、款、项、目，供招标人和投标人选择使用；以空格标示的由招标人填写的内容，招标人应根据招标项目具体特点和实际需要具体化，确实没有需要填写的，在空格中用"/"标示。

三、《招标文件》第一章的招标公告或投标邀请书中，投标人资格要求按照单一标段编写。多标段招标时，可并列编写各标段投标人资格要求。

四、招标人可以根据项目实际情况，约定是否允许投标文件偏离招标文件的某些要求，并对《招标文件》第二章"投标人须知"前附表第1.12款中的"偏离范围"和"偏离幅度"进行约定。

五、《招标文件》第三章"评标办法"采用综合评估法，各评审因素的评审标准、分值和权重等不可修改。

六、《招标文件》第四章"合同条款及格式"中，结合集团水电建设项目以往招标范本进行针对性修改，便于标段合并。

七、《招标文件》第五章"采购清单"由招标人根据招标项目具体特点和实际需要编制，并与"投标人须知"、"合同条款及格式"、"技术标准和要求"、"图纸"相衔接。本章所附表格可根据有关规定作相应的调整和补充。

八、《招标文件》第六章"图纸"由招标人根据招标项目具体特点和实际需要编制，并与"投标人须知"、"合同条款及格式"和"技术标准和要求"相衔接。

九、《招标文件》第七章"技术标准及要求"由招标人根据集团公司现行的闸门及金属结构设备招标及采购文件进行编写，在编制招标文件时可根据项目具体特点和实际需要调整。其内容应符合国家强制性标准。

十、《招标文件》将根据实际执行过程中出现的问题及时进行修改。各使用单位对《招标文件》的修改意见和建议，可向编制工作小组反映。

邮箱：ctg_zbfb@ctg.com.cn。

第一章 招标公告（未进行资格预审）

＿＿＿（项目名称及标段）＿＿ 招标公告

1 招标条件

本招标项目＿＿（项目名称）＿＿已获批准招标，项目资金来自＿＿（资金来源）＿＿，招标人为＿＿＿＿＿＿＿＿＿，招标代理机构为＿三峡国际招标有限责任公司＿。项目已具备招标条件，现对该项目进行公开招标。

2 项目概况与招标范围

2.1 项目概况

＿＿＿＿＿＿＿＿＿＿＿＿＿＿＿＿＿＿（说明本次招标项目的建设地点、规模等）。

2.2 招标范围

＿＿＿＿＿＿＿＿＿＿＿＿＿＿＿＿＿（说明本次招标项目的招标范围、标段划分〈如果有〉、计划工期等）。

3 投标人资格要求

3.1 本次招标要求投标人须具备以下条件：

1）资质条件：＿＿＿＿＿＿＿＿＿＿＿；

2）业绩要求：＿＿＿＿＿＿＿＿＿＿＿；

3）项目经理要求：＿＿＿＿＿＿＿＿＿＿；

4）信誉要求：＿＿＿＿＿＿＿＿＿＿＿；

5）财务要求：＿＿＿＿＿＿＿＿＿＿＿；

6）其他要求：＿＿＿＿＿＿＿＿＿＿＿。

3.2 本次招标＿＿（接受或不接受）＿＿联合体投标。联合体投标的，应满足下列要求：＿＿＿＿＿＿＿＿＿＿＿＿＿＿＿＿＿＿＿＿。

3.3 投标人不能作为其他投标人的分包人同时参加投标。单位负责人为同一人或者存在控股、管理关系的不同单位，不得参加同一标段投标或者未划分标段的同一招标项目投标。

3.4 各投标人均可就上述标段中的＿＿（具体数量）＿＿个标段投标。

4 招标文件的获取

4.1 招标文件发售时间为＿＿＿年＿＿月＿＿日＿＿时整至＿＿＿年＿＿月＿＿日＿＿时整（北京时间，下同）。

4.2 招标文件每标段售价＿＿＿＿元，售后不退。

4.3 有意向的投标人须登录中国长江三峡集团有限公司电子采购平台（网址：http://epp. ctg. com. cn/，以下简称"电子采购平台"，服务热线电话：010－57081008）进行免费注册成为注册供应商，在招标文件规定的发售时间内通过电子采购平台点击"报名"提交申请，并在"支付管理"模块勾选对应条目完成支付操作。潜在投标人可以选择在线支付或线下支付（银行汇款）完成标书款缴纳：

　　1）在线支付（单位或个人均可）时请先选择支付银行，然后根据页面提示进行支付，支付完成后电子采购平台会根据银行扣款结果自动开放招标文件下载权限；

　　2）线下支付（单位或个人均可）时须通过银行汇款将标书款汇至三峡国际招标有限责任公司的开户行：工商银行北京中环广场支行（账号：0200209519200005317）。线下支付成功后，潜在投标人须再次登录电子采购平台，依次填写支付信息、上传汇款底单并保存提交，招标代理机构工作人员核对标书款到账情况后开放下载权限。

4.4 若超过招标文件发售截止时间则不能在电子采购平台相应标段点击"报名"，将不能获取未报名标段的招标文件，也不能参与相应标段的投标，未及时按照规定在电子采购平台报名的后果，由投标人自行承担。

5 电子身份认证

　　本项目投标文件的网上提交部分需要使用电子钥匙（CA）加密后上传至本电子采购平台（标书购买阶段不需使用 CA 电子钥匙）。本电子采购平台的相关电子钥匙（CA）须在北京天威诚信电子商务服务有限公司指定网站办理（网址：http://sanxia. szzsfw. com/，服务热线电话：010－64134583），请潜在投标人及时办理，以免影响投标，由于未及时办理 CA 影响投标的后果，由投标人自行承担。

6 投标文件的递交

6.1 投标文件递交的截止时间（投标截止时间，下同）为＿＿＿年＿＿月＿＿日＿＿时整。本次投标文件的递交分现场递交和网上提交，现场递交的地点为＿＿＿＿＿＿＿＿＿；网上提交的投标文件应在投标截止时间前上传至电子采购平台。

6.2　在投标截止时间前，现场递交的投标文件未送达到指定地点或者网上提交的投标文件未成功上传至电子采购平台，招标人不予受理。

7　发布公告的媒介

本次招标公告同时在中国招标投标公共服务平台（http://www.cebpubservice.com）、中国长江三峡集团有限公司电子采购平台（http://epp.ctg.com.cn）、三峡国际招标有限责任公司网站（www.tgtiis.com）上发布。

8　联系方式

招 标 人：_____　　招标代理机构：_____
地　　址：_____　　地　　址：_____
邮　　编：_____　　邮　　编：_____
联 系 人：_____　　联 系 人：_____
电　　话：_____　　电　　话：_____
传　　真：_____　　传　　真：_____
电子邮箱：_____　　电子邮箱：_____

招标采购监督：_____
联 系 人：_____
电　　话：_____
传　　真：_____

_____年_____月_____日

第一章　投标邀请书（适用于邀请招标）

____（项目名称及标段）____投标邀请书

____（被邀请单位名称）____：

1　招标条件

本招标项目___（项目名称及标段）___已获批准招标，项目资金来自___（资金来源）___，招标人为_____，招标代理机构为___三峡国际招标有限责任公司___。项目已具备招标条件，现邀请你单位参加___（项目名称及标段）___投标。

2　项目概况与招标范围

2.1　项目概况

_____（说明本次招标项目的建设地点、规模等）。

2.2　招标范围

_____（说明本次招标项目的招标范围、标段划分〈如果有〉、计划工期等）。

3　投标人资格要求

3.1　本次招标要求投标人须具备以下条件：

　　1）资质条件：_____；

　　2）业绩要求：_____；

　　3）项目经理要求：_____；

　　4）信誉要求：_____；

　　5）财务要求：_____；

　　6）其他要求：_____。

3.2　你单位___（可以或不可以）___组成联合体投标。联合体投标的，应满足下列要求：_____。

3.3　投标人不能作为其他投标人的分包人同时参加投标。单位负责人为同一人或者存在控股、管理关系的不同单位，不得参加同一标段投标或者未划分标段的同一招标项目投标。

4　招标文件的获取

4.1　招标文件发售时间为＿＿＿年＿＿月＿＿日＿＿时整至＿＿＿年＿＿月＿＿日＿＿时整（北京时间，下同）。

4.2　招标文件每标段售价＿＿＿＿＿元，售后不退。

4.3　有意向的投标人须登录中国长江三峡集团有限公司电子采购平台（网址：http://epp.ctg.com.cn/，以下简称"电子采购平台"，服务热线电话：010‐57081008）进行免费注册成为注册供应商，在招标文件规定的发售时间内通过电子采购平台点击"报名"提交申请，并在"支付管理"模块勾选对应条目完成支付操作。潜在投标人可以选择在线支付或线下支付（银行汇款）完成标书款缴纳：

　　1）在线支付（单位或个人均可）时请先选择支付银行，然后根据页面提示进行支付，支付完成后电子采购平台会根据银行扣款结果自动开放招标文件下载权限；

　　2）线下支付（单位或个人均可）时须通过银行汇款将标书款汇至三峡国际招标有限责任公司的开户行：工商银行北京中环广场支行（账号：0200209519200005317）。线下支付成功后，潜在投标人须再次登录电子采购平台，依次填写支付信息、上传汇款底单并保存提交，招标代理机构工作人员核对标书款到账情况后开放下载权限。

4.4　若超过招标文件发售截止时间则不能在电子采购平台相应标段点击"报名"，将不能获取未报名标段的招标文件，也不能参与相应标段的投标，未及时按照规定在电子采购平台报名的后果，由投标人自行承担。

5　电子身份认证

　　本项目投标文件的网上提交部分需要使用电子钥匙（CA）加密后上传至本电子采购平台（标书购买阶段不需使用CA电子钥匙）。本电子采购平台的相关电子钥匙（CA）须在北京天威诚信电子商务服务有限公司指定网站办理（网址：http://sanxia.szzsfw.com/，服务热线电话：010‐64134583），请潜在投标人及时办理，以免影响投标，由于未及时办理CA影响投标的后果，由投标人自行承担。

6　投标文件的递交

6.1　投标文件递交的截止时间（投标截止时间，下同）为＿＿＿年＿＿月＿＿日＿＿时整。本次投标文件的递交分现场递交和网上提交，现场递交的地点为＿＿＿＿＿＿＿＿＿＿；网上提交的投标文件应在投标截止时间前上传至电子采购平台。

6.2　在投标截止时间前，现场递交的投标文件未送达到指定地点或者网上提交的投标文件未成功上传至电子采购平台，招标人不予受理。

7　确认

你单位收到本投标邀请书后，请于_____年____月____日____时整前以传真或电子邮件方式予以确认。

8　联系方式

招　标　人：_____　招标代理机构：_____

地　　　址：_____　地　　　址：_____

邮　　　编：_____　邮　　　编：_____

联　系　人：_____　联　系　人：_____

电　　　话：_____　电　　　话：_____

传　　　真：_____　传　　　真：_____

电子邮箱：_____　电子邮箱：_____

招标采购监督：_____

联　系　人：_____

电　　　话：_____

传　　　真：_____

　　　　　　　　　　　　　　　　　　　　　　　　_____年_____月_____日

第一章 投标邀请书（代资格预审通过通知书）

___（项目名称及标段）___ 投标邀请书

___（被邀请单位名称）___ ：

你单位已通过资格预审，现邀请你单位按招标文件规定的内容，参加 ___（项目名称及标段）___ 项目投标。

请你单位于_____年___月___日___时整至_____年___月___日___时整购买招标文件。

招标文件每标段售价_____元，售后不退。

投标人须在规定的发售时间内通过电子采购平台点击"报名"提交申请，并在"支付管理"模块勾选对应条目完成支付操作。投标人可以选择在线支付或线下支付（银行汇款）完成标书款缴纳：

1）在线支付（单位或个人均可）时请先选择支付银行，然后根据页面提示进行支付，支付完成后电子采购平台会根据银行扣款结果自动开放招标文件下载权限；

2）线下支付（单位或个人均可）时须通过银行汇款将标书款汇至三峡国际招标有限责任公司的开户行：工商银行北京中环广场支行（账号：0200209519200005317）。线下支付成功后，潜在投标人须再次登录电子采购平台，依次填写支付信息、上传汇款底单并保存提交，招标代理工作人员核对标书款到账情况后开放下载权限。

若超过招标文件发售截止时间则不能在电子采购平台相应标段点击"报名"，将不能获取未报名标段的招标文件，也不能参与相应标段的投标，由于未及时通过规定的平台报名的后果，由投标人自行承担。

投标文件递交的截止时间（投标截止时间，下同）为_____年___月___日___时整。本次投标文件的递交分现场递交和网上提交，现场递交的地点为_____；网上提交的投标文件应在投标截止时间前上传至电子采购平台。

在投标截止时间前，现场递交的投标文件未送达到指定地点或者网上提交的投标文件未成功上传至电子采购平台的，招标人不予受理。

你单位收到本投标邀请书后，请于_____年___月___日___时整前以传真或电子邮件方式予以确认。

招 标 人：＿＿＿＿＿＿＿＿＿＿＿＿＿   招标代理机构：＿＿＿＿＿＿＿＿＿＿＿＿＿

地　　址：＿＿＿＿＿＿＿＿＿＿＿＿＿   地　　　址：＿＿＿＿＿＿＿＿＿＿＿＿＿

邮　　编：＿＿＿＿＿＿＿＿＿＿＿＿＿   邮　　　编：＿＿＿＿＿＿＿＿＿＿＿＿＿

联 系 人：＿＿＿＿＿＿＿＿＿＿＿＿＿   联 系 人：＿＿＿＿＿＿＿＿＿＿＿＿＿

电　　话：＿＿＿＿＿＿＿＿＿＿＿＿＿   电　　　话：＿＿＿＿＿＿＿＿＿＿＿＿＿

传　　真：＿＿＿＿＿＿＿＿＿＿＿＿＿   传　　　真：＿＿＿＿＿＿＿＿＿＿＿＿＿

电子邮箱：＿＿＿＿＿＿＿＿＿＿＿＿＿   电子邮箱：＿＿＿＿＿＿＿＿＿＿＿＿＿

招标采购监督：＿＿＿＿＿＿＿＿＿＿

联 系 人：＿＿＿＿＿＿＿＿＿＿＿＿＿

电　　话：＿＿＿＿＿＿＿＿＿＿＿＿＿

传　　真：＿＿＿＿＿＿＿＿＿＿＿＿＿

　　　　　　　　　　　　　　　　　　　＿＿＿年＿＿＿月＿＿＿日

第二章　投标人须知

投标人须知前附表

条款号	条款名称	编列内容
1.1.2	招标人	名称： 地址： 联系人： 电话： 电子邮箱：
1.1.3	招标代理机构	名称：三峡国际招标有限责任公司 地址： 联系人： 电话： 电子邮箱：
1.1.4	项目名称	
1.1.5	项目概况	
1.2.1	资金来源	
1.2.2	出资比例	
1.2.3	资金落实情况	
1.3.1	招标范围	本项目招标范围如下：
1.3.2	交货要求	交货批次和进度： 交货地点： 交货条件：
1.3.3	质量要求	
1.4.1	投标人资质条件、能力和信誉	资质条件： 业绩要求： 信誉要求： 财务要求： 其他要求：
1.4.2	是否接受联合体投标	□不接受 □接受，应满足下列要求：
1.5	费用承担	其中中标服务费用： □由中标人向招标代理机构支付，适用于本须知1.5款_____类招标收费标准。 □其他方式：

续表

条款号	条款名称	编列内容
1.9.1	踏勘现场	□不组织 □组织，踏勘时间： 踏勘集中地点：
1.10.1	投标预备会	□不召开 □召开，召开时间： 召开地点：
1.10.2	投标人提出问题的截止时间	投标预备会_____天前
1.10.3	招标人书面澄清的时间	投标截止日期_____天前
1.12.2	实质性偏差的内容	
2.2.1	投标人要求澄清招标文件的截止时间	投标截止日期前_____天
2.2.2	投标截止时间	_____年_____月_____日时整
2.2.3	投标人确认收到招标文件澄清的时间	收到通知后24小时内
2.3.2	投标人确认收到招标文件修改的时间	收到通知后24小时内
3.1.1	构成投标文件的其他材料	
3.3.1	投标有效期	自投标截止之日起_____天
3.4.1	投标保证金	□不要求递交投标保证金 ☑要求递交投标保证金 投标文件应附上一份符合招标文件规定的投标保证金，金额为人民币_____万元/标段。 **1 递交形式** 通过在线支付或线下支付递交的投标保证金或由国内银行的省、地市级分行出具的银行保函，不接受汇票、支票或现钞等其他方式。 **2 递交办法** **2.1 使用在线支付或线下缴纳投标保证金** 潜在投标人须登录电子采购平台，于投标截止时间前在"投标管理－投标"菜单中选择项目并点击"支付保证金"，并在"支付管理"模块勾选对应条目完成支付操作。潜在投标人可以选择在线支付或线下支付进行缴纳： 1）在线支付（通过"B2B"即企业银行对公支付）保证金时，请根据页面提示选择支付银行进行支付； 2）线下支付投标保证金时，潜在投标人须通过银行汇款至招标代理，汇款成功后，再次登录电子采购平台，依次填写支付信息、上传汇款底单并保存提交； **2.2 使用银行保函缴纳投标保证金** 潜在投标人须开具有效的银行保函，登录电子采购平台，在线下支付付款方式中选"保函"，并上传银行保函彩色扫描件。 **3 递交时间** 潜在投标人选择在线支付方式缴纳投标保证金时，须确保在投标截止时间前投标保证金被扣款成功，否则其投标文件将被否决；选择线下支付缴纳投标保证金时，在投标截止时间前，投标保证金须成功汇至到招标代理银行账户上，否则其投标文件将被否决；选择银行保函作为投标保证金时，在投标截止时间前，银行保函原件必须随纸质投标文件一起递交招标代理机构，否则其投标将被否决

条款号	条款名称	编列内容
3.4.1	投标保证金	**4　退还信息** 《投标保证金退还信息及中标服务费交纳承诺书》原件应单独密封，并在封面注明"投标保证金退还信息"，随投标文件一同递交。 **5　投标保证金收款信息：** 开户银行：工商银行北京中环广场支行 账号：0200209519200005317 行号：20956 开户名称：三峡国际招标有限责任公司 汇款用途：BZJ
3.4.3	投标保证金的退还	**1　使用在线支付或线下支付投标保证金方式：** 未中标投标人的投标保证金，将在中标人和招标人签订书面合同后5日内予以退还，并同时退还投标保证金利息；中标人的投标保证金将在其与招标人签订书面合同并提供履约担保（如招标文件有要求）、由招标代理机构扣除中标服务费用后5日内将余额退还（如不足，需在接到招标代理机构通知后5个工作日内补足差额）。 投标保证金利息按收取保证金之日的中国人民银行同期活期存款利率计息，遇利率调整不分段计息。存款利息计算时，本金以"元"为起息点，利息的金额也算至元位，元位以下四舍五入。按投标保证金存放期间计算利息，存放期间一律算头不算尾，即从开标日起算至退还之日前一天止；全年按360天，每月均按30天计算。 **2　使用银行保函方式：** 未中标投标人的银行保函原件，将在中标人和招标人签订书面合同后5日内退还；中标人的保函将在在中标人和招标人签订书面合同、提供履约担保（如招标文件有要求）且支付中标服务费后5日内无息退还
3.5.3	近年财务状况	_____年至_____年
	近年完成的类似项目	_____年_____月_____日至_____年_____月_____日
	近年发生的重大诉讼及仲裁情况	_____年_____月_____日至_____年_____月_____日
	……	
3.6	是否允许递交备选投标方案	□不允许 □允许
3.7.2	现场递交投标文件份数	现场递交纸质投标文件正本1份、副本___份和电子版___份（U盘）
3.7.3	纸质投标文件签字或盖章要求	按招标文件第八章"投标文件格式"要求，签字或盖章
3.7.4	纸质投标文件装订要求	纸质投标文件应按以下要求装订：装订应牢固、不易拆散和换页，不得采用活页装订
3.7.5	现场递交的投标文件电子版（U盘）格式	投标报价应使用.xlsx进行编制，其他部分的电子版文件可用.docx、.xlsx或PDF等格式进行编制
3.7.6	网上提交的电子投标文件中格式	第八章"投标文件格式"中的投标函和授权委托书采用签字盖章后的彩色扫描件；其他部分的电子版文件应采用.docx、.xlsx或PDF格式进行编制

续表

条款号	条款名称	编列内容
4.1.2	封套上写明	项目名称： 招标编号： 在_____年___月___日___时___分（投标文件截止时间） 前不得开启 投标人名称：
4.2	投标文件的递交	本条款补充内容如下： 投标文件分为网上提交和现场递交两部分。 1）网上提交 应按照中国长江三峡集团有限公司电子采购平台（以下简称"电子采购平台"）的要求将编制好的文件加密后上传至电子采购平台（具体操作方法详见＜http://epp.ctg.com.cn＞网站中"使用指南"）。 2）现场递交 投标人应将纸质投标文件的正本、副本、电子版、投标保证金退还信息和银行保函原件（如有）分别密封递交。纸质版、电子版应包含投标文件的全部内容
4.2.2	投标文件网上提交	网上提交：中国长江三峡集团有限公司电子采购平台（http://epp.ctg.com.cn/） 1）电子采购平台提供了投标文件各部分内容的上传通道，其中： "投标保证金支付凭证"应上传投标保证金汇款凭证、"投标保证金退还信息及中标服务费交纳承诺书"以及银行保函（如有）彩色扫描件； "评标因素应答对比表"本项目不适用。 2）电子采购平台中的"商务文件"（2 个通道）、"技术文件"（2 个通道）、"投标报价文件"（1 个通道）和"其他文件"（1 个通道），每个通道最大上传文件容量为 100M。商务文件、技术文件超过最大上传容量时，投标人可将资格审查资料、图纸文件从"其他文件"通道进行上传；若容量仍不能满足，则将未上传的部分在投标文件格式文件十中进行说明，并将未上传部分包含在现场提交的电子文件中
4.2.3	投标文件现场递交地点	现场递交至：
4.2.4	是否退还投标文件	□否 □是
4.5.1	是否提交投标样品	□否 □是，具体要求：
5.1	开标时间和地点	开标时间：同投标截止时间 开标地点：同递交投标文件地点
7.2	中标候选人公示	招标人在中国招标投标公共服务平台（http://www.cebpubservice.com）、中国长江三峡集团有限公司电子采购平台（http://epp.ctg.com.cn/）网站上公示中标候选人，公示期 3 个工作日

条款号	条款名称	编列内容
7.4.1	履约担保	履约担保的形式：银行保函或保证金 履约担保的金额：签约合同价的____％ 开具履约担保的银行：须招标人认可，否则视为投标人未按招标文件规定提交履约担保，投标保证金将不予退还。 （备注：300万元及以上的合同，签订前必须提供履约担保；300万元以下的合同，可按项目实际情况明确是否需要履约担保。）
10	需要补充的其他内容	
10.1	知识产权	构成本招标文件各个组成部分的文件，未经招标人书面同意，投标人不得擅自复印和用于非本招标项目所需的其他目的。招标人全部或者部分使用未中标人投标文件中的技术成果或技术方案时，需征得其书面同意，并不得擅自复印或提供给第三人
10.2	电子注册	投标人必须登录中国长江三峡集团有限公司电子采购平台（http://epp.ctg.com.cn）进行免费注册。 未进行注册的投标人，将无法参加投标报名并获取进一步的信息。 本项目投标文件的网上提交部分需要使用电子身份认证（CA）加密后上传至本电子采购平台（标书购买阶段不需使用电子钥匙），本电子采购平台的相关电子身份认证（CA）须在指定网站办理（http://sanxia.szzsfw.com/），请潜在投标人及时办理，并在投标截止时间至少3日前确认电子钥匙的使用可靠性，因此导致的影响投标或投标文件被拒收的后果，由投标人自行承担。 具体办理方法：一、请登录电子采购平台（http://epp.ctg.com.cn/）在右侧点击"使用指南"，之后点击"CA电子钥匙办理指南V1.1"，下载PDF文件后查看办理方法；二、请直接登录指定网站（http://sanxia.szzsfw.com/），点击右上角用户注册，注册用户名及密码，之后点击"立即开始数字证书申请"，按照引导流程完成办理。（温馨提示：电子钥匙办理完成网上流程后需快递资料，办理周期从快递到件计算5个工作日完成。已办理电子钥匙的请核对有效期，必要时及时办理延期！）
10.3	投标人须遵守的国家法律法规和规章，及中国长江三峡集团有限公司相关管理制度和标准	
10.3.1	国家法律法规和规章	投标人在投标活动中须遵守包括但不限于以下法律法规和规章： 1)《中华人民共和国合同法》 2)《中华人民共和国民法通则》 3)《中华人民共和国招标投标法》 4)《中华人民共和国招标投标法实施条例》 5)《工程建设项目货物招标投标办法》（国家计委令第27号） 6)《工程建设项目招标投标活动投诉处理办法》（国家发展改革委等7部门令第11号） 7)《关于废止和修改部分招标投标规章和规范性文件的决定》（国家发展改革委等9部门令第23号）

条款号	条款名称	编列内容
10.3.2	中国长江三峡集团有限公司相关管理制度	投标人在投标活动中须遵守以下中国长江三峡集团公司相关管理制度： 1)《中国长江三峡集团有限公司供应商信用评价管理办法》 2) 中国长江三峡集团有限公司供应商信用评价结果的有关通知（登录中国长江三峡集团有限公司电子采购平台（http://epp.ctg.com.cn）后点击"通知通告"）
10.3.3	中国长江三峡集团有限公司相关企业标准	三峡企业标准：＿＿＿＿＿＿＿＿＿ 查阅网址：
10.4	投标人和其他利害关系人认为本次招标活动中涉及个人违反廉洁自律规定的，可通过招标公告中的招标采购监督电话等方式举报	

1 总则

1.1 项目概况

1.1.1 根据《中华人民共和国招标投标法》等有关法律、法规和规章的规定，本招标项目已具备招标条件，现对本项目进行招标。

1.1.2 本招标项目招标人：见投标人须知前附表。

1.1.3 本招标项目招标代理机构：见投标人须知前附表。

1.1.4 本招标项目名称及标段：见投标人须知前附表。

1.1.5 本招标项目建设地点：见投标人须知前附表。

1.2 资金来源和落实情况

1.2.1 本招标项目的资金来源：见投标人须知前附表。

1.2.2 本招标项目的出资比例：见投标人须知前附表。

1.2.3 本招标项目的资金落实情况：见投标人须知前附表。

1.3 招标范围、计划工期和质量要求

1.3.1 本次招标范围：见投标人须知前附表。

1.3.2 本招标项目的交货要求：见投标人须知前附表。

1.3.3 本招标项目的质量要求：见投标人须知前附表。

1.4 投标人资格要求（适用于已进行资格预审的）

投标人应是收到招标人发出投标邀请书的单位。

1.4 投标人资格要求（适用于未进行资格预审的）

1.4.1 投标人应具备承担本招标项目的资质条件、能力和信誉。相关资质要求如下：

　　1）资质条件：见投标人须知前附表；

　　2）业绩要求：见投标人须知前附表；

　　3）信誉要求：见投标人须知前附表；

　　4）财务要求：见投标人须知前附表；

　　5）其他要求：见投标人须知前附表。

1.4.2　投标人须知前附表规定接受联合体投标的，除应符合本章第1.4.1项和投标人须知前附表的要求外，还应遵守以下规定：

　　1）联合体各方应按招标文件提供的格式签订联合体协议书，明确联合体牵头人和各成员方的权利义务；

　　2）由同一专业的单位组成的联合体，按照资质等级较低的单位确定联合体的资质等级；

　　3）联合体各方不得再以自己名义单独或参加其他联合体在同一标段中投标。

1.4.3　投标人不得存在下列情形之一：

　　1）为招标人不具有独立法人资格的附属机构（单位）；

　　2）被责令停业的；

　　3）被暂停或取消投标资格的；

　　4）财产被接管或冻结的；

　　5）在最近三年内有骗取中标或严重违约或投标设备存在重大质量问题的；

　　6）投标人处于中国长江三峡集团有限公司限制投标的专业范围及期限内。

1.4.4　投标人不能作为其他投标人的分包人同时参加投标。单位负责人为同一人或者存在控股、管理关系的不同单位，不得参加同一标段投标或者未划分标段的同一招标项目投标。

1.5　费用承担

　　投标人在本次投标过程中所发生的一切费用，不论中标与否，均由投标人自行承担，招标人和招标代理机构在任何情况下均无义务和责任承担这些费用。本项目招标工作由三峡国际招标有限责任公司作为招标代理机构负责组织，中标服务费用由中标人向招标代理机构支付，具体金额按照下表（中标服务费收费标准）计算执行。投标人投标费用中应包含拟支付给招标代理机构的中标服务费，该费用在投标报价表中不单独出项。收费类型见投标人须知前附表。

　　中标服务费用在合同签订后5日内，由招标代理机构直接从中标人的投标保证金中扣付。投标保证金不足支付中标服务费用时，中标人应补足差额。招标代理机构收取中标服务费用后，向中标人开具相应金额的服务费发票。

表 2 - 1　中标服务费收费标准

中标金额（万元）	工程类招标费率	货物类招标费率	服务类招标费率
100 以下	1.00％	1.50％	1.50％
100－500	0.70％	1.10％	0.80％
500－1000	0.55％	0.80％	0.45％
1000－5000	0.35％	0.50％	0.25％
5000－10000	0.20％	0.25％	0.10％
10000－50000	0.05％	0.05％	0.05％
50000－100000	0.035％	0.035％	0.035％
100000－500000	0.008％	0.008％	0.008％
500000－1000000	0.006％	0.006％	0.006％
1000000 以上	0.004％	0.004％	0.004％

注：中标服务费按差额定率累进法计算。例如：某货物类招标代理业务中标金额为 900 万元，计算中标服务费如下：

100×1.5％＝1.5 万元

(500－100)×1.1％＝4.4 万元

(900－500)×0.80％＝3.2 万元

合计收费＝1.5＋4.4＋3.2＝9.1 万元

1.6　保密

参与招标投标活动的各方应对招标文件和投标文件中的商业和技术等秘密保密，违者应对由此造成的后果承担法律责任。

1.7　语言文字

1.7.1　招标投标文件使用的语言文字为中文。专用术语使用外文的，应附有中文注释。

1.7.2　投标人与招标人之间就投标交换的所有文件和来往函件，均应用中文书写。

1.7.3　如果投标人提供的任何印刷文献和证明文件使用其他语言文字，则应将有关段落译成中文一并附上，如有差异，以中文为准。投标人应对译文的正确性负责。

1.8　计量单位

所有计量均采用中华人民共和国法定计量单位。

1.9　踏勘现场

1.9.1　投标人须知前附表规定组织踏勘现场的，招标人按投标人须知前附表规定的时间、地点组织投标人踏勘项目现场。

1.9.2　投标人踏勘现场发生的费用自理。

1.9.3　除招标人的原因外，投标人自行负责在踏勘现场中所发生的人员伤亡和财产损失。

1.9.4　招标人在踏勘现场中介绍的工程场地和相关的周边环境情况，供投标人在编制投标文件时参考，招标人不对投标人据此作出的判断和决策负责。

1.10　投标预备会

1.10.1　投标人须知前附表规定召开投标预备会的，招标人按投标人须知前附表规定的时间和地点召开投标预备会，澄清投标人提出的问题。

1.10.2　投标人应在投标人须知前附表规定的时间前，在电子采购平台上以电子文件的形式将提出的问题送达招标人，以便招标人在会议期间澄清。

1.10.3　投标预备会后，招标人在投标人须知前附表规定的时间内，将对投标人所提问题的澄清，在电子采购平台上以电子文件的形式通知所有购买招标文件的投标人。该澄清内容为招标文件的组成部分。

1.10.4　招标人在会议期间澄清仅供投标人在编制投标文件时参考，招标人不对投标人据此作出的判断和决策负责。

1.11　外购与分包制造

1.11.1　投标人选择的原材料供应商、部件制造的分包商应具有相应的制造经验，具有提供本招标项目所需质量、进度要求的合格产品的能力。

1.11.2　投标人需按照投标文件格式的要求，提供有关原材料供应商和部件分包商的完整的资质文件。

1.11.3　投标人应提交与其选定的分包商草签的分包意向书。分包意向书中应明确拟分包项目内容、报价、制造厂名称等主要内容。

1.12　提交偏差表

1.12.1　投标人应对招标文件的要求做出实质性的响应。如有偏差应逐条提出，并按投标文件的格式要求提出商务、技术偏差。

1.12.2　投标人对招标文件前附表中规定的内容提出负偏差将被认为是对招标文件的非实质性响应，其投标文件将被否决。

1.12.3　按投标文件格式提出偏差仅仅是为了招标人评标方便。但未在其投标文件中提出偏差的条款或部分，应视为投标人完全接受招标文件的规定。

2　招标文件

2.1　招标文件的组成

2.1.1　本招标文件包括：

第一章　招标公告/投标邀请书；

第二章　投标人须知；

第三章　评标办法；

第四章　合同条款及格式；

第五章　采购清单；

第六章　图纸；

第七章　技术标准和要求；

第八章　投标文件格式。

2.1.2　根据本章第 1.10 款、第 2.2 款和第 2.3 款对招标文件所作的澄清、修改，构成招标文件的组成部分。

2.2　招标文件的澄清

2.2.1　投标人应仔细阅读和检查招标文件的全部内容。如发现缺页或附件不全，应及时向招标人提出，以便补齐。如有疑问，应在投标人须知前附表规定的时间前在电子采购平台上以电子文件形式，要求招标人对招标文件予以澄清。

2.2.2　招标文件的澄清将在投标人须知前附表规定的投标截止时间 15 天前在电子采购平台上以电子文件形式发给所有购买招标文件的投标人，但不指明澄清问题的来源。如果澄清发出的时间距投标截止时间不足 15 天，并且澄清内容影响投标文件编制的，招标人相应延长投标截止时间。

2.2.3　投标人在收到澄清后，应在投标人须知前附表规定的时间内以书面形式通知招标人，确认已收到该澄清。未及时确认的，将根据电子采购平台下载记录默认潜在投标人已收到该澄清文件。

2.3　招标文件的修改

2.3.1　在投标截止时间 15 天前，招标人在电子采购平台上以电子文件形式修改招标文件，并通知所有已购买招标文件的投标人。如果修改招标文件的时间距投标截止时间不足 15 天，并且修改内容影响投标文件编制的，招标人相应延长投标截止时间。

2.3.2　投标人收到修改内容后，应在投标人须知前附表规定的时间内以书面形式通知招标人，确认已收到该修改。未及时确认的，将根据电子采购平台下载记录默认潜在投标人已收到该修改文件。

3　投标文件

3.1　投标文件的组成

3.1.1　投标文件应包括下列内容：

　　1）投标函；

　　2）授权委托书、法定代表人身份证明；

　　3）联合体协议书（如果有）；

　　4）投标保证金；

　　5）投标报价表；

　　6）技术方案；

7）偏差表；

8）拟分包（外购）项目情况表；

9）资格审查资料；

10）构成投标文件的其他材料。

3.1.2 投标人须知前附表规定不接受联合体投标的，或投标人没有组成联合体的，投标文件不包括本章第3.1.1 3）目所指的联合体协议书。

3.2 投标报价

3.2.1 投标人应按第五章"采购清单"的要求填写相应表格。

3.2.2 投标人在投标截止时间前修改投标函中的投标总报价，应同时修改第五章"采购清单"中的相应报价，投标报价总额为各分项金额之和。此修改须符合本章第4.3款的有关要求。

3.2.3 投标人应在投标文件中的投标报价上标明本合同拟提供的合同设备及服务的单价和总价。每种投标设备只允许有一个报价，采用可选择报价提交的投标将被视为非响应性投标而予以否决。

3.2.4 报价中必须包括设计、制造和装配投标设备所使用的材料、部件，试验、运输、保险、技术文件和技术服务费等及合同设备本身已支付或将支付的相关税费。

3.2.5 对于投标人为实现投标设备的性能和为保证投标设备的完整性和成套性所必需却没有单独列项和投标的费用，以及为完成本合同责任与义务所需的所有费用等，均应视为已包含在投标设备的报价中。

3.2.6 投标报价应为固定价格，投标人在投标时应已充分考虑了合同执行期间的所有风险，按可调整价格报价的投标文件将被否决。

3.3 投标有效期

3.3.1 在投标人须知前附表规定的投标有效期内，投标人不得要求撤销或修改其投标文件。

3.3.2 出现特殊情况需要延长投标有效期的，招标人在电子采购平台上以电子文件形式通知所有投标人延长投标有效期。投标人同意延长的，应相应延长其投标保证金的有效期，但不得要求或被允许修改或撤销其投标文件；投标人拒绝延长的，其投标失效，但投标人有权收回其投标保证金。

3.4 投标保证金

3.4.1 投标人在递交投标文件的同时，应按投标人须知前附表规定的金额、担保形式和第八章"投标文件格式"规定的投标保证金格式递交投标保证金，并作为其投标文件的组成部分。联合体投标的，其投标保证金由牵头人递交，并应符合投标人须知前附表的规定。

3.4.2 投标人不按本章第 3.4.1 项要求提交投标保证金的，其投标将被否决。

3.4.3 招标代理机构按投标人须知前附表的规定退还投标保证金。

3.4.4 有下列情形之一的，投标保证金将不予退还：

　　1）投标人在规定的投标有效期内撤销或修改其投标文件；

　　2）中标人在收到中标通知书后，无正当理由拒签合同协议书或未按招标文件规定提交履约担保。

3.5 资格审查资料（适用于已进行资格预审的）

　　投标人在编制投标文件时，应按新情况更新或补充其在申请资格预审时提供的资料，以证实其各项资格条件仍能继续满足资格预审文件的要求，具备承担本招标项目的资质条件、能力和信誉。

3.5 资格审查资料（适用于未进行资格预审的）

3.5.1 证明投标人合格的资格文件：

　　1）投标人应提交证明其有资格参加投标，且中标后有能力履行合同的文件，并作为其投标文件的一部分。

　　2）投标人提交的投标合格性的证明文件应使招标人满意。

　　3）投标人提交的中标后履行合同的资格证明文件应使招标人满意，包括但不限于，投标人已具备履行合同所需的财务、技术、设计、开发和生产能力。

3.5.2 证明投标设备的合格性和符合招标文件规定的文件：

　　1）投标人应提交根据合同要求提供的所有合同货物及其服务的合格性以及符合招标文件规定的证明文件，并作为其投标文件的一部分。

　　2）合同货物和服务的合格性的证明文件应包括投标表中对合同货物和服务来源地的声明。

　　3）证明投标设备和服务与招标文件的要求相一致的文件可以是文字资料、图纸和数据，投标人应提供：

　　（1）投标设备主要技术指标和产品性能的详细说明；

　　（2）逐条对招标人要求的技术规格进行评议，指出自己提供的投标设备和服务是否已做出实质性响应。同时应注意：投标人在投标中可以选用替代标准、牌号或分类号，但这些替代要实质上优于或相当于技术规格的要求。

3.5.3 投标人为了具有被授予合同的资格，应提供投标文件格式要求的资料，用以证明投标人的合法地位和具有足够的能力及充分的财务能力来有效地履行合同。为此，投标人应按投标人须知前附表中规定的时间区间提交相关资格审查资料，供评标委员会审查。

3.6 备选投标方案

除投标人须知前附表另有规定外，投标人不得递交备选投标方案。允许投标人递交备选投标方案的，只有中标人所递交的备选投标方案方可予以考虑。评标委员会认为中标人的备选投标方案优于其按照招标文件要求编制的投标方案的，招标人可以接受该备选投标方案。

3.7 投标文件的编制

3.7.1 投标文件应按第八章"投标文件格式"进行编写，如有必要，可以增加附页，作为投标文件的组成部分。其中，投标函在满足招标文件实质性要求的基础上，可以提出比招标文件要求更有利于招标人的承诺。

3.7.2 投标文件包括网上提交的电子投标文件和现场递交的纸质投标文件及投标文件电子版（U盘），具体数量要求见投标人须知前附表。

3.7.3 纸质投标文件应用不褪色的材料书写或打印，并由投标人的法定代表人或其委托代理人签字或盖单位章。委托代理人签字的，投标文件应附法定代表人签署的授权委托书。投标文件应尽量避免涂改、行间插字或删除。如果出现上述情况，改动之处应加盖单位章或由投标人的法定代表人或其委托代理人签字确认。所有投标文件均需使用阿拉伯数字从前至后逐页编码。签字或盖章的具体要求见投标人须知前附表。

3.7.4 现场递交的纸质投标文件的正本与副本应分别装订成册，具体装订要求见投标人须知前附表规定。

3.7.5 现场递交的投标文件电子版（U盘）应为未加密的电子文件，并应按照投标人须知前附表规定的格式进行编制。

3.7.6 网上提交的电子投标文件应按照投标人须知前附表规定格式进行编制。

4 投标

4.1 投标文件的密封和标记

4.1.1 投标文件现场递交部分应进行密封包装，并在封套的封口处加盖投标人单位章；网上提交的电子投标文件应加密后递交。

4.1.2 投标文件现场递交部分的封套上应写明的内容见投标人须知前附表。

4.1.3 未按本章第4.1.1项或第4.1.2项要求密封和加写标记的投标文件，招标人不予受理。

4.2 投标文件的递交

4.2.1 投标人应在投标人须知前附表规定的投标截止时间前分别在网上提交和现场递交投标文件。

4.2.2 投标文件网上提交：投标人应按照投标人须知前附表要求将编制好的投标文件

加密后上传至电子采购平台（具体操作方法详见＜http://epp.ctg.com.cn＞网站中"使用指南"）。

4.2.3 投标人现场递交投标文件（包括纸质版和电子版）的地点：见投标人须知前附表。

4.2.4 除投标人须知前附表另有规定外，投标人所递交的投标文件不予退还。

4.2.5 在投标截止时间前，网上提交的投标文件未成功上传至电子采购平台或者现场递交的投标文件未送达到指定地点的，招标人将不予受理。

4.3 投标文件的修改与撤回

4.3.1 在本章第2.2.2项规定的投标截止时间前，投标人可以修改或撤回已递交的投标文件，但应以书面形式通知招标人。

4.3.2 投标人如要修改投标文件，必须在修改后再重新上传电子文件；现场递交的投标文件相应修改。投标人修改或撤回已递交投标文件的书面通知应按照本章第3.7.3项的要求签字或盖章。招标人收到书面通知后，向投标人出具签收凭证。

4.3.3 修改的内容为投标文件的组成部分。修改的投标文件应按照本章第3条、第4条规定进行编制、密封、标记和递交，并标明"修改"字样。

4.3.4 投标人撤回投标文件的，招标人自收到投标人书面撤回通知之日起5日内退还已收取的投标保证金。

4.4 投标文件的有效性

4.4.1 当网上提交和现场递交的投标文件内容不一致时，以网上提交的投标文件为准。

4.4.2 当现场递交的投标文件电子版与投标文件纸质版正本内容不一致时，以投标文件纸质版正本为准。

4.4.3 当电子采购平台上传的投标文件全部或部分解密失败或发生第5.3款紧急情形时，经监督人或公证员确认后，以投标文件纸质版正本为准。

5 开标

5.1 开标时间和地点

招标人在本章第2.2.2项规定的投标截止时间（开标时间）和投标人须知前附表规定的地点公开开标，并邀请所有投标人的法定代表人或其委托代理人参加。

5.2 开标程序（适用于电子开标）

招标人在规定的时间内，通过电子采购平台开评标系统，按下列程序进行开标：

1）宣布开标程序及纪律；

2）公布在投标截止时间前递交投标文件的投标人名称，并点名确认投标人是否派人到场；

3）宣布开标人、记录人、监督或公证等人员姓名；

4）监督或公证员检查投标文件的递交及密封情况；

5）根据检查情况，对未按招标文件要求递交纸质投标文件的投标人，或已递交了一封可接受的撤回通知函的投标人，将在电子采购平台中进行不开标设置；

6）设有标底的，公布标底；

7）宣布进行电子开标，显示投标总价解密情况，如发生投标总价解密失败，将对解密失败的按投标文件纸质版正本进行补录；

8）显示开标记录表；（如果投标人电子开标总报价明显存在单位错误或数量级差别，在投标人当场提出异议后，按其纸质投标文件正本进行开标，评标时评标委员会根据其网上提交的电子投标文件进行总报价复核）

9）公证员宣读公证词；

10）宣布评标期间注意事项；

11）投标人代表等有关人员在开标记录上签字确认（有公证时，不适用）；

12）开标结束。

5.2　开标程序（适用于纸质投标文件开标）

主持人按下列程序进行开标：

1）宣布开标纪律；

2）公布在投标截止时间前递交投标文件的投标人名称，并点名确认投标人是否派人到场；

3）宣布开标人、唱标人、记录人、监督或公证等有关人员姓名；

4）由监督或公证员检查投标文件的递交及密封情况；

5）确定并宣布投标文件开标顺序；

6）设有标底的，公布标底；

7）按照宣布的开标顺序当众开标，公布投标人名称、项目名称及标段、投标报价及其他内容，并记录在案；

8）公证员宣读公证词；

9）宣布评标期间注意事项；

10）投标人代表等有关人员在开标记录表上签字确认（有公证时，不适用）；

11）开标结束。

5.3　电子招投标的应急措施

5.3.1　开标前出现以下情况，导致投标人不能完成网上提交电子投标文件的紧急情形，招标代理机构在开标截止时间前收到电子钥匙办理单位书面证明材料时，采用纸质投标文件正本进行报价补录。

    1）电子钥匙非人为故意损坏；

    2）因电子钥匙办理单位原因导致电子钥匙办理来不及补办。

5.3.2 当电子采购平台出现下列紧急情形时，采用纸质投标文件正本进行开标：

    1）系统服务器发生故障，无法访问或无法使用系统；

    2）系统的软件或数据库出现错误，不能进行正常操作；

    3）系统发现有安全漏洞，有潜在的泄密危险；

    4）病毒发作或受到外来病毒的攻击；

    5）投标文件解密失败；

    6）其它无法进行正常电子开标的情形。

5.4 开标异议

如投标人对开标过程有异议的，应在开标会议现场当场提出，招标人现场进行答复，由开标工作人员进行记录。

5.5 开标监督与结果

5.5.1 开标过程中，各投标人应在开标现场见证开标过程和开标内容，开标结束后，将在电子采购平台上公布开标记录表，投标人可在开标当日登录电子采购平台查看相关开标结果。

5.5.2 无公证情况时，不参加现场开标仪式或开标结束后拒绝在开标记录表上签字确认的投标人，视为默认开标结果。

5.5.3 未在开标时开封和宣读的投标文件，不论情况如何均不能进入下一步的评审。

6 评标

6.1 评标委员会

6.1.1 评标由招标人依法组建的评标委员会负责。评标委员会由招标人或其委托的招标代理机构熟悉相关业务的代表，以及有关技术、经济等方面的专家组成。

6.1.2 评标委员会成员有下列情形之一的，应当回避：

    1）投标人或投标人的主要负责人的近亲属；

    2）项目行政主管部门或者行政监督部门的人员；

    3）与投标人有经济利益关系，可能影响对投标公正评审的；

    4）曾因在招标、评标以及其他与招标投标有关活动中从事违法行为而受过行政处罚或刑事处罚的；

    5）与投标人有其他利害关系。

6.2　评标原则

评标活动遵循公平、公正、科学和择优的原则。

6.3　评标

评标委员会按照第三章"评标办法"规定的方法、评审因素、标准和程序对投标文件进行评审。第三章"评标办法"没有规定的方法、评审因素和标准，不作为评标依据。

7　合同授予

7.1　定标方式

招标人依据评标委员会推荐的中标候选人确定中标人。

7.2　中标候选人公示

招标人在投标人须知前附表规定的媒介公示中标候选人。

7.3　中标通知

在本章第 3.3 款规定的投标有效期内，招标人以书面形式向中标人发出中标通知书，同时将中标结果通知未中标的投标人。

7.4　履约担保

7.4.1　中标人应按投标人须知前附表规定的金额、担保形式和招标文件第四章"合同条款及格式"规定的履约担保格式及时间要求向招标人提交履约担保。联合体中标的，其履约担保由牵头人递交，并应符合投标人须知前附表规定的金额、担保形式和招标文件第四章"合同条款及格式"规定的履约担保格式要求。

7.4.2　中标人不能按本章第 7.4.1 项要求提交履约担保的，视为放弃中标，其投标保证金不予退还，给招标人造成的损失超过投标保证金数额的，中标人还应当对超过部分予以赔偿。

7.5　签订合同

7.5.1　招标人和中标人应当自中标通知书发出之日起 30 天内，根据招标文件和中标人的投标文件订立书面合同。中标人无正当理由拒签合同的，招标人取消其中标资格，其投标保证金不予退还；给招标人造成的损失超过投标保证金数额的，中标人还应当对超过部分予以赔偿。

7.5.2　发出中标通知书后，招标人无正当理由拒签合同的，招标人向中标人退还投标保证金；给中标人造成损失的，还应当赔偿损失。

8　重新招标和不再招标

8.1　重新招标

有下列情形之一的依法必须招标的项目，招标人将重新招标：

1）投标截止时间止，投标人少于 3 名的；

2）经评标委员会评审后否决所有投标的；

3）国家相关法律法规规定的其他重新招标情形。

8.2　不再招标

重新招标后投标人仍少于 3 名或者所有投标被否决的，不再进行招标。

9　纪律和监督

9.1　对招标人的纪律要求

招标人不得泄漏招标投标活动中应当保密的情况和资料，不得与投标人串通损害国家利益、社会公共利益或者他人合法权益。

9.2　对投标人的纪律要求

9.2.1　投标人不得相互串通投标或者与招标人串通投标，不得向招标人或者评标委员会成员行贿谋取中标，不得以他人名义投标或者以其他方式弄虚作假骗取中标；投标人不得以任何方式干扰、影响评标工作，或以不正当手段获取招标人评标的有关信息，一经查实，招标人将否决其投标。

9.2.2　如果投标人存在失信行为，招标人除报告国家有关部门由其进行处罚外，招标人还将根据《中国长江三峡集团有限公司供应商信用评价管理办法》中的相关规定对其进行处理。

9.3　对评标委员会成员的纪律要求

评标委员会成员不得收受他人的财物或者其他好处，不得向他人透漏对投标文件的评审和比较、中标候选人的推荐情况以及评标有关的其他情况。在评标活动中，评标委员会成员不得擅离职守，影响评标程序正常进行，不得使用第三章"评标办法"没有规定的评审因素和标准进行评标。

9.4　对与评标活动有关的工作人员的纪律要求

与评标活动有关的工作人员不得收受他人的财物或者其他好处，不得向他人透漏对投标文件的评审和比较、中标候选人的推荐情况以及评标有关的其他情况。在评标活动中，与评标活动有关的工作人员不得擅离职守，影响评标程序正常进行。

9.5　异议处理

9.5.1　异议必须由投标人或者其他利害关系人以实名提出，在下述异议提出有效期间内以书面形式按照招标文件规定的联系方式提交给招标人。为保证正常的招标秩序，异议人须按本章第 9.5.2 项要求的内容提交异议。

1）对资格预审文件有异议的，应在提交资格预审申请文件截止时间 2 日前提出；对招标文件及其修改和补充文件有异议的，应在投标截止时间 10 日前提出；

2）对开标有异议的，应在开标现场提出；

3）对中标结果有异议的，应在中标候选人公示期间提出。

9.5.2　异议书应当以书面形式提交（如为传真或者电邮，需将异议书原件同时以特快专递或者派人送达招标人），异议书应当至少包括下列内容：

1）异议人的名称、地址及有效联系方式；

2）异议事项的基本事实（异议事项必须具体）；

3）相关请求及主张（主张必须明确，诉求清楚）；

4）有效线索和相关证明材料（线索必须有效且能够查证，证明材料必须真实有效，且能够支持异议人的主张或者诉求）。

9.5.3　异议人是投标人的，异议书应由其法定代表人或授权代理人签定并盖章。异议人若是其他利害关系人，属于法人的，异议书必须由其法定代表人或授权代理人签字并盖章；属于其他组织或个人的，异议书必须由其主要负责人或异议人本人签字，并附有效身份证明复印件。

9.5.4　招标人只对投标人或者其他利害关系人提交了合格异议书的异议事项进行处理，并于收到异议书3日内做出答复。异议书不是投标人或者其他利害关系人的提出的，异议书内容或者形式不符合第9.5.2项要求的，招标人可不受理。

9.5.5　招标人对异议事项做出处理后，异议人若无新的证据或者线索，不得就所提异议事项再提出异议。除开标外，异议人自收到异议答复之日起3日内应进行确认并反馈意见，若超过此时限，则视同异议人同意答复意见，招标及采购活动可继续进行。

9.5.6　经招标人查实，若异议人以提出异议为名进行虚假、恶意异议的，阻碍或者干扰了招标投标活动的正常进行，招标人将对异议人作出如下处理：

1）如果异议人为投标人，将异议人的行为作为不良信誉记录在案。如果情节严重，给招标人带来重大损失的，招标人有权追究其法律责任，并要求其赔偿相应的损失，自异议处理结束之日起3年内禁止其参加招标人组织的招标活动。

2）对其他利害关系人招标人将保留追究其法律责任的权利，并记录在案。

9.6　投诉

投标人和其他利害关系人认为本次招标活动违反法律、法规和规章规定的，有权向有关行政监督部门投诉。

10　需要补充的其他内容

需要补充的其他内容：见投标人须知前附表。

附件一：开标记录表

_____（项目名称及标段）

开标一览表

招标编号：　　　　　　　　　　　　　标段名称：
开标时间：　　　　　　　　　　　　　开标地点：

序号	投标人名称	投标报价（元）	备注
1			
2			
3			
4			
5			
6			
7			
8			
9			
……			

备注：
记录人：　　　　　　　　　　监督人：　　　　　　　　　　公证人：

附件二：问题澄清通知

_____项目问题澄清通知

编号：_____

_____（投标人名称）_____：

现将本项目评标委员会在审查贵单位投标文件后所提出的澄清问题以传真（邮件）的形式发给贵方，请贵方在收到该问题清单后逐一作出相应的书面答复，澄清答复文件的签署要求与投标文件相同，并请于_____年_____月_____日_____时前将澄清答复文件传真至三峡国际招标有限责任公司。此外该澄清答复文件电子版还应以电子邮件的形式传给我方，邮箱地址：@ctgpc.com.cn。未按时送交澄清答复文件的投标人将不能进入下一步评审。

附：澄清问题清单
1.
2.
……

_____招标评标委员会
_____年____月____日

附件三：问题的澄清

　　　（项目名称及标段）　　　问题的澄清

编号：　　　　　　

　　　（项目名称）　　　招标评标委员会：

　　问题澄清通知（编号：　　　　　　　　）已收悉，现澄清如下：

　　1.

　　2.

　　……

投标人：　　　　　　　　　　　　　（盖单位章）

法定代表人或其委托代理人：　　　　　　　　（签字）

　　　　　年　　　月　　　日

附件四： 中标候选人公示和中标结果公示

（项目及标段名称）中标候选人公示
（招标编号：）

招标人			招标代理机构	三峡国际招标有限责任公司
公示开始时间			公示结束时间	
内容		第一中标候选人	第二中标候选人	第三中标候选人
1. 中标候选人名称				
2. 投标报价				
3. 质量				
4. 工期（交货期）				
5. 评标情况				
6. 资格能力条件				
7. 项目负责人情况	姓名			
	证书名称			
	证书编号			
8. 提出异议的渠道和方式（投标人或其他利害关系人如对中标候选人有异议，请在中标候选人公示期间以书面形式实名提出，并应由异议人的法定代表人或其授权代理人签字并盖章。对于无异议人名称和地址及有效联系方式、无具体异议事项、主张不明确、诉求不清楚、无有效线索和相关证明材料的异议将不予受理）	电话			
	传真			
	Email			

（项目及标段名称）中标结果公示

（招标人名称）根据本项目评标委员会的评定和推荐，并经过中标候选人公示，确定本项目中标人如下：

招标编号	项目名称	标段名称	中标人名称

招标人：

招标代理机构：三峡国际招标有限责任公司

日期：

附件五：中标通知书

中标通知书

　　　（中标人名称）　　　：

　　在＿＿＿＿＿＿＿＿＿＿＿＿（招标编号：＿＿＿＿＿＿）招标中，根据《中华人民共和国招标投标法》等相关法律法规和此次招标文件的规定，经评定，贵公司中标。请在接到本通知后的＿＿＿日内与＿＿＿＿＿＿＿＿＿联系合同签订事宜。

　　请在收到本传真后立即向我公司回函确认。谢谢！

　　合同谈判联系人：

　　联系电话：

三峡国际招标有限责任公司

＿＿＿＿＿＿年＿＿＿月＿＿＿日

附件六：确认通知

确认通知

　　　（招标人名称）　　　：

　　我方已接到你方＿＿＿年＿＿＿月＿＿＿日发出的＿＿＿＿＿＿＿＿＿＿（项目名称）招标关于＿＿＿＿＿＿＿＿＿的通知，我方已于＿＿＿年＿＿＿月＿＿＿日收到。

　　特此确认。

投标人：＿＿＿＿＿＿＿＿＿＿（盖单位章）

＿＿＿＿＿＿年＿＿＿月＿＿＿日

第三章　评标办法（综合评估法）

评标办法前附表

条款号		评审因素	评审标准
2.1.1	形式评审标准	投标人名称	与营业执照、资质证书、生产许可证一致
		投标函签字盖章	有法定代表人或其委托代理人签字和加盖单位章
		投标文件格式	符合第八章"投标文件格式"的要求
		联合体投标人（如有）	提交联合体协议书，并明确联合体牵头人
		报价唯一	只能有一个有效报价
2.1.2	资格评审标准	营业执照	具备有效的营业执照
		资质条件	符合第二章"投标人须知"第1.4.1项规定
		业绩要求	符合第二章"投标人须知"第1.4.1项规定
		信誉要求	符合第二章"投标人须知"第1.4.1项规定
		财务要求	符合第二章"投标人须知"第1.4.1项规定
		其他要求	符合第二章"投标人须知"第1.4.1项规定
2.1.3	响应性评审标准	投标内容	符合第二章"投标人须知"第1.3.1项规定
		交货进度	符合第二章"投标人须知"第1.3.2项规定
		投标有效期	符合第二章"投标人须知"第3.3.1项规定
		投标保证金	符合第二章"投标人须知"第3.4.1项规定
		权利义务	符合第四章"合同条款及格式"规定
		投标报价表	符合第五章"采购清单"中给出的范围及数量
		技术标准和要求	符合第七章"技术标准和要求"的规定，偏差在合理范围内
条款号		条款内容	编列内容
2.2.1		评审因素权重（100%）	（1）商务部分：20% （2）技术部分：50% （3）报价部分：30%
2.2.2		评标价基准值计算方法	以所有进入详细评审的投标人评标价算术平均值×0.97[①]作为本次评审的评标价基准值B。并应满足计算规则：

[①] 评标价基准值计算系数原则上不做调整。若招标人根据项目规模、难度以及市场竞争性等情况需要调整该系数，请在0.92—0.97之间进行选择，并记录在案。

续表

条款号	评审因素	评审标准
2.2.2	评标价基准值计算方法	1）当进入详细评审的投标人超过 5 家时去掉一个最高价和一个最低价； 2）当同一企业集团多家所属企业（单位）参与本项目投标时，取其中最低评标价参与评标价基准值计算，无论该价格是否在步骤 1）中被筛选掉； 3）依据 1）、2）规则计算 B 值后，如参与计算的投标人不少于 3 名，去掉评标价高于 B 值×130％（含）的评标价，重新计算 B 值。（备注：本条根据项目具体情况，在编制招标文件时选择是否使用。） 评标价为经修正后的投标报价
2.2.3	偏差率计算公式	偏差率 Di＝100％×（投标人评标价－评标价基准值）/评标价基准值

条款号		评审因素	评审标准	权重
2.2.4 1)	商务部分评分标准（20％）	投标文件的符合性	检查投标文件在内容与项目上的完整性，针对投标人提出的非实质性商务偏差，评价其是否合理，是否会损害招标人的利益和未来的合同执行	2％
		信用评价	根据三峡集团公司最新发布的年度供应商信用评价结果进行统一评分，A、B、C 三个等级信用得分分别为 100、85、70 分。如投标人初次进入三峡集团公司投标或报价，由评标委员会根据其以往业绩及在其他单位的合同履约情况合理确定本次评审信用等级	3％
		财务状况	企业财务状况	2％
		工作及交货进度	根据投标人提交的交货进度表审查投标人对交货进度的响应情况；核查投标人是否提交符合招标文件要求的工作进度计划，评价工作进度计划是否合理、可行；现有合同项目对本项目的制造进度的影响	3％
		报价的合理性	报价水平、报价构成的合理性及平衡性，材料采购、机加工费等基础价格、取费标准和分析计算的合理性	10％
2.2.4 2)	技术部分评分标准（50％）	投标人业绩	审查投标人的以往业绩情况，以及用户的证明材料	3％
		技术能力	投标人场地、设备、制造加工能力，项目经理和技术负责人的经历、业绩	6％
		技术方案	生产组织计划的合理性，制造工艺的合理性、可行性；特殊部件采用的技术措施；加工设备能力等；工艺装备配置的可行性，运输方案的合理性、可靠性	20％
		材料及零部件配置质量保证	材料采购的合理性、可靠性，分包外协、外购方案（项目、数量、厂家）合理性、可靠性	13％
		性能保证	质量、安全管理体系，设备制造工艺标准、产品质量检验、设备组装等质量保证体系措施	5％
		技术服务	评价投标人的技术服务方案	3％

条款号		评审因素	评审标准
2.2.4 3)	报价部分评审标准（30%）	投标报价得分	当 $0<D_i\leqslant3\%$ 时，每高 1% 扣 2 分； 当 $3\%<D_i\leqslant6\%$ 时，每高 1% 扣 4 分； 当 $6\%<D_i$，每高 1% 扣 6 分； 当 $-3\%<D_i\leqslant0$ 时，不扣分； 当 $-6\%<D_i\leqslant-3\%$ 时，每低 1% 扣 1 分； 当 $-9\%<D_i\leqslant-6\%$ 时，每低 1% 扣 2 分； 当 $D_i\leqslant-9\%$ 时，每低 1% 扣 3 分； 满分为 100 分，最低得 60 分。 上述计分按分段累进计算，当入围投标人评标价与评标价基准值 B 比例值处于分段计算区间内时，分段计算按内插法等比例计扣分
3.1.1	初步评审短名单	初步评审短名单的确定标准	按照投标人的报价由低到高排序，当投标人少于 10 名时，选取排序前 5 名进入短名单；当投标人为 10 名及以上时，选取排序前 6 名进入短名单。若进入短名单的投标人未能通过初步评审，或进入短名单投标人有算术错误，经修正后的报价高于其他未进入短名单的投标人报价，则依序递补。如果数量不足 5 名时，按照实际数量选取
3.2.1	详细评审短名单	详细评审短名单的确定标准	通过初步评审的投标人全部进入详细评审
3.2.2	详细评审	投标报价的处理规则	不适用

1 评标方法

本次评标采用综合评估法。评标委员会对满足招标文件实质性要求的投标文件，按照本章第 2.2 款规定的评分标准进行打分，并按综合得分由高到低顺序推荐_____名中标候选人，或根据招标人授权直接确定中标人，但投标报价低于其成本的除外。综合评分相等时，投标报价低的优先；投标报价也相等的，技术得分高的优先；当技术得分也相等的，由招标人自行确定。

2 评审标准

2.1 初步评审标准

2.1.1 形式评审标准：见评标办法前附表。

2.1.2 资格评审标准：见评标办法前附表。

2.1.3 响应性评审标准：见评标办法前附表。

2.2 分值构成与评分标准

2.2.1 分值构成

1) 商务部分：见评标办法前附表；

2）技术部分：见评标办法前附表；

3）报价部分：见评标办法前附表。

2.2.2   评标价基准值计算

评标价基准值计算方法：见评标办法前附表。

2.2.3   偏差率计算

偏差率计算公式：见评标办法前附表。

2.2.4   评分标准

1）商务部分评分标准：见评标办法前附表；

2）技术部分评分标准：见评标办法前附表；

3）报价部分评分标准：见评标办法前附表。

3   评标程序

3.1   初步评审

3.1.1   初步评审短名单的确定：见评标办法前附表。

3.1.2   评标委员会依据本章第 2.1 款规定的标准对投标文件进行初步评审。有一项不符合评审标准的，其投标将被否决。

3.1.3   投标人有以下情形之一的，其投标将被否决：

1）第二章"投标人须知"第 1.4.3 项规定的任何一种情形的；

2）串通投标或弄虚作假或有其他违法行为的；

3）不按评标委员会要求澄清、说明或补正的。

3.1.4   技术评议时，存在下列情况之一的，评标委员会应当否决其投标：

1）投标文件不满足招标文件技术规格中加注星号（"＊"）的主要参数要求或加注星号（"＊"）的主要参数无技术资料支持；

2）投标文件技术规格中一般参数超出允许偏离的最大范围；

3）投标文件技术规格中的响应与事实不符或虚假投标；

4）投标文件中存在的按照招标文件中有关规定构成否决投标的其他技术偏差情况。

3.1.5   投标报价有算术错误的，评标委员会按以下原则对投标报价进行修正，修正的价格经投标人书面确认后具有约束力。投标人不接受修正价格的，其投标将被否决。

1）投标文件中的大写金额与小写金额不一致的，以大写金额为准；

2）总价金额与依据单价计算出的结果不一致的，以单价金额为准修正总价，但单价金额小数点有明显错误的除外。

3.1.6　经初步评审后合格投标人不足3名的，评标委员会应对其是否具有竞争性进行评审，因有效投标不足3个使得投标明显缺乏竞争的，评标委员会可以否决全部投标。

3.2　详细评审

3.2.1　详细评审短名单确定：见评标办法前附表。

3.2.2　投标报价的处理规则：见评标办法前附表。

3.2.3　评分按照如下规则进行。

1）评分由评标委员会以记名方式进行，参加评分的评标委员会成员应单独打分。凡未记名、涂改后无相应签名的评分票均作为废票处理。

2）评分因素按照A～D四个档次评分的，A档对应的分数为100—90（含90），B档90—80（含80），C档80—70（含70），D档70—60（含60）。评标委员会讨论进入详细评审投标人在各个评审因素的档次，评标委员会成员宜在讨论后决定的评分档次范围内打分。如评标委员会成员对评分结果有不同看法，也可超档次范围打分，但应在意见表中陈述理由。

3）评标委员会成员打分汇总方法，参与打分的评标委员会成员超过5名（含5名）以上时，汇总时去掉单项评价因素的一个最高分和一个最低分，以剩余样本的算术平均值作为投标人的得分。

4）评分分值的中间计算过程保留小数点后三位，小数点后第四位"四舍五入"；评分分值计算结果保留小数点后两位，小数点后第三位"四舍五入"。

3.2.4　评标委员会按本章第2.2款规定的量化因素和分值进行打分，并计算出综合评估得分。

1）按本章第2.2.4 1）目规定的评审因素和分值对商务部分计算出得分A；

2）按本章第2.2.4 2）目规定的评审因素和分值对技术部分计算出得分B；

3）按本章第2.2.4 3）目规定的评审因素和分值对投标报价计算出得分C；

4）投标人综合得分＝A＋B＋C。

3.2.5　评标委员会发现投标人的报价明显低于其他投标人的报价，或者在设有标底时明显低于标底，使得其投标报价可能低于其成本的，应当要求该投标人作出书面说明并提供相应的证明材料。投标人不能合理说明或者不能提供相应证明材料的，由评标委员会认定该投标人以低于成本报价竞标，否决其投标。

3.3　投标文件的澄清和补正

3.3.1　在评标过程中，评标委员会可以书面形式要求投标人对所提交的投标文件中不明确的内容进行书面澄清或说明，或者对细微偏差进行补正。评标委员会不接受投标人主动提出的澄清、说明或补正。

3.3.2　澄清、说明和补正不得改变投标文件的实质性内容（算术性错误修正的除外）。

投标人的书面澄清、说明和补正属于投标文件的组成部分。

3.3.3　评标委员会对投标人提交的澄清、说明或补正有疑问的，可以要求投标人进一步澄清、说明或补正，直至满足评标委员会的要求。

3.4　评标结果

3.4.1　除第二章"投标人须知"前附表授权直接确定中标人外，评标委员会按照综合得分由高到低的顺序推荐_____名中标候选人。

3.4.2　评标委员会完成评标后，应当向招标人提交书面评标报告。

3.4.3　中标候选人在信用中国网站（http://www.creditchina.gov.cn/）被查询存在与本次招标项目相关的严重失信行为，评标委员会认为可能影响其履约能力的，有权取消其中标候选人资格。

第四章 合同条款及格式

第一节 合同条款

1 定义、联络和文件

1.1 定义

合同中下述术语的定义为：

1）"买方"是指三峡金沙江川云水电开发有限公司宜宾向家坝电厂，负责准备和发售招标文件、评标、授标、签署合同、接受和保管卖方提交的保证金，负责合同项目的支付，是本合同项下设备的发包人和所有者。"建设管理单位"指中国三峡建设管理有限公司，受买方委托，全面负责 XX 工程的建设管理工作。

2）"工程设计单位"指负责 XX 水电站工程设计，包括本合同项下设备的施工图样设计的单位。

3）"卖方"指已与买方签定承包合同的中标人。

4）"分包人"指本合同中经买方审查并同意的分包当事人。

5）"制造监理人"指买方为本合同指定或委托的对本合同设备的制造进行监造的单位。

6）"安装监理人"指买方为本合同设备的工地安装而指定或委托的监理单位。

7）"制造监理工程师"指制造监理人派出的驻厂监造代表。

8）"安装监理工程师"指安装监理人为本合同设备的工地安装派出的安装监理代表。

9）"合同"指由买方与卖方为完成本合同规定的各项工作而签定的明确双方责任、权力和义务的文件，其内容包括合同书、合同条款、技术条款、图样、经评标确认的具有标价的设备制造报价表、投标文件、中标通知，及合同书中和经双方授权代表签字并指明的其他文件。

10）"合同设备"是指卖方按本合同规定应向买方提供的设备，包括项目下的成套设备、备品备件、专用工具、技术文件和其他一切材料与物品等。

11）"合同价格"是指合同中规定的金额，用以支付卖方按照合同规定实施并完成承包项目的成套设备材料供应、制造、按期运抵 XX 水电站工地指定地点交货、技术服务及质量保证、以及合同规定卖方应承担的一切责任，买方所应付的金额。

12）"技术条款"是指本合同规定的技术条件和要求。并包括根据本合同有关条款规定由制造监理人和买方批准的对技术条件的任何修改和补充。

13）"图样"是指买方提供的工程设计单位设计的招标图样、施工图样、设计通知单、文件和其他技术资料；以及卖方根据合同条款和买方提供的设计图样所进行设计的经买方和/或制造监理人批准的车间工艺图、文件和其他技术资料（其中包括软盘或光盘，生产过程的照片与录相等）。

14）"技术文件"是指卖方按合同规定提供的，与合同设备相关的全部设计文件、图样、产品样本、车间工艺图，及与模型（如有）、制造、试验、检测、安装、调试、验收试验、试运行、运行操作和维修保养相关的图纸、数据、文字资料、软盘或光盘与生产过程的照片或录相等。

15）"开工日期"是指买方或制造监理人在开工通知书中明确的日期。

16）"设备交货"是指按合同规定的设备项目统计，每项设备向买方的移交。

17）"交货期"是指按合同规定，该项目的成套设备在 XX 水电站工地指定地点装车并经买方组织交接验收后签证的时间。每个项目的成套设备分期分批交货时，以该项设备最后一批部件的交接验收时间为该项目设备的交货期。

18）"技术服务"是指本合同设备在 XX 水电站工地进行组装、安装、调试、试运行和验收试验以及其他合同中规定的工作过程中由卖方应提供的监督、指导和其他服务。

19）"日"、"周"、"月"、"年"和"日期"是指公历的日、周、月、年和日期。

20）"工地"是指合同设备在 XX 水电站交货、存放、安装和运行的所在地。

21）"书面函件"是指手写、打字或印刷的并经授权代表签字和加盖单位章的函件。

22）"初步验收试验"是指按合同规定的技术条件对合同设备进行的操作试验验收。

23）"质量保证期（即缺陷责任期）"指各项设备自买方组织的初步验收试验合格签证之日算起 18 个月的期限（涂装质保期限不在此列），即在此期限内，卖方对设备的制造缺陷和质量缺陷进行无偿修复的期限。

24）"合同终止"是指初步验收试验合格后，从签发初步验收证书之日起合同设备通过了 18 个月的质量保证期，买方将对合同设备作最终验收，如果无卖方责任，买方签发最终验收证书。

1.2 通知及送达地点

1）合同任何一方给出或发出与合同有关的通知、同意、批准、证书和决定，除非另有规定，均应以书面函件为准。并且任何这类通知、批准、证书和决定等都不应被无故扣发或贻误。

2）通知送达的地点

买方、制造监理人发给卖方的与合同有关的所有证书、通知或指示，或卖方给买方或给制造监理人的通知都应通过邮寄、传真或直接交到对方所指定的地址。改变通讯地址要事先通知对方。

1.3 合同语言和法律

1）合同语言

合同的正式语言为汉语。

2）合同法律

合同的适用法律为中华人民共和国现行法律。

1.4 合同文件

1）合同文件的优先顺序

组成合同的几项文件，可以认为是互为说明的。但在含意不清或有矛盾时，除非合同中有特殊说明，组成合同文件的优先顺序如下：

（1）合同书及有关补充资料；

（2）合同书备忘录；

（3）中标通知书；

（4）经评标确定的具有标价的设备制造报价表及有关澄清材料；

（5）合同条款；

（6）技术条款；

（7）图样（包括设计说明及技术文件）；

（8）招标文件的投标须知；

（9）投标文件及其附录；

（10）其他任何组成合同的文件。

2 制造监理人与制造监理工程师

2.1 制造监理人

1）买方委托制造监理人对合同设备项目的制造及合同的履行实施全面全过程监督管理。

2）合同签订后的 28 天内，买方所委托的制造监理人名称及其授权与职责等将以书面通知卖方。

2.2 制造监理人的责任和权力

1）制造监理人应履行合同规定的职责。

2）制造监理人可以行使合同规定或合同内含的权力。但在行使下述条款的权力前，应得到买方的批准。

（1）对施工图样的重大变更。

（2）影响交货期、质量、合同价等重大决定。

3）制造监理人执行合同某项监理职责时，卖方不得提出改变合同任何条款的要求。

4）除合同中另有规定外，制造监理人无权免除合同规定的卖方的任何责任和权利。

5）对在国外制造的部分，卖方应负责向制造监理人报告设备制造进度及制造质量情况，以及说明这些情况的全部资料，买方有权索取进一步的资料。买方认为有必要时，可委派制造监理人或专人前往国外制造厂进行检查，卖方负有联系责任。

2.3 制造监理工程师

1）制造监理工程师由建造制造监理人任命并书面通知卖方。制造监理工程师对建造制造监理人负责，履行和行使按照第 2.1 款和 2.2 款赋予建造制造监理人的职责和权力，具体包括：

（1）发布"开工令"、"停工令"、"复工令"和"工程变更指令"；

（2）审查批准卖方的工艺文件、车间工艺图样或变更；

（3）签发材质证明原件、关键工序完工检验及外购件复核等的"产品（部件）质量鉴证表"；

（4）签发设备制造竣工的"产品制造证书"、"出厂验收证书"、"解除缺陷责任证书"和"移交证书"等；

（5）签发各类付款证书；

（6）处理卖方违约问题；

（7）对卖方提出的变更与补偿进行审查和签证；

（8）处理由于买方变更，给卖方的补偿问题；

（9）处理卖方有理由延期完工的事宜；

（10）对设备制造的全过程实施监督和质量控制；

（11）买方授予的其他事宜。

2）建造制造监理人可以将赋予他自己的职责和权力委托给监理工程师并且可在任何时候撤回这种委托。任何委托或撤回都应采取书面形式，并且在把副本送交买方和卖方之后生效。

由监理工程师按此委托送交卖方的函件应与建造制造监理人送交的函件具有同等效力，但：

（1）当监理工程师对任何车间工艺图、制造工艺、材料或加工设备、加工或采购的成品及半成品没有提出否定的意见时，应不影响建造制造监理人以后对该车间工艺图、制造工艺、材料、加工设备、加工或采购的成品及半成品提出否定意见并发出进行改正的指示的权力。

（2）卖方对监理工程师的书面函件有疑问，可向建造制造监理人提出，建造制造监理人应对此书面函件的内容进行确认、否定或更改。

2.4　指定检查员

建造制造监理人或监理工程师可以指定任何数量的检查人员协助监理工程师检查和批准车间工艺图、材料、加工设备、工艺和加工采购成品及半成品。他应把这些人员的名字、职责和权力范围通知卖方。指定检查员出于上述目的而发出的指示均应视为已得到建造制造监理人或监理工程师的同意。

2.5　建造制造监理人的指示

对于影响设备的制造进度、质量、使用性能、合同价的制造监理人的指示应以盖有建造制造监理人的单位章和负责人签字的书面函件为准，对制造监理人的口头指示，卖方如认为必要，应在36小时内书面要求制造监理人书面确认口头指示。若制造监理人在收到该书面确认要求的36小时之内未对此确认提出书面异议，则此指示应视为已得到制造监理人的确认。

本条款的规定同样适用于由监理工程师和指定检查员发出的指示。

3　图样

3.1　图样和文件的提供

1）招标图样

（1）本招标文件中招标图样，供卖方投标之用。

（2）招标图样是施工图样设计的依据，但不得做为备料，加工及制作的依据。卖方对招标图样所涵盖的可能在施工图样设计中进一步表达的结构细节、技术要求、质量要求等，必须有全面正确的理解。在招标图样中未表达而在施工图样设计中进一步表达的结构细节、形位公差、加工粗糙度、焊接要求、热处理、探伤等均应包含在合同总价中。

2）施工图样

（1）本合同施工图样由买方提供，经制造监理人签发给卖方。

（2）买方向卖方免费提供施工图样一式 8 份。卖方如需增加施工图样份数时可与工程设计单位联系购图。所购图样如与制造监理人审签的图样有矛盾时，以制造监理人审签的图样为准。

（3）所供施工图样将按水利水电行业制图有关标准和习惯方法绘制。

（4）供图时间根据卖方在本合同签订后 28 天内提出的供图计划，由买方组织制造监理人和卖方共同研究确定，买方将按确定的计划供图。

（5）卖方收到施工图样后，应仔细清点，认真审阅，如发现遗漏、差错和模糊之处以及产品技术条件、尺寸公差及质量标准要求标注不全等，应在收到之日起 21 天内通知监理工程师，监理工程师将在 14 天内作出书面答复。经制造监理人签发的设计修改通知（包括补充施工图样）卖方应执行。

3）车间工艺图及工艺文件

（1）卖方应根据施工图样进行车间工艺图设计，编制工艺文件，并报制造监理人审查批准。

（2）制造监理人随时有权向卖方索取设备制造的任何车间工艺图图样及工艺技术要求的文件，以便保证设备能正确合理制造。

3.2　资料的保密

由买方提供的图样、技术要求和其它文件未经买方和工程设计单位许可，卖方不得用于其他工程或转给第三方或泄露有关信息。

由卖方提出的图样以及工艺，未经卖方同意，买方、制造监理人及工程设计单位不得公开或泄露给其他方。

3.3　卖方的图样审查

1）卖方有责任按合同条款的要求和买方提供的施工图样，提出车间工艺文件及车间工艺图供监理工程师审查。由于工艺文件、车间工艺图不合要求而需修改时，由此而影响设备制造的开工时间，应由卖方负责，不得因此而改变交货期，不得增加费用。由卖方设计的图样，虽经制造监理人审查，但不免除或减轻卖方对该设备应负的全部责任。

2）卖方应确保其提交的技术文件正确、完整、清晰，并应满足合同设备的设计、制造、检验、安装、调试、试运行、验收试验、运行和维护的要求。

3）如果卖方提供的技术文件不完整、丢失或损坏，卖方应在收到买方关于资料不完整通知后，及时进行必要的补充和完善，并且向制造监理人免费重新提交正确、完整、清晰的文件。如果卖方提交的技术文件有遗漏和错误，由此引起的一切相关费用由卖方承担。

3.4　图样的修改

1）施工图样修改

（1）在设备出厂验收前，卖方必须接受买方对设备施工图样的修改。

（2）买方需对施工图样进行修改时，将以设计通知单的形式，经过监理工程师签发后，通知卖方，卖方应执行。如该项修改未超出合同技术条款规定的要求，卖方不得提出合同价格调整。如该项修改有新增要求，且属合同商务条款中规定的合同变更范围，卖方在收到该项设计通知单后的 7 天内，提出列有变更项目所涉及的工程量或材料或资源等投入增加的变更申请书报监理审核，如超过此期限卖方未提出变更申请书，将认为是卖方接受该项修改而不增加合同价格。

（3）卖方要求对施工图样和文件进行修改时，应提出书面联系单。报监理工程师审查。经买方审核同意后，将以设计通知单的形式，经过监理工程师签发后通知卖方。卖方应按设计通知单执行。卖方提出的修改不得低于合同规定的技术要求或影响结构强度及使用性能。由于该项修改而发生的工程量和价格的增加，由卖方承担。

2）卖方车间工艺图的修改

制造监理人在对车间工艺图审查中，或在产品制造过程中，要求卖方对其工艺进行调整时，卖方应按制造监理人的指示调整，但不得提出合同价格调整。

3.5　出厂竣工图

1）出厂竣工图是卖方在制造过程中依据施工图样和设计通知单等，经修改后的最终出厂产品图样。出厂竣工图样必须完整、准确、清晰。出厂竣工图的蓝图，应叠成标准的 A4 图幅并按分册装袋。

2）卖方在产品出厂时，应向买方免费提交出厂竣工图共 25 套。出厂竣工图，应包括设备施工图样所对应的全套图纸和目录及其对设备安装指导要求的文件。出厂竣工图还应随附必要的说明文件。

3.6　买方与卖方的设计联络

为保证合同顺利实施，买方与卖方应按下述方式召开设计联络会：

1）在买方向卖方提交了施工图样的 35 天内，卖方应根据施工图样作出周详的工艺设计和施工组织措施设计，并编制出相应的工艺流程、制造质量控制点、资源配置及制造进度网络计划等技术文件后，在卖方所在地，由买方主持召开一次设计联络会，会议主要议题是对施工图样进行设计交底，解答卖方对施工图样提出的问题。审查卖方的工艺技术措施及其资源配置是否满足合同规定的技术（质量）要求和进度要求。卖方通过设计联络会，应当全面正确理解施工图样的要求，并对施工图样与招标图样及合同技术要求的符合性予以确认。

2）设计联络会议应签定会议纪要，与会双方代表签字后应遵守执行。会议涉及到施工图样修改时，按合同条款中有关图样的修改条款规定的程序进行。

3）在设计联络会中如对合同条款做重大修改时，必须由合同双方的授权代表签字，并履行合同修改要求的程序才能有效。

4）设计联络会的配合费用都包括在合同报价中。设计联络会议配合费用，包括会议的准备与安排、会议活动及其用品费用、文印费、市内交通等，由卖方承担支付。参加设计联络会人员（包括买方人员、买方外聘专家、制造监理人和工程设计单位人员等—下同）的差旅费和住宿费由买方自己承担。

5）特殊情况下，经双方协商后可另行召开设计联络会，相关费用和分工同上。

4　风险和保险

4.1　买方的风险和保险

1）买方的风险包括：

（1）属买方责任的第三者责任险；

（2）因工程设计（技术条款或施工图样）不当或交货后设备的保管不当而造成设备的损失、破坏或使用性能达不到使用要求。

（3）合同规定的应由买方承担的其他风险。

2）买方的保险：买方风险由买方负责保险，所需费用不计入合同价内。

3）由于买方承担的风险造成的损失或破坏，如果要求卖方补救，则应增加合同价，并延长交货期。

4.2　卖方的风险和保险

1）卖方的风险

（1）制造设备运抵工地交货验收前，设备制造中的采购、保管、制造、检验与试验和运输等过程所发生的除不可抗力外的一切风险（其中包括工厂罢工与破产）均由卖方承担。

（2）设备交接验收前发生不可抗力，以至不能履行合同或不能如期履行合同时，卖方应在14天内正式向买方提交一份有关部门的证明书，据此免除造成的责任。不可抗力后，合同履行期顺延，影响交货期在90天以上者双方通过协商，设法进一步履行合同，并在适当时候达成协议。

（3）合同规定应由卖方承担的其他风险。

2）卖方的保险

卖方在设备制造和运输直至设备交接验收前、以及在XX水电站工地现场进行技术服务等所承担的一切风险，由卖方办理受益人为买方的保险。所需费用列入金属结构设备制造报价表中，当卖方的风险发生后，由卖方自行理赔。但卖方派遣到工地现场工区范围工作的雇员人身意外伤亡险，由买方出费统一投保，卖方配合买方理赔。

3）卖方赔偿

由制造监理人或安装监理人任何一方断定由于卖方责任在设备制造、保管、运输及安装调试中所造成的损失、损坏或破坏，不论卖方是否进行保险，此类损失、损坏或破坏的修复、补救、重新采购或制造的费用（不论卖方自行完成还是卖方无能力或不愿意完成时，由买方雇用其它人完成的）以及与此相关发生的全部费用均由卖方承担，卖方还应负由此引起的工期延误责任。应赔偿的项目、内容及其总费用，由制造监理人确定。

4.3 共同的风险

1）由于买方和卖方的共同责任造成的人员伤亡或财产物资的损失、损坏或破坏以及与之有关的赔偿费、诉讼费或其他费用，应通过协商、公平合理的确定双方分担的比例。

2）不可抗力：系指买卖双方在缔结合同时所不能预见的，并且它的发生及其后果是无法避免和无法克服的事件，诸如战争、严重水灾、台风、地震、暴乱、空中飞行物体坠落，及其它双方同意认定的不可抗力事件。

4.4 意外风险终止合同

在发出中标通知后，如果发生了第 4.3 第 2 款中的不可抗力情况，使双方中的一方受阻而不能履行合同，或者成为不合法时，双方都毋需进一步履行合同。引起合同不能履行的一方应尽其最大可能的不损害对方的利益。

5 卖方的责任

5.1 签署合同之前

1）投标价包括所有费用

卖方对投标报价以及经买方评标确定的设备制造报价单中所报的单价和合价的正确性和完备性应是认可的。除了合同中另有规定的以外，上述报价包含了卖方为承担本合同规定的全部责任所需的一切费用。

2）履约保函及其有效期

（1）履约保函

卖方应按本合同规定的金额在收到中标通知后，在签订合同书之前向买方提交履约保函。取得保证金的费用由卖方承担。履约保函为合同总价的 5%。

（2）履约保函的有效期

在卖方根据合同交货完成、设备现场安装完成并验收合格前，履约保函一直有效。在合同设备全部交货、安装完成并初步验收合格后 14 个工作日内退还给卖方。

3）合同文件

卖方应签订、遵守如招标文件所附格式的合同书及合同组成文件，如双方认为需要，经协商取得一致意见后可进行适当修改。

5.2　卖方的一般责任

1）严格按照合同实施

卖方对所有项目应按照合同规定精心设计和制造，按期运抵 XX 水电站工地指定地点交货，并提供技术服务及质量保证。卖方组织安排好相应的人力、物力、财力及相应的加工设备、外购材料及外协件，严格按合同实施。经买方同意的分包合同亦应严格按合同实施，由卖方承担技术接口与协调、监督、按期交货、合同价格和质量保证方面责任。

2）保证产品质量：卖方在执行合同全过程中的一切方面，应严格按合同实施，保证制造设备的质量要求。

3）制造监理人对设备制造全过程实行的监理，包括生产计划、进度、材料、配件、制造工艺、质量事故的处理、试验调试、出厂验收和质量检查的认可和批准，均不免除或减轻卖方对本合同应承担的全部义务和责任。

4）卖方应免费向买方的制造监理人提供工作所需的工作室、工具和设备。

5）卖方在设备制造过程中的重大质量问题，应及时通知制造监理人，按合同要求进行处理。

6）遵守法律、法规和规章

卖方应在其所负责的各项工作中遵守与本合同工程有关的法律、法规和规章，并保证买方免于承担由于卖方违反上述法律、法规和规章的任何责任。

7）照章纳税

卖方及他们的雇员都应按照国家规定的税法和其他有关规定缴纳应交的税款。

8）知识产权

卖方应保证买方免于因卖方或分包者的设计、制造、工艺、技术资料、软件、商标、材料、配件、外协等一切方面侵犯专利权及设计商标等知识产权或其它受保护的权利而引起的索赔或诉讼。并保证买方免于承担与此有关的赔偿费、诉讼费或其它开支。

9）贿赂

如果卖方或雇员提出给予贿赂、礼品或佣金作为报酬来引诱他人采取与本合同有关的行动、偏袒、敌视或包庇与本合同有关的任何人，则买方可以采取适当的措施，直至终止合同。

10）及时向买方提供与设备有关的技术文件、图纸，以便买方及时做好有关技术协调工作。

5.3 转让或分包

1）卖方不得转让合同或其应履行的合同义务。

2）分包

（1）买方同意卖方按合同规定实行分包。卖方和分包人按合同规定所承包的设备内容不得进一步分包。

（2）卖方应将选定的分包人和分包合同交监理工程师审查并报买方批准。

（3）任何分包，均不解除卖方根据本合同规定的应承担的全部责任和义务。卖方还应对任何分包人及其雇员或其他工作人员的行为和疏忽而造成对买方的损失向买方负全部责任。

（4）卖方应自费协调所有分包人的工作，并且要确保由不同分包人供货的设备之间的配合和接口顺利、有效和可靠。卖方应负责保证合同设备的完整性和整体性。

（5）买方保留在合同履行过程中要求调整分包项目和范围、更换拟选择分包人（其中包括材料供应厂家和国外进口件制造厂家）的权力。由此产生的损失或工期延误由卖方承担。

5.4 生产计划

1）卖方应按设备交货时间（见 16 条）编制网络进度计划，且应符合合同和有关网络计划编制规范的规定。

2）进度计划的提交

（1）合同生效后 35 天内，卖方应按本合同规定的交货日期表编制完成设备制造总体网络进度计划，并向制造监理人递交 5 份复制件。

（2）设备制造开工前 7 天，卖方应根据总体网络进度编制完成月网络进度计划，并向制造监理人递交 5 份。其后，每月于最后一个计划日前向制造监理人提交 5 份。

3）进度计划的审批与监控

（1）设备制造监理人有权对卖方的网络进度计划与合同规定的不符之处提出改进调整意见，卖方应当接受。

（2）网络进度计划一经制定必须严格执行，其关键路线关键节点的修改，如影响交货期应报买方批准，并按合同相关条款处理。

（3）月网络进度计划如有修改应报制造监理人批准。制造监理人的批准并不减免卖方的合同责任。

（4）卖方的网络进度计划应当在监理工程师的监控下实施，并接受监理工程师的监控检查。

4）月进度报告

（1）卖方应于每月第 1 周向制造监理人递交 3 份上月生产进度报告，报告中将上月计划完成、实际完成的工程量，完成日期或预计完成日期，完成的百分比，统计图表，存在问题和采取措施等予以清晰表达。

（2）月进度报告的格式由卖方提出报制造监理人批准后实施。

5.5 技术服务

1）为实现设备在 XX 水电站工地现场顺利安装、调试、试运行，至少在下列阶段中，卖方应按买方通知时间派称职的常驻代表和工作人员到现场进行技术服务（包括必要的演示）。

（1）设备在现场交接验收直至设备存放妥当；

（2）从设备安装准备开始至设备初验合格，直至设备投入运行三个月无任何故障。

2）卖方在现场的技术服务包括：

（1）对设备的结构（尺寸、参数、性能等）及制造情况进行交底、对设备安装进行技术指导和监督；

（2）对在安装与调试中发现并由安装监理人判定属于制造原因的质量缺陷进行调整、修理、更换或重新制造；

（3）参加设备的安装、试验验收等项技术服务，见 10 条款；

（4）本合同条款所提到的其他一切服务。

3）卖方在进行技术服务时，由于卖方的原因造成设备的损坏，卖方应负责修理或更换，费用由卖方承担。

4）对本合同项下设备安装、调试、试验操作及维修，如有必要时应在现场或在制造厂对买方指定的人员进行技术培训并提供必要的资料。

5）卖方现场技术服务人员在现场发生的费用由卖方自理，买方在可能条件下提供必要的方便。

6）凡已在合同文件中明确规定，必须由卖方在现场进行的加工项目或部分，卖方应在收到买方通知后 72 小时内到达现场进行加工，加工设备及材料的运输与人员的差旅和食宿费用等由卖方负担。

卖方在现场的工作事宜由买方负责协调。

7）卖方所提供的产品如在质量保证期内出现制造方面的质量问题，卖方应在收到买方通知后 72 小时内到达现场解决问题，费用由卖方承担；若未按规定时间到达现场，买方将委托第三方处理，第三方处理所发生的相关费用由卖方负担。

8）在质量保证期内，非卖方原因而产生的设备故障、损坏或设备的部分丢失，卖方接到买方通知后 72 小时内应到达现场进行处理，并对损坏部分应尽快修理、更换或另行制造，费用由买方承担。

5.6 交通运输

1）场内道路

买方向卖方提供的场内道路及交通设施详见投标须知。

2）场外交通

（1）卖方的车辆出入工地所需的场外公共道路的通行费、养路费和税款等一切费用由卖方承担。

（2）卖方车辆应服从当地交通部门的管理，严格按照道路和桥梁的限制荷重安全行驶，并服从交通监管部门的检查和检验。

（3）超大件和超重件的运输

由卖方负责运输的物件中，若遇有超大或者超重件时，应由卖方负责向交通管理部门办理申请手续；运输超大超重件所需进行的道路和桥梁临时加固改造费用以及其他相关费用由卖方承担。

3）道路和桥梁的损坏责任

卖方应为自己进行物品运输而造成工地内外公路、道路和桥梁的损坏负全部责任，并负责支付修复损坏的全部费用和可能引起的索赔。

6 制造检查、检验及出厂验收

6.1 材料

1）制造合同设备需要的所有材料由卖方负责采购、运输、保管，其全部费用由卖方承担，并已计入报价单价中。

2）设备制造所需的材料须有完整清晰的材质证明原件、出厂合格证书（原件）等，材质证明应按监理工程师的要求复制一份并加盖卖方单位章后报制造监理人备查。所有由于各种原因产生的材料缺陷不得超过国家有关规范标准。

3）制造监理人有权要求卖方对有疑问的材料进行检测与试验，直至提出更换不合格材料或材料供应厂家的要求。

4）设备制造材料规格、材质、数量等以施工图样为准，当与招标图样有局部变更时，卖方应予承认，不得索赔。

5）所有材料应符合技术条款和买方提供的施工图样及设计文件的质量标准，由于某种原因无法采购到规定的材料时，卖方应在该项目制造前28d内提出使用替换材料的申请报告，报送监理工程师审核并由监理工程师征得买方同意后方可采购。采用代用材料的报告必须附有替换材料品种、型号、规格和该材料的技术标准和试验资料。因代用材料所产生的工程量和价格的变化由卖方承担。如果由于材料代用而造成交货时间的延迟，卖方应承担有关合同责任。

6）设备制造所用焊接材料未包括在本标书所列工程量内，但其全部费用应计入总报价内。

6.2　制造工艺

1）设备制造开工前，卖方应编制设备制造工艺文件报制造监理人审批后下达开工令。主要制造工艺和厂内组装工艺文件还应报送买方一份备案。

2）制造监理人对设备制造的全过程进行监督，在设备制造过程中当发现有不合格的制造工艺或材料，制造监理人有权提出修改、返工处理直至下达停工令并报告买方。

3）设备的表面处理及其涂装工艺必须经制造监理人批准同意后，才能按要求实施。

4）卖方对其所采购的材料（或设备部件）和采用的工艺应满足本合同要求负有全部责任。制造监理人对材料、工艺等的检验或批准决不意味着可以减轻或免除卖方在合同中所应承担的任何责任或义务。

6.3　检查

1）本合同设备制造、检验的依据是施工图样和本合同规定的规范与标准，卖方如需采用本合同规定以外的且不低于本合同规定的其他标准时，应提前 35 天报制造监理人审查，并报买方批准后才能采用。

2）经制造监理人认定并得到买方同意的重要设备或部件除由卖方自检外，应请国家认定的专业质检部门复检，并出具证书，其费用由买方承担。卖方应对此项复检积极配合并提供方便。

3）卖方应建立设备制造全过程的质量保证体系，确保产品质量。卖方应有质量检查部门负责检测、试验和质量检查工作，并提交记录、试验报告和质量检查报告，递交制造监理人复查或审查。如制造监理人要求复验，卖方应积极配合。如果制造监理人对卖方的检测方案、方法和手段（包括检测设备）有异议，则卖方应按制造监理人的要求进行检测或试验。

制造监理人对质量的检查、复验与签署，并不免除卖方对质量应负的合同责任。

4）制造监理人及其授权人员在设备制造过程中有权随时在制造现场检查和查阅与本合同有关资料，卖方应提供一切便利并协助工作。

5）制造质量控制点和/或制造监理人进厂后明确提出的须由制造监理人参加并签证的质量点、制造过程中阶段性或关键性工序的质量检验，卖方应在检查前 24 小时通知制造监理人，除制造监理人另有指示外，卖方应按时进行检查，除向制造监理人当场提供检查数据外，还应及时提供检查报告。

6）设备制造过程中，买方有权派出人员对产品质量进行抽检，卖方应在人员、设备、场地等方面予以配合。检查出的问题应立即予以处理。

6.4 备品、备件及外购件

1）设备制造交货时，必须按有关规范和本合同规定提供合格备品备件和外购件（包括进口件）。

2）卖方必须按施工图样及其设计文件要求采购质量合格的外购件。并负责对其进行必要的检验，并有出厂合格证原件及其他质量证明的原件。卖方对于外购件的质量负有全部责任。

3）制造监理人按合同规定进行备品、备件及外购件的检查，卖方应积极配合。并无偿提供一切制造监理人认为必要的检测设备、工具或条件。

6.5 材料、配件代用

对施工图样及其设计文件中规定的材料或配件，由于卖方原因要求代用时，必须提前 42 天提出书面代用申请单报制造监理人审查，经设计审核并买方书面同意后才能代用。但因此而产生的工程量和价格的变化由卖方承担。

6.6 出厂验收

1）在设备出厂前，卖方应按合同文件或有关规程规范的规定进行总装检验（包括部分组装检验）。在自检合格的基础上，向制造监理人递交设备出厂验收申请报告和出厂验收大纲 10 份，报买方组织审批。

2）出厂验收大纲的内容至少应包括：设备概况、主要技术参数、供货范围、检验依据、检测项目及允差、实测值、检验方法及工具仪器、主要测量尺寸示意图、必要的列表及说明等。

3）买方在收到卖方的出厂验收申请报告和出厂验收大纲后的 7 天内，买方将对出厂验收大纲的审查意见和出厂验收的日期和验收组成人员名单通知卖方。

4）在买方组织的验收人员到厂前，卖方应按合同技术条款的规定，将设备的验收状态调整到符合合同规定的验收状态，并支承在足够刚度及高度的支墩上，以供验收人员目睹卖方实测各主要技术数据。与此同时卖方应将设备出厂竣工资料整理成卷一并待验。

5）设备整体组装验收合格后，卖方应于组合处明显标出组装标记，安装控制点和作好定位板等，经监理工程师检查认可后，方可拆开。

6）卖方对验收检查发现的制造质量缺陷，必须采取措施使其达到合格，并经监理工程师审签后设备方可包装；否则，监理工程师有权拒绝签证，由此引起延误交货期的责任由卖方承担。

7）设备经出厂验收合格，其包装状况、发货清单及竣工（出厂）资料等，必须符合合同条款的规定，并经监理工程师签署出厂验收证书后，设备方可发运。

8）设备出厂验收并不是设备的最终验收，卖方还须承担全部合同责任。

9）由于卖方的原因致使验收不能按期进行，或由于制造的质量缺陷问题，验收不合格，致使不能签证而延误交货期，其责任由卖方负责。

10）参加出厂检验的买方人员不予会签任何质量检验证书。买方人员参加质量检验既不解除卖方应承担的任何责任，也不能代替合同设备的工地验收。

11）出厂验收的配合费用都包括在合同报价中。包括验收的准备与安排、验收活动及其用品费用、文印费、市内交通等。参加出厂验收人员（包括买方人员、买方外聘专家、制造监理人和工程设计单位人员等—下同）的差旅费和住宿费由买方自己承担。

6.7 金属结构设备防腐蚀

1）金属结构设备防腐蚀承包商必须具有建设部颁发的一级资质或水利部颁发的《水工金属结构防腐蚀施工单位资格证书》，并在资格文件中附有有效证书复印件。买方保留撤换不合格分包人和指定合格分包人的权利。

2）防腐涂料必须符合国家和行业相关标准和规范的要求，卖方应采购知名品牌和有良好业绩的生产厂的产品。买方保留撤换不合格分包人和指定合格分包人的权利。

3）除设计图纸确定的工地焊接接头及金属结构设备工地安装焊缝两侧各100mm范围的涂装，由于运输吊装损坏的涂装在安装完成后进行外，其余均在制造厂内完成。

4）卖方应根据设计图纸和本合同文件对金属结构设备防腐蚀的要求，制订防腐工艺和施工规程（包括使用设备、人员配备、检验手段等），报监理工程师审批。

6.8 包装及吊运

1）总则

卖方应根据出厂设备的技术性能和分组状态，提出包装设计。包装设计须取得制造监理人的同意。由于包装设计或实施的包装不良所发生的设备损坏或损失，无论这种设计或实施是否经制造监理人同意，也无论这种设计是否已在技术条款中所明确，均由卖方承担由此产生的一切责任和费用。

2）包装

（1）大型金属结构设备和金属结构设备在分解成运输单元后，必须对每个运输单元进行切实的加固，避免吊运中产生变形。若在吊运中产生变形，卖方应负全部责任。

（2）小型结构件按最大运输吊装单元合并装箱供货。

（3）大型零部件应包装后整体装箱供货，止水橡皮和小部件应分类装箱供货。

（4）埋件必须采取有效措施保护加工工作面，防止损伤及锈蚀，应涂装合适的涂料或贴防锈纸，并分类装箱供货。机械偶合加工面应贴防锈纸或涂黄油保护。

（5）各类标准件分类装箱供货。

（6）备品备件分类装箱供货，并单独列出清单。

（7）供货的同时必须具备货物清单。

3）产品标志和标识

（1）卖方必须在每件货物（包装或裸装）上标明货物合同号，名称、数量、毛重、净重、尺寸（长×宽×高）、构件重心以及"小心轻放"、"切勿受潮"、"此端向上"等标记。对放置有要求的货物（包装或裸装）应标明支承（支撑）位置、放置要求及其他搬运标记。运输单元刚度不足的部位应采取措施加强，防止构件损坏和变形。

（2）金属结构设备的组装件和零部件应在其明显处作出能见度高的编号和标志以及工地组装的定位板及控制点。

（3）卖方在每件货物（包装或裸装）上应标明吊装点，设置必要的吊耳，这些吊耳中还必须有满足安装使用的吊耳。对分节制造及在工地组装成整体的货物，还应在组合处有明显的组装编号、定位块或导向卡。

（4）金属结构设备的标牌内容包括：制造厂家、设计单位、产品名称、产品型号或主要技术参数、制造日期等。标牌尺寸不得大于 40cm×60cm。

6.9 竣工资料

1）竣工图样

产品制造竣工图样按国标折成 A4 幅面并按项目或主体产品袋装，或用符合 XX 水电站档案馆用的统一盒装（酌收工本费），不允许使用金属装订物装订。凡涉及施工图样修改的，必须采用档案笔工整清晰地在修改处简要注明修改内容（如尺寸、形位、材质等）及修改日期，还须注明修改所依据的设计通知单的文号。在原图样上不能清晰表达所作的设计修改时，则须重绘竣工图样，重绘的竣工图样须经设计单位核签认可方为有效。竣工图样须加盖竣工图章（样式应符合 XX 水电站档案馆的统一样式）。提供竣工图纸 25 套。

2）产品质量证明文件

（1）质量证明文件应包括：

材质证明及检测和试验报告；

外协和外购件出厂合格证；

主要外协件的质量检验记录；

部件组装和总装检测及试验记录；

焊缝质量检验记录及无损探伤报告；

防腐涂装施工记录及质量检验报告；

铸锻件探伤检验报告；

主要零部件热处理试验报告；

重大质量缺陷处理记录和有关会议纪要；

设备出厂验收过程中的全套资料，包括自检合格报告、出厂验收大纲、出厂验收申请报告、出厂验收会议纪要以及出厂验收后对有关问题进行整改的监理签证文件等。

（2）材质证明原始件。原始件上的签章，必须是亲笔签名和新盖印章，复制的一律无效。非原始件的文字、数据及签章模糊不清的无效。小批量材料确实不能取得材质证明原始件的，须在复印件上加盖销售单位印章，还须加盖制造厂质检部门印章，方可作为材质证明原件纳入竣工资料。凡涉及到设计修改的，制造厂在制造过程中一定要索取设计单位的设计修改文件，不得以各种会议纪要及其他文件代替设计修改文件。

（3）产品质量证明文件一式 12 份，其中原始件 1 份。原始件应完整，书写纸张良好，字迹清楚，数据准确，签证或签章手续齐全。按 A4 幅面和单项工程分别袋装或盒装。

3）设计通知单

一式 12 份，其中 1 份原始件。

4）归 XX 水电站档案馆的竣工资料

（1）归档的竣工资料份数为一式两份（包括制造档案资料一份正本和一份副本以及制造竣工图两套），递交中国长江三峡集团公司 XX 水电站档案馆存档。其余竣工资料供安装和相关管理部门使用。卖方在产品制造和竣工资料的整理过程中应注意作为档案正本的资料原始件的收集与保管，避免归档原始件的遗失、损坏及流散。

（2）归档的竣工资料必须达到完整、准确、系统，保障生产（使用）、管理、维护、改扩建的需要。竣工资料的完整指货物制造全过程中应归档的图样、质量证明文件、设计文件等竣工资料的原始件归档齐全。竣工资料的准确指竣工资料的内容真实反映货物制造过程的实际情况，达到图物相符，技术数据准确可靠，签证签章手续完备。竣工资料的系统指其形成规律，保持各部分之间的有机联系，分类科学，组卷合理。

（3）归档竣工资料应按项目或主体设备立卷，分卷层次应与设备代码相对应。如设备代码不能涵盖的，卖方可补充制造标识和便于安装的标识，但须经监理核准后报买方备案。卷宗首页必须有层次清晰的卷宗目录。

（4）卷宗的格式必须符合 XX 水电站档案管理的有关规定。

5）竣工资料（档案）的验收交接程序

（1）在设备出厂验收前，卖方在提交出厂验收大纲和自检合格报告时，应同时将制造竣工资料（档案）整编成卷，一并报监理工程师审核。

（2）设备出厂验收后，卖方对制造竣工资料（档案）进行补充完善并经监理工程师审签合格后，至迟随货物运抵 XX 水电站工地时一并交接验收。

（3）合同项目最后一批交货时，卖方应提供本项目竣工资料（档案）专项报告，详细说明竣工资料（档案）提交范围、组卷方法、项目竣工资料（档案）目录、案卷格式说明，以及其他要说明的内容。项目竣工资料（档案）专项报告经监理签证后报买方 6 份。

（4）分批交货的项目，首批交货时提交竣工图 20 套、质量证明文件和设计通知单及设计处置单副本 10 套。项目分两批以上交货的，首批交货时提交该项目竣工图样 20 套，该批设备质量证明文件和设计通知单副本 10 套，中间批次交货时提交当批设备的质量证明文件和设计通知单 10 份。对于材质证明、设计通知单如属项目共性文件，且首批交货时已提交时，中间批次可不再提交，但需在竣工资料中列出此类文件目录及其所在案卷名称、页次、案卷提交日期等详细索引信息，以便于检索。最后一批交货时交齐：其余竣工图（最后一批竣工图上须完全标明所有的修改及修改的设计文件）、该项目质量证明书原件、设计通知单原件和用作档案移交的项目质量证明书和设计通知单副本 1 套。

（5）竣工资料（档案）移交程序为：设备到货交接验收时，卖方将竣工资料（档案）交设备制造监理人，经制造监理人检查合格后，归档的竣工资料一式 2 份签证后递交档案馆，其余由买方分发有关单位。

7　设备运输

7.1　设备制造完成后由卖方负责运到 XX 水电站工地买方指定的交货地点。

7.2　运输设备需办理的一切手续和费用由卖方负责。

7.3　运输途中对道路产生的损坏，应由卖方出面谈判并支付纯粹是由这种损坏引起的全部索赔费用。

7.4　买方提供给卖方由工地现场公路行驶权。

7.5　当采用水上运输时，上述 7.3 款"路"解释包括"水道、码头，船闸"等同等用。

7.6　运输途中应遵守国家有关法规，不应对公众和其他单位造成不便。

8　设备到货的交接验收

8.1　卖方应在设备发运前 7 天，将发运清单书面通知买方。通知中应写明合同号，设备项目号及名称，批次，数量，各件名称、毛重及外形尺寸（长×宽×高）。卖方应在设备发运前 24 小时将车船号、名称和启运时间及预计到达 XX 水电站工地的时间通知买方，以便买方准备设备交接验收。

8.2　货物运抵 XX 水电站工地买方指定地点时，由买方或买方指定的接货单位（直供货物为安装卖方，入库货物为仓库接货人）负责卸车。到货交接工作由买方主持，制造监理人、卖方代表与安装代表共同参加。交接验收包括合同设备数量的清点、外观检查、买方认定的必要的检测和试验、以及随机资料的验收等。交接验收后发现的经买方和有关各方共同认定的因制造不良、或因运输不当所造成设备缺陷仍由卖方负责。由于包装不良和包装损坏造成卸车过程对货物的损坏应由卖方负责。交接双方代表作好到货检查记录并会签，货物即移交给买方指定的接货单位。

8.3　货物已具备交接条件，并且卖方已通知买方，买方48小时不能到位交接，对延期交接造成的损失，买方应予补偿。

8.4　未经出厂验收的货物，买方不予接收，责任由卖方承担。

8.5　货物开箱检验的时间，由交接双方商定。开箱检验发现的货物损坏、损失、短缺及质量缺陷等如实记录。开箱检验记录应由交接双方代表签字，一式3份，双方各执1份，1份交监理存查。

8.6　如果在双方商定的开箱检验时间到期，卖方的代表未及时到达验货现场，卖方应承认接货方的检验结果，并承担合同责任。如果验货时间到期，接货方未及时进行开箱检验，则以卖方的发货清单为准，并承担货物损坏、损失及短缺的责任。

8.7　裸装货物如不另行"开箱"检验时，到货交接及验收一并进行。到货交接检查应包括货物包装、外观质量、数量、规格、损坏与损失、短缺等如实记录。到货交接验收记录由交接双方代表签字，一式三份，双方各执一份，一份交监理存查。

8.8　到货交接验收不是货物的最终验收，卖方还须承担货物的制造质量全部合同责任。

8.9　到货交接验收记录是监理签署合同阶段付款的凭据。

8.10　设备的拒收

　　1）买方有权拒收不满足合同规定的材料与设备，并有权要求由卖方限期更换，其一切费用由卖方承担。此限期以不影响本合同设备安装总工期和预定的试运行日期为准。

　　2）被拒收的材料和设备（包括已交付但被买方拒收的材料和设备），买方将不再付款，卖方应退还已支付的款项。

　　3）买方拒收的材料和设备所有权属于卖方，处理费用由卖方承担。

　　4）被拒收的材料或设备，如对工程进度造成影响，买方有理由对卖方提出索赔要求。

9　质量保证

9.1　卖方应保证设备质量，并且按照合同规定所提供的设备是全新的、完整的、技术水平是先进的、成熟的，设备的部件符合安全可靠、有效运行和易于维护的要求。卖方还应保证按合同所提供的设备不存在由于工艺设计、材料或工艺的原因所造成的缺陷，或由于卖方的任何行为所造成的缺陷。

9.2　卖方应保证合同设备的数量、质量、工艺、设计、规范、型式及技术性能，完全满足合同技术条款和买方施工图样的要求。

9.3　除非另有规定，质量保证期为签发初步验收证书后 18 个月，如果由于买方的原因影响了验收试验，则不迟于合同设备最后一批交货后 36 个月。所谓最后一批交货，是指对本合同设备已交货部分的累计总价值已达合同设备价格的 95％，而且剩余部分应当不影响合同设备的正常运行。

9.4　在质量保证期内如发现设备有任何故障，卖方应在接到买方通知后的 72 小时内到达工地负责完成修复。如果由于维修、更换有缺陷和/或损坏的由卖方提供的合同设备而造成整台（套）设备停止运行，且此缺陷或损坏是由于卖方的原因造成的，则该整台（套）设备的质量保证期将延长，其延长时间等于停止运行时间。修复和/或更换后的合同设备的质量保证期为重新投入运行后 18 个月。

9.5　如果发现由于卖方责任造成任何设备缺陷和/或损坏，和/或不符合买方施工图样与技术条款要求，和/或由于卖方技术文件错误和/或由于卖方技术人员在安装、调试、试运行和验收试验过程及质量保证期中错误指导而导致设备损坏，买方有权根据第 13 条向卖方提出索赔。

9.6　对质保期有特别要求的零部件，未达到要求的使用期限因质量原因造成损坏或失效，卖方在规定时间内应无偿负责修理与更换。

10　工地安装调试和验收试验

10.1　卖方应派合格、称职的、足够的人员参加设备在 XX 水电站工地的安装、调试、试运行和验收试验工作。设备在工地安装和试验前，卖方应提交列有所有要做的每步安装和测试检查细节的程序文件，此文件应向买方提供 8 份。工地安装和测试程序以表格形式提供，分项列出每个试验，表示出设计的预期结果，并留出空白供安装和试验时填写实际测试结果用。试验程序包括所采用的测试值、可接受的最大（或最小）测试验结果以及相应可接受的工业标准。如果工地安装测试受到某种限制，则应给出充分的解释，并经买方认可。

10.2　卖方应向买方提交 8 份在工地现场搬运、装卸、贮存和保管设备的详细说明书，并附有图解、图纸和质量说明，包括：

　　1）各部件要求户外/户内、温度/湿度控制、长期/短期贮存的要求、专门标志和空间要求；

2）设备卸货、放置、叠放和堆放所要遵守的程序；

3）吊装和起重程序；

4）长期和短期维护程序，包括户外贮存部件推荐的最长贮存期；

5）部件的定期转动（当需要时）；

6）工地安装时防腐涂装的使用说明；

7）安装前保护涂层和/或锈蚀的处理。

10.3　除另有规定外，所有由卖方提供的合同设备应为完整的设备、组件或部件。如果合同设备的特殊部件，组件和部件需要在设备安装现场进行加工、制作或修整时，所有费用应由卖方承担。

在合同执行过程中，对由于卖方的责任，而需要在设备安装现场进行的检验、试验、再试验、修理或调换，卖方应负担一切检验、试验、修理或调换的费用。

10.4　在每项设备安装完毕后，卖方代表应参加对设备安装工作进行的检查和确认。

10.5　在每台设备安装完毕后，买方、安装单位将对每台设备进行整体调试和初步验收试验。买方将在开始调试和初步验收试验前 21 天，通知卖方确切日期。卖方应有代表参加上述调试和初步验收试验。调试是指对合同设备进行安装检查、调整、校正、启动、临时运行及负载检测。初步验收试验是指检测合同设备是否满足合同规定的所有技术性能及保证值。当下列条件全部满足时，初步验收试验即被认为是成功的：

1）在技术条款规定条件下所有现场试验全部完成；

2）所有技术性能及保证值均能满足；

3）设备按照技术条款要求经过操作试验后停机检查，未发现异常。

如果初步验收试验是成功的，买方和卖方双方应在 7 天内签署初步验收证书一式二份，双方各执一份。如果初步验收试验由于卖方提供的设备的质量/缺陷而中断，初步验收试验须重新进行，则在进行第一次初步验收试验时，如果一项或多项技术性能和/或保证值不能满足合同的要求，双方应共同分析其原因，分清责任方：

1）如果责任在卖方，双方应根据具体情况确定第二次初步验收试验的日期。第二次验收试验必须在第一次验收试验不合格后 70 天内完成，在例外情况下，可在双方同意的期限内完成。卖方应自费采取有效措施使合同设备在第二次验收试验时达到技术性能和/或保证值的要求，并承担由此引起的下列费用：

（1）现场更换和/或修理的设备材料费；

（2）卖方人员费用；

（3）直接参与修理的买方人员费用；

（4）用于第二次验收试验的机械及设备费用；

（5）用于第二次验收试验的材料费；

（6）运往安装现场及从工地运出的需要更换和修理的设备和材料的所有运费、保险费及税费。

如果在第二次验收试验中，由于卖方的责任，有一项或多项技术性能和/或保证值仍达不到合同规定的要求，买方有权按合同第 12 条和第 13 条的规定进行处理。当偏差值处于买方可接受的范围内，买方有权按合同第 12 条的规定要求卖方支付违约罚金。卖方向买方支付违约罚金后，在 7 天以内双方应签署初步验收证书一式二份，双方各执一份。

2）如果责任属于非卖方原因，双方应根据具体情况确定第二次验收试验的日期。第二次验收试验必须在第一次验收试验失败后 70 天内完成。在例外情况下，可在双方同意的期限内完成。买方应自费采取有效措施使合同设备在第二次验收试验时达到合同规定的技术性能和/或保证值要求，并承担上述 1）项中规定的由此引起的有关费用。如果在第二次初步验收试验中由于买方的责任有一项或多项技术性能和保证值仍达不到合同规定的要求，则合同设备将被买方接受。双方应签署初步验收证书一式二份。双方各执一份。在这种情况下卖方仍有责任协助买方采取各种措施使设备满足合同规定的技术性能和/或保证值的要求。

10.6 合同设备质量保证期将在签发初步验收证书之日起开始。

10.7 在质量保证期结束后，买方将对合同设备作一次全面检查，如果无卖方责任，买方签证后，本合同终止。

11 计量与支付

11.1 计量

金属结构设备项目按金属结构设备报价表中所列的单项设备（报价表中有项目编号的）综合单价进行计算。

11.2 支付

1）第一次付款：合同生效后 28 天内买方向卖方支付合同总价的 10%。

2）第二次付款：卖方工艺设计及车间工艺图样得到制造监理人代表买方审查批准，28 天内卖方向制造监理人提出开工申请，当制造监理人下达开工令后，买方向卖方支付该开工项目设备合价的 35%。在设备设计主材品种、规格及数量具备采购条件的情况下，相应的合同第二次付款也可按各标相应项目主材采购时间及合同规定的额度的 35% 进行支付。

3）第三次付款：在设备出厂前开始总拼装时，经制造监理人签证后，买方向卖方支付总拼装项目设备价格的 20%。

4）第四次付款：设备运到 XX 水电站工地指定地点交接验收后，买方向卖方支付交接验收的项目设备价格的 20%。

5）第五次付款：设备安装调试初步验收合格后，经制造监理人签证，买方向卖方支付初步验收项目设备价格的 10%。

6）第六次付款：质量保证期满后 28 天内买方向卖方支付该期满项目设备价格的 5%。

7）设备运到工地交接验收后因某种原因不能安装、调试、试运行，从交接验收之日起 36 个月期满，则此设备应认为被买方接收，买方付清 15% 的余款，但卖方仍应负责技术服务，参加设备验收试验。

8）当买方和制造监理人发现合同款项未被用于本合同项目，影响合同设备制造时，买方有权收回付款。

11.3　支付凭证

1）卖方在每次付款前 14 天向制造监理人提出申请，制造监理人根据设备制造进度及验收结果审查签证，第四次付款时卖方需提交到货验收记录。

2）买方收到制造监理人的签证后，应按买方规定的职责分工和程序进行审查付款，超过 28 天后买方从第 29 天起每天付 0.1‰ 利率给卖方，价款结算单未经审查通过者除外。

11.4　发票

卖方每次向买方申请结算价款，应出具由卖方开具的或是由税务机关代开的增值税专用发票。第一次至第四次结算，按合同规定付款比例计算的金额出票。第五次结算时，其开具的发票金额应包括第六次付款的价款在内，即第一次至第五次结算的发票总额等于合同总额。第六次付款的支付应按合同规定时间办理，在支付时，卖方只需向买方提供普通收款收据。

纳税人信息：

单位名称：＿＿＿＿＿＿＿＿＿＿＿＿；

纳税人识别号：＿＿＿＿＿＿＿＿＿＿＿；

地址：＿＿＿＿＿＿＿＿＿＿；

电话：＿＿＿＿＿＿＿＿＿＿；

开户行名称：＿＿＿＿＿＿＿＿＿＿；

账户：＿＿＿＿＿＿＿＿＿＿。

卖方应按照结算款项金额向买方提供符合税务规定的增值税专用发票，买方在收到卖方提供的合格增值税专用发票后支付款项。

卖方应确保增值税专用发票真实、规范、合法，如卖方虚开或提供不合格的增值税专用发票，造成买方经济损失的，卖方承担全部赔偿责任，并重新向买方开具符合规定的增值税专用发票。

合同变更如涉及增值税专用发票记载项目发生变化的，应当约定作废、重开、补开、红字开具增值税专用发票。如果收票方取得增值税专用发票尚未认证抵扣，收票方应在开票之日起 180 天内退回原发票，则可以由开票方作废原发票，重新开具增值税专用发票；如果原增值税专用发票已经认证抵扣，则由开票方就合同增加的金额补开增值税专用发票，就减少的金额依据收票方提供的红字发票信息表开具红字增值税专用发票。

11.5 税金

卖方应按照国家法律规定缴纳各种税金和附加，所有税费已包含在合同报价中。

11.6 保险

设备在运抵 XX 水电站工地指定地点验收前的一切保险，由卖方按照国家规定办理。保险费已包含在合同报价中。

12 违约处罚

12.1 买方与卖方未履行本合同的责任均属违约，均应向对方承担因违约而造成的损失。

12.2 买方未能在合同规定的日期付款，按 11.3 第 2 款支付利息，超过 56 天后自第 57 天起每天按 0.4‰加计利息。

12.3 卖方未能按 16 条规定日期或经双方协商同意的延期期限内将设备运到工地，则卖方应支付逾期交货罚金。逾期 28 天内，罚金按逾期交货项目设备的金额每天 0.2‰计；逾期 28 天后，自第 29 天起罚金金额以每天 0.4‰计。

12.4 质量违约处罚

由于卖方的原因，金属结构设备制造质量不能满足合同规定和施工图样要求时，除及时返修处理直至更换外，视造成损失大小，卖方将支付给买方该项目设备 3%—5%合同价格的约定违约金，约定违约金具体数额由制造监理人审核确定。

12.5 以上违约处罚罚金总额不超过合同价的 10%。

13 变更和赔偿

13.1 变更范围

买方可在任何时候按第 1.2 条规定用书面方式通知卖方在合同总的范围内变更下列各项中的一项或多项：

1）买方改变对合同项下合同设备布置、结构型式、性能参数、使用技术要求和工程布置。

2）改变合同设备的数量；或组成设备的部分分项的数量或取消。

3）除合同另有规定外，改变交货期。

4）改变卖方提供技术服务的范围

13.2　变更审查

1）如果由于上述变更引起卖方执行合同中的费用或所需时间的增减，卖方可根据本条款提出调整要求，任何调整要求必须在卖方接到买方的变更指令以后 14 天内提出，否则，买方的指令和规定将是最终的。如果在买方接到卖方的调整要求后 28 天以内双方不能达成协议，卖方应按照买方的变更指令进行工作，并继续对合同有关问题进行协商。

2）买方提出的上述任何变更，应由卖方提出变更引起的工程量清单与价格报监造单位审查签证，经审查签证后方可计入价格变更。

3）上述变更基本实施完成后 14 天内，应由卖方提出变更的依据，变更实施情况，工程量清单与价格。卖方提出的报告必须真实可靠，监造单位才予以审查，经核实如发现卖方变更报告资料有意弄虚作假，监造单位有权对卖方进行处罚，直至不予办理审查签证。对未及时报告的审查变更，以后不再补办，也不计入补偿计算。

13.3　变更的估价与处理

本合同项下的设备为总价合同。但发生上述变更后，合同价按以下规定予以调整：

1）当改变合同设备布置、结构型式、性能参数、使用技术要求时，参考报价细目表中相对应设备的单项价格及分项价格推算。

2）如增加或减少合同单项设备，按合同设备报价表相应设备价格计算增加或减少合同的价格。对单项设备中分项项目数量的增减，应参照合同报价细目表对应项目分项价格增加或减少合同价格。对已投料的部分造成卖方的直接损失部分进行合理补偿。

3）如改变设备交货期，超出合同双方确定的交货正常日期范围，给卖方造成直接损失部分进行适当补偿。

4）技术服务变更按平均人员数量和报价细目的人员平均价调整。

对于上述变更，如果该项目项下变更价的合计数在该合同项目合价的±2.5％范围内，合同价不予调整。如果该项目项下变更价的合计数超过该合同项目合价的±2.5％，只对超过的部分进行调整合同价。

5）主要材料调差

（1）投标辅助资料中金属结构设备制造项目的主要材料受物价波动影响的项目，在合同期内对主要材料进行价格调整。

（2）主材费权重（B）按卖方投标报价主材费占合同总价的比例计算并经买方确定。

（3）价差调整：

①价差结算公式：

$$Q = P * (Ka - 1) * B$$

Q：价差调整额（单位：元）

P：按照合同规定计算的合同结算额（单位：元）

Ka：主要材料价格指数。

B：主材费权重。

②主要材料价格指数的确定：

本合同主要材料代表规格详见下表。以国家统计部门和"中国联合钢铁网"公布的成都主要材料价格进行测算。主要材料基期价格以本项目投标截止日所在当月平均价格为准。

$$Ka = Pb/Pa$$

Pa：投标截止日代表规格所在当月平均价格。

$$Pa = \sum Cia \times Wi$$

Cia——投标截止日代表规格所在当月国家统计部门和"中国联合钢铁网"发布的成都市场主要材料代表规格的市场价格。

W_i——投标截止日代表规格所在当月国家统计部门和"中国联合钢铁网"发布的成都市场主要材料代表规格所占的权重。

Pb：卖方主要材料采购截止日所在当月平均价格。

$$Pb = \sum C_{ib} \times W_i$$

C_{ib}——卖方主要材料招标采购当月国家统计部门和"中国联合钢铁网"发布的成都市场主要材料代表规格的市场价格。

W_i——卖方主要材料招标采购当月国家统计部门和"中国联合钢铁网"发布的成都市场主要材料代表规格所占的权重。

③主要材料代表规格和权数见下表：

项目编号（i）	代表规格名称（Ci）	单位	权数 Wi（%）
1			
2			
3			
...			

（4）按上述原则计算的金属结构设备制造主要材料价差总额占合同价款的±1.5%（含±1.5%）内时，不调整合同价款。超过 1.5%时，对超过 1.5%以上的部分增加合

同价款；低 1.5% 时，对低于 1.5% 以下的部分扣减合同价款。

13.4　索赔

1）如果合同设备在数量、质量、设计、规范、型式或技术性能等方面不符合合同规定和施工图样的规定，并且买方已在检验、安装、调试、试运行、验收试验和合同规定的质量保证期内提出索赔，卖方应根据买方的要求按以下一种或几种方法的组合（无先后次序之分）处理该索赔：

（1）卖方同意买方拒收有缺陷的合同设备，向买方偿还与拒收合同设备价格相等的款额，并由卖方承担由此产生的损失和费用，包括运费、保险费、检验费、仓储费、合同设备装卸费以及为保管和维护拒收合同设备所必需的其他费用；

（2）按有缺陷合同设备的低劣、损坏程度及买方遭受损失的金额，由双方协商对合同设备进行降价处理；

（3）用符合合同规定的规格、质量、性能的新部件（或称组件）和/或设备更换有缺陷的合同设备，和/或修好有缺陷的合同设备，并由卖方承担费用和风险，及承担买方为此付出的全部直接费用，并赔偿买方遭受的直接损失。同时卖方应对所更换的合同设备的质量给予相应于合同第 9 条款规定的质量保证期。

2）更换和/或增补的合同设备应交货至××工地指定地点，卖方应承担将合同设备运至工地和安装的一切风险及费用。

更换和/或增补的合同设备的交货期限应不影响该台设备安装进度或设备的正常运行。卖方应将买方急需的合同设备运至安装现场，费用自付。经卖方同意买方可自行修复较轻缺陷和/或损坏的合同设备，费用卖方支付。

3）如果合同设备技术特性和/或性能保证值有一项或多项不能满足合同规定的要求，且责任在卖方，卖方应在收到买方的通知后 56 天内自费采取有效措施使技术性能和/或保证值达到合同要求。

4）卖方在接到买方的索赔通知 28 天内未作答复，则应理解为卖方已接受该索赔要求。如果在接受买方的索赔要求后 28 天内，或在买方同意的更长的一段时间里，卖方未能按照上述买方要求的任一方式来处理索赔，则买方将从支付款项或履约保函或质量保证金中扣款。

5）在合同设备质量保证期内买方因发现有缺陷和/或有损坏的合同设备而向卖方提出的索赔，在合同设备质量保证期满后的 56 天内保持有效。

14　争端和终止合同

14.1　争议的解决

合同双方在履行合同中发生争议的，友好协商解决。协商不成的，诉讼解决。

14.2 卖方违约终止合同

1）发生下列情形时，买方可在不影响对违反合同所作的任何其他补救措施的条件下，用书面形式通知卖方，终止全部或部分合同。

（1）卖方未能在合同规定的时间内，或未能在买方同意的延迟提交时间内按计划进行设备的制造、提交任何或全部设备或提供服务；

（2）卖方未能履行按合同规定的任何其他责任。

在上述任一情况下，卖方在收到买方的违约通知后30天（或买方书面同意的更长的时间里），未能纠正其违约，买方有权终止合同。在此情况下并不解除卖方对合同的责任，买方可将设备未完成部分指定其他卖方完成，买方可根据已完成部分进行估价，已完成部分的缺陷修复和对买方造成的损失在估价中扣还。

2）在买方根据本条终止全部或部分合同的情况下，买方可按其认为合适的条件和方式采购与未提交合同设备类似的合同设备，卖方有责任承担买方为购买上述类似合同设备时多付出的任何费用，且卖方仍应履行合同中未终止的部分。

14.3 因卖方破产终止合同

如果卖方破产或无清偿能力时，买方可在任何时候书面通知卖方终止合同而不对卖方进行任何补偿。但上述合同的终止并不损坏或影响买方采取或将采取行动或补救措施的任何权力。

14.4 买方违约终止合同

由于下述理由，卖方可以通知买方延长交货期或终止合同：

1）买方在收到付款申请140天后仍未支付给卖方应得的金额。

2）干涉、阻挠卖方的合法行为和权益。

15 不可抗力终止合同

发生不可抗力造成卖方无法履行合同，可以终止合同，买方应付给卖方已完工部分设备的合同价款。

16 设备交货期和交货地点

16.1 交货日期

本合同设备交货日期计划见下表。在此交货期计划下买方提前3个月或推迟3个月要求卖方交货，此时间范围属于正常交货日期范围，不属于变更交货期的性质，但买方应提前3个月通知卖方具体交货日期。若提前或推迟交货期超过3个月以上，按13.3款规定处理。

金属结构设备项目交货日期表

（合同编号：_____）

编号	制造项目名称	单位	数量	交货日期
1				
2				
3				
...				

16.2　交货地点

本合同规定的交货地点为：XX 电站工地买方指定地点。

17　合同文件或资料的使用

17.1　卖方未经买方事先书面的同意，不得把合同中的条款或以买方的名义提供的任何规范、规划、图纸、模型、样品或资料向卖方为履行合同而雇佣人员以外的其他任何人泄露，即使是对上述雇佣人员也应在对外保密的前提下提供，并且也只限于为履行合同所需的范围。

17.2　除为履行合同的目的以外，卖方未经买方事先书面同意不得利用第 17.1 款中所列举的文件或资料。

17.3　第 17.1 款中所列举的任何文件，除合同文件本身外，均应属于买方的财产，当买方提出要求时，卖方应在合同履约完成后将上述文件（包括所有副本）退还给买方。

18　知识产权

卖方应保证买方不承受由于使用了卖方提供的合同设备的设计、工艺、方案、技术资料、商标、专利等而产生侵权，若有任何侵权行为，卖方必须承担由此产生的一切索赔和责任。

买、卖双方在实施本合同过程中如因创造性的劳动产生出新的知识产权，买、卖双方应共享此知识产权，共同申报奖项和专利等，共享由此知识产权产生的经济收益等，收益分配比例由双方双方另行协商确定。

19　原产厂和新设备

19.1　原产厂

本合同提供的所有合同设备、技术服务和质量保证应来自符合合同规定的生产制造厂或公司。

19.2　新设备

卖方提供的合同设备应为新设备，是按合同规定通过专门设计、制造、加工、并全部由新制成部件组装而成的、在商业角度上公认的新产品，其功能、技术性能和设备质量应完全符合本合同技术条款规定的技术条件和要求以及买方增加与修改的使用条件。设备中所采用的标准件和专门配套件亦应是性能可靠的优良的新制成品。在设备安装中，还需由卖方对设备的液压、电气系统进行调试和试验，对软件调试和完善。

20　卖方的技术文件

20.1　卖方对合同设备设计的责任

1）卖方对合同设备设计应满足技术条款和招标图纸以及买方补充的工程设计条件与要求。卖方的设备设计文件、施工图样和其他技术文件应符合合同技术条款、国家有关法律和行政法规的规定、质量与安全标准和设备技术规范要求。

2）卖方设计文件、施工图样和其它技术文件中选用的材料、结构件、配套设备与装置、元器件与零配件、仪器等，应当注明其规格、型号、性能、尺寸、技术参数和应附的图形图纸，其质量要求必须符合国家规定的标准或高于此标准，并进行检验，不合格的不得使用。

20.2　卖方的技术文件提供

1）卖方应提供的技术文件包括：

（1）合同设备设计文件；

（2）工厂施工设计图样；

（3）车间工艺图及文件；

（4）产品样本（如有）；

（5）质量体系文件和质量手册；

（6）设备试验与检测文件；

（7）设备组装、安装图和安装技术说明；

（8）设备出厂竣工资料；

（9）竣工图；

（10）设备搬运、贮存、安装、调试、工地安装、验收试验及试运行文件。运行操作和维修保养、说明书与手册；

（11）设备在工地安装修改的文件；

（12）设备清单、备品备件清单、易损件清单及其图纸；

（13）设备生产制造过程照片和录像或光盘；

（14）其他。

上述技术文件内容应符合国家或部门对机械和电气设备工程的设计规程及技术文件编制要求，并满足技术条款规定的内容要求。在提供之前应核对文件清单、提交次序、版本、种类和日期。技术文件费用（包括资料整编等费用）已包括在设备价中。

2）卖方应确保其提交的技术文件正确、完整、清晰，并能满足合同设备的设计、检验、移交、安装、调试、试运行、验收试验、运行和维护的要求。

如果卖方提供的技术文件不完整，卖方应在收到买方关于资料不完整通知后的21天内进行必要的修正，并且向买方免费重新提交正确、完整、清晰的文件。如果再次提交文件晚于上述天数，卖方应按第19条规定支付约定违约金。如果卖方提交的技术文件有遗漏和错误，卖方应向买方补偿买方由此而引起的增加的工程费用和施工费用。

3）供审查用施工图样，应附有设计计算书和设计分析报告。

4）由于技术文件不齐全，或份数不符、或运输及邮寄丢失、或印刷不清，卖方应予修正补齐、以补齐时间作为卖方交付的完成时间。

5）技术文件的补充：合同设备经制造、出厂验收、安装完毕、初步试验验收合格后、卖方需对技术文件进一步确认、补充和完善。在确认、补充和完善之前以已提交的技术文件为准，卖方应对所提交的技术文件负责。

6）为了确保技术文件及时递送至买方，卖方应尽量采取派专人面交买方。如采用邮寄，则应事先传真通知买方，并以买方地邮戳时间为买方收到技术文件的时间为准，因邮寄耽误的时间由卖方负责。向工程设计单位、制造监理人提供的技术文件应派专人面交。

7）卖方的技术文件及图纸应叠成标准的A3图幅并分册装袋或装订提交。文字文件应按A4图幅的尺寸装订成册交付。

8）卖方提供技术文件及其完成工作等一切费用已包括在合同设备的价格中，不再单独支付。

9）买方在合同设备的质保期内如需增加某项技术文件数量，卖方应即时提供，卖方仅应收取印刷装订的成本费用及投递费用，不得再收取其他费用。

10）提供技术文件份数

卖方应根据实际情况分别向买方、工程设计单位和制造监理人提供技术文件。

20.3　设备设计文件

1）卖方应对合同设备投标设计（包括投标图样）进一步完善设计，并形成完整的设计文件，包括设计依据、计算成果、技术方案、设备布置图、系统机构图、配套设备和装置、接线和现地控制原理图、逻辑图、控制系统程序框图、设计说明、专题设计分析报告、产品性能和试验报告（如有）等。

2）卖方对合同设备的设计，不符合本合同规定、技术条款和招标图纸要求、投标后所有澄清的问题以及买方通过设计联络会指明应采纳的内容与补充的条件资料，应在合同设备的进一步设计时予以满足，并对合同设备的布置、性能、技术参数、符合工地安装与运行条件等负有全部责任。

3）按本条款执行所发生的一切费用已包括在合同价中。

20.4　施工图样

1）本合同设备的施工图样应由卖方在批准的设备设计文件之后提出，图样的图纸应符合国家制图标准，表达完全。

2）合同设备的施工图样应满足买方图样、合同条款、技术条款的规定和要求。

3）施工图样中所标注的内容，如为引用了国家标准以外的内容，均应提出相关文件，卖方不得以引用、借用卖方文件、图纸为依据而不在合同设备的图纸上作具体表达。卖方为使图纸表达简便，经制造监理人同意，可随施工图样提供相关文件的文本及标准图，以便制造监理人和买方了解具体要求是否与合同条款、技术条款及要求相符。

4）施工图样必须经制造监理人审查批准。并应满足设计联络会明确的要求。

20.5　车间工艺图及工艺文件

1）车间工艺图及工艺文件由卖方按制造监理人审查批准后的施工图样进行设计和编制，并报制造监理人批准。

2）制造监理人随时有权向卖方查阅设备制造的任何车间工艺图样及工艺技术文件，以便保证合同设备能正确制造。

20.6　对卖方技术文件的批准

1）卖方的技术文件应按合同规定报送制造监理人或/和买方审查批准，但制造监理人或/和买方对卖方的技术文件审查和批准，并不免除卖方的所有责任，对任何性质的错误和疏忽、图样或文字文件中的偏差或由此偏差可能产生的与其他设备产品及土建的配合问题，均由卖方负责。

2）经制造监理人审查批准的合同设备施工图样，卖方在执行过程中提出修改要求时，须以书面形式提出，经制造监理人或监理工程师审查批准后方可执行。上述修改如引起合同内容任何变更，其责任由卖方自负。

3）买方或制造监理人发现卖方的施工图样、车间工艺图及工艺文件中的错误、或这些图样与文件不能满足合同设备的要求时，有权提出修改要求，将以制造监理人或监理工程师签发的书面文件通知卖方，卖方应按其要求进行修改，经制造监理人或监理工程师审查签发后执行。其责任由卖方自负。

4）卖方所有提供制造监理人审查的图纸、文件、资料，应有卖方校、审，并经授权代表签署，专留有空白之处盖有"送审"。

5）除合同中另有规定外，制造监理人在收到"送审"的技术文件之后 7 天内完成审查，保留一份后返回卖方。经制造监理人审查返回的技术文件上应随备下列记号之一：

（1）无须修改；

（2）返回修正；

（3）已审查并已修正。

"返回修正"的技术文件应 7 天或协定的时间内重新提交并确认。

买方或/和制造监理人的审查批准不减免卖方对于满足合同文件和安装时各部件正确的配合应负的责任。

21　设计联络会

21.1　设计联络会规定

1）合同双方遵守本条规定，由买方分别主持在卖方所在地召开电站尾水移动式启闭机两次设计联络会议和导流隧洞固定卷扬式启闭机两次设计联络会议，审查合同设备设计、协调与工程设计和其他方面的技术问题及接口工作。按移动式启闭机两次和固定卷扬式启闭机两次设计联络会议单独报价，费用均包括在合同设备的合同价中。

2）每次设计联络会议时间约为 1—3 天，每次设计联络会议买方人员 10—15 人（含专家），由卖方统一制定会议计划和日程，并准备会议文件资料（包括图样），按合同规定份数提供参加会议的买方及买方人员。

3）买方在收到卖方提交的有关图纸和资料以后 15 天内通知卖方举行设计联络会，讨论和协调卖方提供的启闭机机械系统，电控系统或电气系统的主回路原理图，变频装置及 PLC 的型号、配置原理图，控制柜布置，系统软件和控制应用软件以及检测装置的型号等技术问题。

4）在设计联络会议期间，买方有权就合同设备问题进一步提出改进意见或对设备设计补充技术条件要求，卖方应认真研究和改进予以满足。对于合同设备的功能、性能、使用、运行、安装等必备的技术条件要求（包括材料、工艺、结构、元器件选型等），在设计审查时买方可以提出补充技术条件要求或对设备设计提出改进意见。且其改进意见或补充技术条件要求未超出对合同设备规定的功能或性能时，卖方不应提出合同价格变更。

5）每次设计联络会议将以会议纪要确认双方协定的内容与要求，卖方应接受联络会议的意见与要求并在合同执行中遵守。在设计联络会中如对合同条款、技术条款有重大修改时，须经过双方授权代表签字同意。联络会议意见并不免除或减轻卖方对本合同应承担的全部责任和义务。

6）根据设计联络会会议纪要，对遗留的特殊问题、试验项目的审查等需要协调或有关方面进行研究与讨论，可由双方商定增开设计联络会。

7）设计联络会的会议准备、组织和安排会议的所有费用，包括会议技术文件、用具等由卖方负担，费用均包括在合同设备的合同价中（不包括买方人员差旅费和住宿费）。

8）由卖方组织买方参加的对进口部件生产厂家的出国考查，买方人员的出国费用等由买方负担。

21.2　设计联络会议

1）第一次设计联络会

（1）在合同签字后的28天内，根据合同设备交货时间要求和完成的合同设备设计文件，由卖方提出召开第一次设计联络会的时间。设备设计文件在召开此次设计联络会议之前21天提供给买方，买方在收到设计文件后15天内通知卖方召开设计联络会时间。

（2）会议地点在卖方制造厂。

2）第二次设计联络会

（1）会议时间和地点：第二次设计联络会时间在第一次设计联络会中初步拟定，会议地点在卖方制造厂。

（2）设备设计文件在召开此次设计联络会议之前15天提供给买方，买方在收到设计文件后7天内通知卖方确定的设计联络会时间。

3）设计联络会议次数根据实际需要经双方协商后最终确定。

22　技术服务

22.1　技术服务工作范围

卖方在XX水电站工地现场的技术服务包括：

1）对设备的结构（尺寸、参数、性能等）、制造情况、部件安装程序、安装技术要求和安装质量控制要求进行交底、对设备安装（包括埋件埋设）进行技术指导和监督；

2）对在安装与调试中发现并由安装监理人判定属于制造原因的质量缺陷进行调整、修理、更换或重新制造；

3）参加设备的安装、试验验收等技术服务，见第10条规定；

4）对本合同项下设备安装、调试、试验操作及维修，如有必要时应在现场或制造厂对买方指定的人员进行技术培训并提供必要的资料，包括：

（1）培训计划；

（2）培训的教材。

5）本合同规定卖方在设备安装过程中对机械、液压及电气系统性能进行调试，调整与整定其参数，完善应用软件。卖方在技术服务时一并统筹计划安排。在4.2条款下提及的义务和责任也包含在内。

6）本合同条款所提到的其他一切服务，包括合同设备质量保证期限内的服务工作。

22.2 技术服务义务

1）卖方技术服务费用已包括在合同设备总价中，所有卖方提供的技术服务人员在现场发生的费用由卖方自理。买方在可能条件下提供必要的方便。

2）卖方如有在工地现场进行的组装部件或部分，卖方应在收到买方通知后 72 小时内到现场进行加工，加工设备及材料的运输与人员的差旅和食宿费用等由卖方负担。卖方在现场的工作事宜，买方可以提供协调。

3）卖方在进行技术服务时，由于卖方的原因造成设备的损坏，卖方应负责修理或更换，费用由卖方承担。

4）卖方所提供的合同设备如在质量保证期内出现制造方面的质量问题，卖方应收到买方通知后 48 小时内到达现场解决问题，其一切费用由卖方负担。非卖方原因而产生的设备故障、损坏或设备的部分丢失，卖方接到买方通知后 48 小时内应到达现场进行处理，并对损坏部分应尽快修理、更换或另行制造，费用由买方承担。

5）在合同规定的质量保证期限内，卖方接到买方通知后 48 小时应到达现场进行处理，属于设备制造缺陷产生的故障、损坏，卖方仍应有义务免费提供技术服务；非卖方责任，费用由买方承担。

23 合同生效及其他

23.1 本合同由买方和卖方双方法定代表人或授权代表，按第 1 条合同书格式签字并加盖单位章之日起生效。

23.2 本合同有效期至双方均已完成合同项下各自的责任和义务时止。

第二节 合同附件格式

附件一 合同协议书（格式）

合同名称：

合同编号：

本合同书由＿＿＿＿＿＿＿＿＿＿＿＿＿（以下简称买方）、中国三峡建设管理有限公司（以下简称建设管理单位）与＿＿＿＿＿＿＿＿＿＿＿＿（以下简称卖方）于＿＿＿＿年＿＿＿月＿＿＿日商定并签署。

鉴于买方为采购 XX 水电站金属结构设备（合同编号为＿＿＿＿＿＿＿＿＿），并通过＿＿＿＿年＿＿＿月＿＿＿日的中标通知接受了卖方以总价人民币（大写）＿＿＿＿＿＿＿＿＿元，为完成本合同的所有项目设备成套制造、按期运抵 XX 工地指定地点交货、技术服务及质量保证所做的投标。双方达成如下协议：

（1）本合同中所用术语的含义与下文提到的合同条款中相应术语的含义相同。

（2）本合同按经评标确定的具有标价的设备制造报价表中的单项设备实行总价承包。合同有效期内此价格固定不变。

（3）下列文件应作为本合同的组成部分：

本合同书及有关补充资料；

合同备忘录；

中标通知书；

经评标确定的具有标价的设备制造报价表；

合同条款；

技术条款；

图样（包括设计说明及技术文件等）；

招标文件中的投标须知；

投标文件和附录；

其它任何组成合同的文件。

（4）上述文件应认为是互为补充和解释的，凡有模棱两可或互相矛盾之处，以顺序在前者为准，同一顺序者以时间在后为准。

（5）考虑到买方将按下条规定付款给卖方，卖方在此与买方立约，保证全面按合同协议规定完成所有项目的设备成套制造、按期运抵 XX 水电站工地指定地点交货、技术服务及质量保证。

（6）考虑到卖方按合同规定完成所有项目的设备成套制造、按期运抵 XX 水电站工地指定地点交货、技术服务及质量保证，买方在此立约，保证按合同规定的方式和时间向卖方付款。

（7）在签定合同之前，卖方已向买方递交了履约保函作为履约担保。

（8）买方和卖方双方同意，本合同（包括合同文件）表达了双方所有协议谅解、承诺和契约。并同意本合同汇集、结合和取代了所有以往的协商、谅解与协议，双方还同意除了在本合同中有特别规定或除用书面阐明，并与本合同履行了相同手续者外，合同的修改或更动均为无效，对双方不具约束力。

本合同书一式十二份（其中正本两份，副本十份），买方执九份（包括正本一份），卖方执三份（包括正本一份）。

双方授权代表在此签字并加盖单位章后本合同生效。

买方：＿＿＿＿＿＿＿＿＿＿＿　　　　卖方：＿＿＿＿＿＿＿＿＿＿＿

法定代表人（或委托代理人）：＿＿＿　法定代表人（或委托代理人）：＿＿＿

（签名盖单位章）　　　　　　　　　　（签名盖单位章）

地址：＿＿＿＿＿＿＿＿＿＿＿　　　　地址：＿＿＿＿＿＿＿＿＿＿＿

邮编：＿＿＿＿＿＿＿＿＿＿＿　　　　邮编：＿＿＿＿＿＿＿＿＿＿＿

电话：＿＿＿＿＿＿＿＿＿＿＿　　　　电话：＿＿＿＿＿＿＿＿＿＿＿

开户银行：＿＿＿＿＿＿＿＿＿＿　　　开户银行：＿＿＿＿＿＿＿＿＿＿

帐号：＿＿＿＿＿＿＿＿＿＿＿　　　　帐号：＿＿＿＿＿＿＿＿＿＿＿

税号：＿＿＿＿＿＿＿＿＿＿＿　　　　税号：＿＿＿＿＿＿＿＿＿＿＿

　　　　　　　　　　　　　　　　　　签字日期：＿＿＿年＿＿月＿＿日

建设管理单位：＿＿＿＿＿＿＿＿＿＿＿

法定代表人（或授权代表）：＿＿＿＿＿＿＿＿＿＿＿

（签名盖单位章）

地址：＿＿＿＿＿＿＿＿＿＿＿

邮编：＿＿＿＿＿＿＿＿＿＿＿

电话：＿＿＿＿＿＿＿＿＿＿＿

开户银行：＿＿＿＿＿＿＿＿＿＿

帐号：＿＿＿＿＿＿＿＿＿＿＿

税号：＿＿＿＿＿＿＿＿＿＿＿

签字日期：＿＿＿年＿＿月

附件二　履约担保（格式）

合同名称：

合同编号：

中国长江三峡集团有限公司：

鉴于＿＿＿（卖方名称）＿＿＿（以下称卖方）已保证按＿＿＿（合同名称）＿＿＿（合同编号：＿＿＿＿＿＿＿）实施，并鉴于你方在上述合同中要求卖方向你方提交下述金额的经认可银行开具的保函，作为卖方履行本合同责任的保证金。

（1）本行同意为卖方出具本保函。

（2）本行在此代表卖方向你方承担支付人民币＿＿＿＿＿＿元的责任，在你方第一次书面提出要求得到上述金额内的任何付款时，本行即予支付，不挑剔，不争辩，也不要求你方出具证明或说明背景、理由。

（3）本行放弃你方应先向卖方要求赔偿上述金额然后再向本行提出要求的权力。

（4）本行进一步同意在你方和卖方之间的合同条款和技术条款，合同项下的设备或合同文件发生变化、补充或修改后，本行承担本保函的责任也不改变，有关上述变化、补充和修改也无须通知本行。

（5）此履约保函有效期至签发初步验收证书时结束。

银行名称：＿＿＿＿＿＿＿＿＿＿（盖单位章）

法定代表人（或授权代表）：＿＿＿＿＿＿＿＿＿（签字）

银行许可证号：＿＿＿＿＿＿＿＿＿

印刷体姓名与职务：＿＿＿＿＿＿＿＿＿

地址：＿＿＿＿＿＿＿＿＿

邮编：＿＿＿＿＿＿＿

电话：＿＿＿＿＿＿＿＿

传真：＿＿＿＿＿＿＿

日期：＿＿＿＿年＿＿＿月＿＿＿日

附件三　预付款担保（格式）

中国长江三峡集团有限公司：

因被保证人_____（以下称被保证人）与你方签订了_____合同（合同编号：××××），并按该合同约定在取得设备预付款前应向你方提交设备预付款保函。我方已接受被保证人的请求，愿就被保证人按上述合同约定使用并按期退还预付款向你方提供如下保证：

1. 本保函担保的范围（担保金额）为人民币（大写）_____元。

2. 本保函的有效期自预付款支付之日起至所有设备交接验收之日止。

3. 在本保函的有效期内，若被保证人未将设备预付款用于上述合同项下的设备或发生其它违约情况，我方将在收到你方符合下列条件的提款通知后 7 天（日历天）内凭本保函向你方支付本保函担保范围内你方要求提款的金额。

你方的提款通知必须在本保函有效期内以书面形式（包括信函、电传、电报、传真和电子邮件）提出，提款通知应由你方法定代表人或委托代理人签字并加盖单位章。

你方的提款通知应说明被保证人的违约情况和要求提款的金额。

4. 你方和被保证人双方经协商同意在上述合同规定的范围内变更合同内容时，我方承担本保函规定的责任不变。

保证人：_____（名称）_____　　（盖单位章）

法定代表人（或委托代理人）：_____（姓名）_____　　　（签名）

_____年____月____日

附件四 廉洁协议（格式）

甲方（发包人）：

乙方（承包人）：

为了防范和控制合同（合同编号：）商订及履行过程中的廉洁风险，维护正常的市场秩序和双方的合法权益，根据反腐倡廉相关规定，经双方商议，特签订本协议。

一、甲乙双方责任

1. 严格遵守国家的法律法规和廉洁从业有关规定。

2. 坚持公开、公正、诚信、透明的原则（国家秘密、商业秘密和合同文件另有规定的除外），不得损害国家、集体和双方的正当利益。

3. 定期开展党风廉政宣传教育活动，提高从业人员的廉洁意识。

4. 规范招标及采购管理，加强廉洁风险防范。

5. 开展多种形式的监督检查。

6. 发生涉及本项目的不廉洁问题，及时按规定向双方纪检监察部门或司法机关举报或通报，并积极配合查处。

二、甲方人员义务

1. 不得索取或接受乙方提供的利益和方便。

（1）不得索取或接受乙方的礼品、礼金、有价证券、支付凭证和商业预付卡等（以下简称礼品礼金）；

（2）不得参加乙方安排的宴请和娱乐活动；不得接受乙方提供的通讯工具、交通工具及其他服务；

（3）不得在个人住房装修、婚丧嫁娶、配偶、子女和其他亲属就业、旅游等事宜中索取或接受乙方提供的利益和便利；不得在乙方报销任何应由甲方负担或支付的费用；

2. 不得利用职权从事各种有偿中介活动，不得营私舞弊。

3. 甲方人员的配偶、子女、近亲属不得从事与甲方项目有关的物资供应、工程分包、劳务等经济活动。

4. 不得违反规定向乙方推荐分包商或供应商。

5. 不得有其他不廉洁行为。

三、乙方人员义务

1. 不得以任何形式向甲方及相关人员输送利益和方便。

（1）不得向甲方及相关人员行贿或馈赠礼品礼金；

（2）不得向甲方及相关人员提供宴请和娱乐活动；不得为其购置或提供通讯工具、交通工具及其他服务；

（3）不得为甲方及相关人员在住房装修、婚丧嫁娶、配偶、子女和其他亲属就业、旅游等事宜中提供利益和便利；不得以任何名义报销应由甲方及相关人员负担或支付的费用。

2. 不得有其他不廉洁行为。

3. 积极支持配合甲方调查问题，不得隐瞒、袒护甲方及相关人员的不廉洁问题。

四、责任追究

1. 按照国家、上级机关和甲乙双方的有关制度和规定，以甲方为主、乙方配合，追究涉及本项目的不廉洁问题。

2. 建立廉洁违约罚金制度。廉洁违约罚金的额度为合同总额的1％（不超过50万元）。如违反本协议，根据情节、损失和后果按以下规定在合同支付款中进行扣减。

（1）造成直接损失或不良后果，情节较轻的，扣除10％—40％廉洁违约罚金；

（2）情节较重的，扣除50％廉洁违约罚金；

（3）情节严重的，扣除100％廉洁违约罚金。

3. 廉洁违约罚金的扣减：由合同管理单位根据纪检监察部门的处罚意见，与合同进度款的结算同步进行。

4. 对积极配合甲方调查，并确有立功表现或从轻、减轻违纪违规情节的，可根据相关规定履行审批手续后酌情减免处罚。

5. 上述处罚的同时，甲方可按照三峡集团公司有关规定另行给予乙方暂停合同履行、降低信用评级、禁止参加甲方其他项目等处理。

6. 甲方违反本协议，影响乙方履行合同并造成损失的，甲方应承担赔偿责任。

五、监督执行

1. 本协议作为项目合同的附件，由甲乙双方纪检监察部门联合监督执行。

2. 甲方举报电话：＿＿＿＿＿＿＿＿＿；乙方举报电话：＿＿＿＿＿＿＿＿＿。

六、其他

1. 因执行本协议所发生的有关争议，适用主合同争议解决条款。

2. 本协议作为合同的附件，一式肆份，双方各执贰份。

3. 双方法定代表人或授权代表在此签字并加盖公章，签字并盖章之日起本协议生效。

甲方：（盖单位章）　　　　　　乙方：（盖单位章）

法定代表人（或授权代表）：＿＿＿＿　法定代表人（或授权代表）：＿＿＿＿

附件五　投标人须遵守的中国长江三峡集团公司有关管理制度（略）

第五章　采购清单

1　清单说明

本设备清单应与招标文件中的投标人须知、合同条款、技术标准和要求及图纸等一起阅读和理解。

2　投标报价说明

1）报价表中所有价格以人民币元报价。

2）为实施合同规定所需要的全部材料（构件），均由卖方自行负责订货、采购、试验检测、验收、运输和保管等，所有费用均计入报价内。

3）报价应包含在工地指定地点设备交货前因制造工艺设计、制造、试验检测、维护、出厂总装、厂内涂装施工、验收、运输交货等所发生的全部费用以及利润和税金。本合同适用增值税税率为（填税率），投标人应按照"价税分离"方式进行报价。

4）报价还应包含技术要求成套供货的应有附属件及随机备件、现场安装调试指导与监督等技术服务费用，人员培训（如有）、买方人员在卖方所在地进行设计联络会和出厂验收等工作时的配合费用（不含买方人员的差旅费和住宿费）、质量保证和合同所规定的全部责任，包括卖方完成本合同的风险和保险。

5）交货地点为水电站工地买方指定的地点。

6）无论工程量是否列明，具有标价的设备制造报价表中的每个单项设备均须填写综合单价和合价。

7）如果综合单价和估算工程量的乘积与合价不一致，以所报的合价为准。

8）图纸及投标辅助资料中所列的工程量仅为方便投标人编制投标文件所用，不应视为工程量的扩大或延伸。

9）设备制造所用焊接材料未包括在本标书所列工程量内，其全部费用由投标人计入报价。

10）合同设备制造、供货、技术服务过程中，凡是未言明的项目或工作或费用等，均应包括在报价表中所列项目的报价中。

3　其他说明

……

4　设备采购清单

表 5 - 1　设备制造报价表

项目编号	制造项目名称	单位	数量	估算工程量		报价		备注
				单重（t）	合重（t）	综合单价（元/t）	合价（元）	
合计								

注：估算工程量仅作为投标报价的参考依据，合同执行过程中工程量的变化不作为调整合同价格的条件。

投标人：＿＿＿＿（盖单位章）＿＿＿＿

法定代表人（或委托代理人）：＿＿＿＿（签名）＿＿＿＿

＿＿＿＿年＿＿月＿＿日

5　报价表细目

投标人应按报价表细目格式报出所投标每个单项设备和子项单价与合价。其中单项设备的单价应为组成子项价的加权平均值即综合单价。有国外进口件要求的在本细目中按进口价计算。表中：

1）总装费是指在合同设备出厂前，由卖方负责在厂内进行的总装（包括部分组装）和检验及拆卸过程、出厂验收的一切费用。

2）本合同规定的设备涂装，由卖方在设备出厂前完成。涂装费包括材料、厂内涂装施工、检验、临时防锈保护、运输碰损修补和提供安装焊缝区和/或连接区的涂装材料等一切费用。

3）运输费是指设备出厂验收后，由卖方负责运送到招标人指定地点交货过程中发生的一切费用，包括按合同要求的设备包装费、运输费、装卸费、各种杂费、保管费和保险费等。

4）技术服务费是指合同设备在工地交货后，进行安装、调试和验收过程中及质量保证期内，按合同规定要求由卖方负责提供的监督、指导和其他服务等工作所发生的一切费用。

5）单项报价细目表中子项下的分类项目工程量为构成该子项设备的部件工程量，其单价应包括人工费、主材费、辅材（含焊接材料等）费、加工设备费、其他费、管理费、利润、税金（含增值税）等组成。

报价表细目中组成子项的估算工程量与规格，供投标人参考，如与本章"4 设备采购清单"不符时，以"4 设备采购清单"为准，但投标人应根据招标图样认真复核工程量与规格，如发现本细目有误，可按投标须知规定的时间，向招标人提出修改要求。

6）投标人的所有利润及为履行合同责任，按国家政策法规缴纳的各种税金和所有附加费均应包含在各子项的报价中。

表 5－2　单项报价表细目

项目编号	子项编号	项目名称	单位	估算工程量	单价（元）	合价（元）	备注
	（一）		t				
	……						
	（二）	总装费	项				总价承包
	（三）	涂装费	m²				总价承包
	（四）	运输费	项				总价承包
	（五）	技术服务费	项				总价承包
	（六）	设计联络会议费	项				
	（七）	设备验收费	项				
	……						

投标人：＿＿＿＿（盖单位章）＿＿＿＿

法定代表人（或委托代理人）：＿＿＿＿（签名）＿＿＿＿

＿＿＿＿年＿＿月＿＿日

表 5-3　报价表细目汇总表

项目编号	项目名称	设备制造费		总装费	涂装费		运输费	技术服务费	设计联络会议费	设备出厂验收费	合价
		估算工程量	总费用		估算工程量	总费用					
	总计										

注：本表为报价表细目各单项设备报价的分类汇总。项目编号同各单项设备报价表中各单项设备编号。

投标人：＿＿＿＿（盖单位章）＿＿＿＿

法定代表人（或委托代理人）：＿＿＿＿（签名）＿＿＿

＿＿＿＿年＿＿＿月＿＿＿日

表 5-4　单项设备制造费单价分析汇总表

项目编号	子项编号	项目名称	人工费（1）	主材费（2）	辅材费（3）	加工设备费（4）	其他费（5）	管理费（6）	利润（7）	税金（8）	合计

投标人：＿＿＿＿（盖单位章）＿＿＿＿

法定代表人（或委托代理人）：＿＿＿＿（签名）＿＿＿

＿＿＿＿年＿＿＿月＿＿＿日

表5-5 设备涂装费分析表

(1) 单项设备涂装费单价分析表

单位：元/m²

项目编号	子项编号	项目名称	人工费(1)	主材费(2)	辅材费(3)	加工设备费(4)	其他费(5)	管理费(6)	利润(7)	税金(8)	合计

投标人：＿＿＿＿（盖单位章）

法定代表人（或委托代理人）：＿＿＿＿（签名）

＿＿＿年＿＿月＿＿日

(2) 设备涂装费构成表

单位：元/m²

项目编号	子项序号	项目名称	工程量	分包人费用		卖方费用		合计		备注
				单价	合价	单价	合价	单价	合价	

投标人：＿＿＿＿（盖单位章）

法定代表人（或委托代理人）：＿＿＿＿（签名）

＿＿＿年＿＿月＿＿日

表 5-6　投标基础价格及费用标准

序号	项目名称及规格	单位	价格或标准
（1）	人工单价	元/工时	
①		元/工时	
②			
……			
（2）	主材单价		
①			
②			
③			
……			
（3）	辅材单价		
①			
②			
……			
（4）	加工设备工时单价		
①			
②			
③			
……			
（5）	其他费		
①			
②			
……			
（6）	管理费	％	
①			
②			
……			
（7）	利润	％	
①			
②			
……			
（8）	税金	％	
①			
②			
……			

注：（1）表中人工工资单价系指生产工人工资单价须按不同工种分列；

（2）表中主材单价须按主材名称、规格、等级分别列报；主材单价包括材料购入价、运输费、装卸费、采购保管费，不应包括材料的加工损耗。

（3）表中辅材单价须按各类辅材名称、规格、等级分别列报；

（4）表中加工设备工时单价须按各加工设备分别列报；加工设备工时单价中应包括设备折旧、修理费、燃料动力费、润料费、操作工人工资等项费用；

（5）表中管理费价格或标准一栏应填明费率和取费基础；

（6）表中利润价格或标准一栏应填明利润率和计取基础；

（7）表中税金应区分税种，在价格或标准一栏填明税率和计取基础。

投标人：＿＿＿＿（盖单位章）＿＿＿＿

法定代表人（或委托代理人）：＿＿＿＿（签名）

＿＿＿＿年＿＿月＿＿日

表 5－7　主要材料费用表

项目编号	子项序号	项目名称	单位	材料用量			材料基础单价（元）	合价（元）	备注
				估算结构重量	加工损耗系数	材料用量			

注：在本表中子项下的分类项目的重量为组成子项设备结构的材料重量。

投标人：＿＿＿＿＿（盖单位章）＿＿＿＿＿

法定代表人（或委托代理人）：＿＿＿＿＿（签名）＿＿＿＿

＿＿＿＿＿年＿＿＿月＿＿＿日

表 5-8　供招标人选择的备品备件报价表

项目编号	序号	部件或材料名称	型号规格（标准）	生产厂及原产地	单位	数量	估重	交货价（元）		备注
								单价	合价	
×××		（单项设备名称）								
	1									
	2									
	…									
		合计								
×××		（单项设备名称）								
	1									
	2									
	…									
		合计								
		总计								

注：（1）每个标段（如果有多个标段）填写一份表，供买方另行备用选择采购时参考；

（2）上述报价已包含投标人所有费用，是投标人另行出售给买方的报价；

（3）上述报价供买方选择采购。

投标人：＿＿＿＿（盖单位章）＿＿＿＿

法定代表人（或委托代理人）：＿＿＿＿（签名）＿＿＿＿

＿＿＿＿年＿＿月＿＿日

表 5-9　招标人代表参加设计联络会和设备出厂验收费报价表

1	2	3	4	5	6	7
项目编号	名称（项目）	每次人数	每次工作日	单价（每人日）	合价（3×4×5）	备注
	合计					

说明：（1）设计联络会和出厂验收的会议组织及有关会务费用（包括会议室等）在其他栏内按合价填写；

（2）招标人代表参加设计联络会和出厂验收以及准备工作所需费用已包含在设备费中。

投标人：＿＿＿＿（盖单位章）＿＿＿＿

法定代表人（或委托代理人）：＿＿＿＿（签名）＿＿＿＿

＿＿＿＿年＿＿月＿＿日

第六章　图纸

表 6-1　附图目录

序号	编号	项目	图名	图号	备注
一		综合			
1					
2					
二		大坝			
1					
2					
三		金属结构			
1		闸门			
	1.1				
	1.2				
2		拦污栅			
	2.1				

第七章　技术标准和要求

1　工程概述

1.1　枢纽布置（本段根据具体工程项目编写）
......

1.2　金属结构设备布置（本段根据具体工程项目编写）
......

1.2.1　导流系统
......

1.2.2　引水发电系统（地面厂房、地下厂房）
1.2.2.1　坝后厂房系统
......

1.2.2.2　地下厂房系统
......

1.2.3　泄洪系统（表孔、中孔、排沙孔、冲沙孔）
......

1.2.4　冲沙系统
......

1.2.5　其他系统（生态用水、灌溉、鱼道、廊道）
......

1.3　招标范围（本段根据具体工程项目编写）
......

1.4　基本条件和资料（本段根据具体工程项目编写）
......

主要自然条件和资料

1）海拔高度　　　m

2）环境温度

极端最高气温℃

极端最低气温℃

多年平均气温℃

3）湿度

多年平均相对湿度　　　％

4）风荷载

多年平均最大风速　m/s

最大瞬时风速　　　　m/s（SE）（建库前）

5）地震

地震基本烈度　　　　　度

设防地震烈度　　　　　度

地震加速度水平　g、垂直　　g

6）降雨

多年平均降雨量　　　　mm

雨水酸碱度：

7）流量

多年平均流量　^{3}/s

实测最大流量　^{3}/s

实测最小流量　^{3}/s

历史最大洪水流量　^{3}/s

8）水质概述

水质泥沙含量：

水质酸碱度：

9）上游水位

正常蓄水位　　　　m

设计洪水位　　　　m

校核洪水位　　　　m

10）尾水水位

设计尾水位　m

校核尾水位　m

2　通用技术条件

2.1　适用范围

本技术条件适用于本合同文件招标采购的全部合同设备项目。

对于本招标文件中标明"＊"的内容，投标人必须满足，如不满足则按废标处理（根据具体项目设置）。

2.2　引用规程和标准

承包人在执行各项目合同过程中，所有材料、设备制造工艺、质量控制和产品检查验收等均应遵守国家及行业的现行规范和标准，若现行规范、标准有修改时，应按新规范、新标准执行。对于采购国外的部分产品可参照该产品的供货国家有关标准执行，但不能低于我国标准。

若承包人在引用本节所列的规范和标准发生矛盾时，应优先采用技术、质量要求高的。承包人也可提出相当的规范和标准。相当的规范和标准至少应等于或高于本节所列的规范和标准，并应经发包人认可。如果承包人提出此类规范和标准，应明确指出其差异，并编制详细的索引供发包人审核。

- 本招标文件中应用到的中华人民共和国相关标准（不限于）如下：

DL/T5039	《水利水电工程钢闸门设计规范》
NB/T35045	《水电工程钢闸门制造安装及验收规范》
DL/T5358	《水电水利工程金属结构设备防腐蚀技术规程》
GB50205	《钢结构工程施工及验收规范》
GB700	《碳素结构钢》
GB699	《优质碳素结构钢》
GB1591	《低合金高强度结构钢》
GB3077	《合金结构钢技术条件》
GB3077	《合金结构钢技术条件》
GB3274	《普通碳素结构钢和低合金结构钢热轧厚钢板和钢带》
GB11352	《一般工程用铸造碳钢件》
GB14408	《一般工程与结构钢用低合金钢铸件》
JB/T5000.7	《重型机械通用技术条件　铸钢件焊补》
JB/T5000.6	《重型机械通用技术条件　铸钢件》
GBl176	《铸造铜合金技术条件》
GB9439	《灰铸铁件》
JB/T5000.8	《重型机械通用技术条件　锻件》
GB/T15826	《一般工程与结构钢用低合金钢锻件》
GB/T4237	《不锈钢热轧钢板》
GB/T1220	《不锈钢棒》
GB/T3091	《不锈钢小直径钢管》

GB/T8165　　　　　《不锈钢复合钢板和钢带》

JB/T5000.3　　　　《重型机械通用技术条件　焊接件》

SL36　　　　　　　《水工金属结构焊接通用技术条件》

SL35　　　　　　　《水工金属结构焊工考试规则》

DL/T678　　　　　《电站钢结构焊接通用技术条件》

DL/T679　　　　　《焊工技术考核规程》

JB3223　　　　　　《焊条质量管理规程》

GB2470　　　　　　《焊接用钢丝》

GB5117　　　　　　《碳钢焊条》

GB5118　　　　　　《低合金钢焊条》

GB984　　　　　　《堆焊焊条》

GB983　　　　　　《不锈钢焊条》

GB5293　　　　　　《埋弧焊碳素钢用焊剂》

GB/T12470　　　　《低合金钢埋弧焊用焊剂》

GB8110　　　　　　《二氧化碳气体保护焊用钢焊丝》

GB985　　　　　　《气焊、手工电弧焊及气体保护焊焊缝坡口的基本形式与尺寸》

GB986　　　　　　《埋弧焊焊缝坡口的基本形式和尺寸》

JB3092　　　　　　《火焰切割质量技术条件》

GB10854　　　　　《钢结构焊缝外形尺寸》

GB6417　　　　　　《金属溶化焊焊缝缺陷分类及说明》

GB3323　　　　　　《钢溶化焊对接接头射线照相和质量分级》

GB10854　　　　　《钢结构焊缝外形尺寸》

GB/Tl1345　　　　《钢焊缝手工超声波探伤方法和探伤结果分级》

Q/CTG30－2015　　《水工金属结构 T 形焊接接头未焊透深度超声波检测技术规范》

GBl128　　　　　　《钢结构用高强度大六角头螺栓》

GBl129　　　　　　《钢结构用高强度大六角螺母》

GB1130　　　　　　《钢结构用高强度垫圈》

GBl131　　　　　　《钢结构用高强度大六角头螺拴、大六角螺母、垫圈技术条件》

GB3632　　　　　　《钢结构用扭剪型高强度螺栓连接副型式尺寸》

GB3633　　　　　　《钢结构用扭剪型高强度螺栓连接副技术条件》

JGJ82　　　　　　《钢结构高强度螺栓连接的设计、施工及验收规程》

GB709　　　　　　《热轧钢板和钢带的尺寸、外形、重量及允许偏差》

GB706　　　　　　《热轧工字钢尺寸、外形、重量及允许偏差》

GB707 　　　　《热轧槽钢尺寸、外形、重量及允许偏差》

GB9787 　　　《热轧等边角钢尺寸、外形、重量及允许偏差》

GB9788 　　　《热轧不等边角钢尺寸、外形、重量及允许偏差》

GB223 　　　　《钢铁及合金化学分析方法》

GB228 　　　　《金属拉伸试验方法》

GB2106 　　　《金属夏比（V型缺口）冲击试验方法》

GB231 　　　　《金属布氏硬度试验方法》

JB/T5000.9 　《重型机械通用技术条件　切削加工件》

JB/T5000.10 《重型机械通用技术条件　装配》

GB6414 　　　《铸钢件尺寸公差》

GB/T7233 　　《铸钢件超声探伤及质量评级标准》

GB/T6402 　　《钢锻件超声波检验方法》

GB5677 　　　《铸钢件射线照相及底片等级分类方法》

GB9444 　　　《铸钢件磁粉探伤及质量评级方法》

GB1800 　　　《极限与配合基础》

GB1801 　　　《极限与配合公差带与配合选择》

GBl182 　　　《形状和位置公差通则、定义和图样表示方法》

GB1184 　　　《形状和位置未注公差值》

GB/T1800.1 　《产品几何技术规范（GPS）　极限与配合　第1部分：公差、
　　　　　　　偏差和配合的基础》

GB/T1800.2 　《产品几何技术规范（GPS）　极限与配合　第2部分：标准公
　　　　　　　差等级和孔、轴极限偏差表》

GB/T1182 　　《产品几何技术规范（GPS）几何公差、形状、方向、位置和跳
　　　　　　　动公差标注》

GB/T1184 　　《形状和位置公差未注公差值》

GB/T1031 　　《产品几何技术规范（GPS）　表面结构轮廓法表面粗糙度参数
　　　　　　　及其数值》

GB6484－6487 《铸钢丸、铸钢砂、铸铁丸、铸铁砂》

GB8923 　　　《涂装前钢材表面腐蚀等级和防锈等级》

GB1031 　　　《表面粗糙度参数及其数值》

GBl1373 　　　《热喷涂金属件表面预处理通则》

GB9795－9796 《热喷涂铝合金涂层及其试验方法》

GB8923 　　　《涂装前钢材表面锈蚀和除锈等级》

GB9793	《热喷涂锌及锌合金涂层》
GB9794	《热喷涂锌及锌合金涂层试验方法》
GB9286	《色漆和清漆漆膜的划格试验》
GB/T 18838	《涂覆涂料前钢材表面处理喷射清理用金属磨料的技术要求》
GB8923	《涂装前钢材表面锈蚀等级和除锈等级》
GB/T9793	《金属和其它无机覆盖层热喷涂锌、铝及其合金》
GB1720	《漆膜附着力测定法》
GB1764	《漆膜厚度测定法》
GB3181	《漆膜颜色标准样本》
GSB G51001	《漆膜颜色标准样卡》
GB10706	《水闸橡胶密封件》
JB8	《产品标牌》
GB191	《包装、储运图示标志》
GB247	《钢板和钢带验收、包装、标志及质量证明书的一般规定》
GB2101	《型钢验收、包装、标志及质量证明书的一般规定》
GB4879	《防锈包装》
GB146.1	《标准轨距铁路机车车辆界限》

以上所列标准，在合同执行过程中按最新颁布的版本执行。

2.3 计量单位及器具

2.3.1 除有特殊规定外，技术施工图样、技术文件与其他资料的计量单位均采用中华人民共和国法定计量单位。

2.3.2 所用于检测本合同设备的计量器具必需定期经过国家法定计量部门的检定。

2.3.3 所用的计量器具的精度应符合规范要求。

2.4 施工组织设计和制造原则

投标人在投标时应提供的设备制造工艺和施工组织设计至少应包括下述内容

1）制造计划与资源配置

（1）场地：制作场地，组装试验场地，材料、半成品、成品堆放场地；

（2）计划投入的主要制造设备；

（3）吊装设备；

（4）制造进度计划；

（5）组织机构及人员配备。

2）制造措施

（1）设备制造工艺流程；

（2）主要工艺设计（包括焊接、热处理、组装等）；

（3）主要专用工装和专用设备；

（4）焊接工艺；

（5）焊接变形控制及变形矫正措施。

3）设备制造过程中的质量控制

（1）质量保证体系；

（2）质量控制关键点的分析与确定及其控制措施；

（3）试验与检测；

（4）质量检查与签证。

4）主要材料、外购件的质量控制

（1）材料、外购件供应厂家的选择。厂家信誉、质量保证体系、技术能力、检测能力、售后服务以及初选的厂家（不少于3家）；

（2）进厂材料、外购件的质量检测；

（3）材料出厂质量合格证书。

5）涂装

（1）涂装施工的资质控制及施工单位初选（如有分包）；

（2）涂料的采购与质量检测；

（3）涂装施工的质量控制措施；

（4）主要涂装设备、设施。

6）运输

（1）基本运输条件；

（2）运输路线及中间转运、吊装条件；

（3）主要运输工装措施及包装装箱设计要点。

7）售后服务

售后服务保证措施及售后及时性的承诺。

2.5 材料

2.5.1 总则

1）承包人为完成承制的金属结构设备以及临时设施所需的工程材料均由承包人自行采购和提供。

2）承包人负责采购、验收、运输和保管的全部材料、外购件等均应符合设计图纸或本合同有关规定的要求，并符合有关技术规范的要求。

3）由于某种原因无法采购到规定的材料、外购件时，承包人应提出使用替换材料、外购件的申请报告，报发包人批准。代用品的申请报告必须附有替换材料、外购件的品种、型号、规格、技术标准、性能和试验资料。只有在证明代用品相当或高于原材料、外购件的性能和质量并便于制造时，方能得到批准。由此增加的工程量和费用由承包人承担。

4）承包人对其采购的材料、外购件负全部责任，监理单位有权要求承包人提供材质证明、出厂合格证书、材料样品和试验报告，不允许使用不合格的材料或外购件。

5）本合同中结构的涂装，除有专门规定者外由承包人在出厂前完成。

6）所有转动或特殊部位出厂前保养、运转所需的润滑材料均由承包人提供，润滑材料的生产厂和牌号应符合国家标准和施工图纸的规定。

2.5.2 金属材料和非金属材料

制造所用的金属材料和非金属材料必须是新的，并符合设计图纸的规定，且具有出厂质量证书，其机械性能和化学成分必须符合现行的国家标准或部颁标准。所有材料必须报经监理工程师审批后才可投入使用。如标号不清、或数据不全、或对数据有疑问者，应逐个进行试验，试验合格的才能使用。

2.5.3 焊接材料

1）焊条型号或焊丝代号及其焊剂必须符合设计图纸规定，当设计图纸没有规定时，应选用与母材强度相适应的焊接材料。不锈钢的焊接应当使用相匹配的不锈钢焊条。

2）焊条应符合 GB/T 5117、GB/T 5118、GB/T 983 和 GB/T 984 的有关规定。

3）自动焊用的焊丝和焊剂应符合 GB5293 和 GB12470 中的有关规定。

4）埋弧焊用碳钢焊丝和焊剂应符合 GB/T 5293 的有关规定。

5）低合金钢埋弧焊用焊剂应符合 GB/T 12470 的有关规定。

6）焊接材料都必须具有产品质量合格证。

7）焊条的贮存与保管遵照 JB/T 3223 及 NB/T35045 中的规定执行。

2.5.4 止水材料

1）止水橡皮的物理机械性能应符合 GB10706 和 NB/T35045 中的有关规定，且需随产品提交具有国家检测资质单位的检验报告。

2）止水橡皮用压模法生产，其尺寸公差应符合施工图样及 GB10706 中的有关规定。

3）所有止水橡皮接头均应采用热胶合成型，控制现场接头施工质量；成型工装及成型工艺由厂家提供，由承包人负责现场施工。

4）橡塑复合止水在储存、运输过程中不得盘转折放，应整节装箱发运。

5）止水橡皮的供货数量至少应比施工图样的长度多 7%，以满足现场安装损耗及检验之用。

2.5.5　支承材料

2.5.5.1　滑动轴承

1）滑动轴承应具有自润滑、免维护功能。

2）在各种环境中，应保持稳定的静、动摩擦系数。

3）最大摩擦系数≤0.12。

2.5.5.2　滚动轴承

1）适用于重载、振动工况。

2）具有补偿不对中和倾斜度的功能。

3）具备承受双向荷载（主要径向荷载＋少量轴向荷载）的能力。

2.5.5.3　主支承滑道（块）

1）钢基铜塑复合材料

（1）具有自润滑、免维护功能。

（2）最大许用线压强度达到 80kN/cm。

（3）在各种环境中，应保持稳定的静、动摩擦系数。

（4）在各种环境具有良好的抗老化性。

（5）最大摩擦系数≤0.1。

2）高分子复合材料

（1）具有自润滑、免维护功能。

（2）抗压强度≥100MPa。

（3）吸水率≤0.5％。

（4）在各种环境中，应保持稳定的静、动摩擦系数。

（5）在各种环境具有良好的抗老化性。

（6）最大摩擦系数≤0.1。

2.5.6　润滑用油

润滑材料应符合设计图纸的规定，其性能应符合有关标准。

2.6　下料、加工

2.6.1　制造零件和单个构件前应制订制造工艺，并应充分考虑到焊接收缩量和机械加工部位的切削余量。

2.6.2　钢板和型钢在下料前应进行整平、调直处理。

2.6.3　用钢板或型钢下料而成的零件，其未注公差尺寸的极限偏差，应符合 NB/T35045 中的有关规定。

2.6.4　切割钢板或型钢，其切断口表面形位公差及表面粗糙度要求应符合 NB/T35045 中的有关规定。

2.6.5 钢板下料后，有尺寸公差控制要求的钢板（包括焊接接头），其边缘应进行刨（铣）边加工，其表面粗糙度 Ra≤25μm，加工余量由承包人制定工艺方案时确定；无尺寸公差控制要求的钢板，其切割表面应用砂轮打磨平整。

2.6.6 下料后的钢板边棱之间平行度和垂直度公差为相应尺寸公差的一半。

2.6.7 经矫正后，钢板的平面度、型钢的直线度、角钢肢的垂直度、工字钢和槽钢翼缘的垂直度和扭曲，应符合 NB/T35045 中的有关规定。

2.6.8 单个构件制造的允许公差或偏差应符合 NB/T35045 中的有关规定。

2.6.9 零部件的加工和装配按施工图样和 JB/T5000.9、JB/T5000.10 中的有关规定执行。装配后应在转动部位灌注润滑油（脂），润滑油（脂）的规格应符合施工图样和技术文件的要求。

2.7 连接

2.7.1 焊接连接

1）金属结构件的焊接工艺、焊前准备、施焊、焊接矫形、焊后热处理、焊缝质检和焊缝修补等技术要求必须符合 DL/T 678、SL36 和 NB/T35045 的规定。对一、二类焊缝的焊接和新材料的焊接，焊前必须提供焊接工艺设计文件及焊接工艺评定，经制造工程师批准后方可实施。

2）焊工的考试按 DL/T 679 或 SL 35 的规定执行，如果采用其他标准，必须经制造工程师批准。承包人应将合格焊工名单和有关资料交制造工程师审查备案。持有效合格证书的焊工方能持证上岗参加相应材料一、二类焊缝的焊接；合格焊工所从事的焊接工作必须和其所持有效证书的合格项目内容相符。

3）焊缝坡口的型式与尺寸应符合施工图纸的规定。当施工图纸未注明时，按 GB/T985.1 和 GB/T85.2 执行。

4）除非设计图纸另有说明外，所有焊缝均为连续焊缝。

5）钢板的拼接接头应避开构件应力集中断面，尽可能避免十字焊缝，相邻平行焊缝的间距应大于 200mm。

6）除施工图样另有说明者外，焊缝按规范 NB/T35045 或 SL 36 分类，并按规范进行质量检查和处理。

7）焊缝出现裂纹时，焊工不得擅自处理，应查清原因，订出修补工艺后方可处理。焊缝同一部位的返修次数不宜超过两次，一、二类焊缝的返修应在制造工程师监督下进行。

8）对于复杂构件应采用数控切割或按事先制作好的样板下料。各项金属结构和零部件的加工、拼装与焊接，应严格按照事先编制的工艺和焊接规范进行。

9）工艺流程和焊接工艺。各项金属结构的加工、焊接与拼装，应按事先编制好的工艺流程和焊接工艺进行。制作过程中应随时进行检测，严格控制焊接变形和焊缝质量，焊后消应（如有要求），并根据实际情况对工艺流程和焊接工艺进行修正。对于焊接变形超差部位和不合格的焊缝，应逐项进行处理，并详细记录。处理合格后才能进行下一道工序。

10）焊后消除应力

（1）消除应力应在机加工之前进行。

（2）消除应力按施工图样及 NB/T35045 中的有关规定执行。

11）节间拼接焊缝坡口在工厂开好。

12）若运输条件允许，吊耳结构与门体在厂内焊接一体。

2.7.2 螺栓连接

1）螺栓的规格、材料、制孔和连接应符合施工图样及 NB/T35045 规范的规定。

2）螺孔、螺栓制备和螺栓紧固等技术工艺要求，必须符合 GB/T 3098 和 NB/T35045 等相关规范的规定。

3）构件装配时，结合面应平整，拧紧后连接面应紧密接触。

4）钢构件连接用普通螺栓的最终合适紧度为螺栓拧断力矩的 50%—60%，并应使所有螺栓拧紧力矩保持均匀。

5）闸门止水的紧固件凡采用不锈钢螺栓的应按国家标准制作，性能等级为 A70。

6）螺栓、螺母和垫圈应分类存放，妥善保管，防止锈蚀和损伤。使用高强度螺栓时应做好专用标记，以防与普通螺栓相互混用。

7）高强度大六角头螺栓连接副，应按出厂批号复验扭矩系数平均值和标准偏差；抗剪型高强度螺栓连接副，应按出厂批号复验紧固轴力平均值和变异系数，复验结果均应符合 JGJ82 中的有关规定。需要复验摩擦面抗滑移系数的，承包人负责提供与代表的构件为同一材质、同一摩擦面处理工艺、同批制作，使用同一性能等级的高强度螺栓连接副，并在相同条件下同批发运的试件。承包人负责按上述要求提供同批号的试验用螺栓。

8）高强度螺栓连接副安装完毕后，扭矩检查应在螺栓终拧 1 小时以后、24 小时以前完成。检查记录应提交监理工程师。

9）承包人向发包人提供的紧固件数量应在满足上述各类复验项目要求的数量外，还比设计图纸规定的数量多至少 5%，当 5% 不足 1 副时，至少应提供 1 副。

10）承包人在闸门预组装时所用的紧固件不能作为永久设备使用。

2.8 铸锻件

2.8.1 铸件

1）铸钢件应按设计图纸和 JB/T 5000.6 的规定铸造，检验参照 NB/T35045 执行。

2）铸钢件的化学成份和机械性能应符合 GB/T 11352 或 JB/T5000.6 的规定，铸件探伤、热处理及硬度应符合设计图纸及本标书的要求。铸钢件的尺寸公差应符合 GB6414 的规定。

3）铸钢件的质量要求和焊补工艺应符合 NB/T35045 的规定执行。施工图样上另有要求的，按图样要求执行。

4）铸件在加工前应进行人工时效，提供铸件表面硬度梯度值。

5）对一、二类铸钢件应进行探伤检查，出现任何超出图纸、标准的缺陷应报废。

6）承包人对大型铸件如需外协时，合同的技术条件需由制造工程师审查批准，并由外协厂粗加工经探伤满足设备最终质量要求检验合格后交货。

2.8.2 锻件

1）锻件的锻造应符合施工图样和 JB/T5000.8 的规定。并制订完整的工艺指导文件、经监理工程师认可后，才能成批生产。

2）锻件质量检查应按施工图样、JB/T 5000.8 及 NB/T35045 的规定执行。锻件探伤、热处理及硬度应符合设计图纸的要求，并提供相应工艺措施。

3）吊轴、轮轴、支铰轴有规范不允许的缺陷时必须更换，不得焊补。

4）锻件在加工前应进行人工时效，精加工后提交工作表面硬度值。

5）承包人对锻件如需外协时，合同的技术条件需由制造工程师审查批准。

2.9 外购件及专业配套件

2.9.1 技术要求

1）外购件和专业配套件系指各种标准组件、零件或专业厂生产的产品及标准设备。

2）所采用的外购件应符合设计图纸的型号、技术参数、性能指标等级等要求，并须随件附有出厂合格证明。外购进口件还需附有产品原产地生产厂家的证明。

3）所采用的专业配套件，应严格按设计图纸指定的，技术文件上规定的要求配套。除非经制造监理人认可，方可对零件和组件进行替换。

4）外购件或专业配套件的采购计划（包括生产厂、牌号、数量、价格、交货期等）以及专业配套件生产厂的资质应经制造监理人审查批准。制造监理人有权进行外购件和专业配套件的合同技术条款审查，参加重要外购件和专业配套件的质量检验。

5）外购件采购时应进行必要的检验及测试，认定合格后才可采购。

6）对买方专门指定的特殊外购件或专业配套件，卖方应予以满足。

7）外购件到货后，卖方应负责验收入库，并应接受制造监理工程师的检查。每批到货的外购件应附有产品合格证和使用说明书及必要的试验报告。

8）在所购外购件或专业配套件的质保期内，卖方应对其质量负责。

2.9.2　生产过程照片和光盘

2.9.2.1　概述

本条规定了卖方在各生产阶段应提供的影像资料。本条所做工作的费用已包含在合同设备各项单价中，不单独进行计费或付款。

2.9.2.2　生产阶段

卖方应拍摄设备主要部件制造的重要环节或加工的重要阶段的照片和录像，应提供不少于3个有利位置的不同景象，反映工作的重要阶段或重要环节。在此期间的每1张照片和录像应同月进度报告一起提供。照片和录像资料以电子版的形式提供。

2.9.2.3　照片和录像的质量

照片和录像应是彩色，成像清晰，色彩准确、自然。提供的照片和录像等资料上应注明以下的内容：

——工程的名称和合同号；

——表示主题景象及视图方位的标志；

——制造厂的名称和地址；

——拍摄日期；

——买方、卖方的名称。

2.10　组装与检验

2.10.1　用于金属结构制造的型钢或组焊而成的单个构件，应进行整平和矫正，其偏差应符合 NB/T35045 规范的规定。

2.10.2　零部件的加工（含热处理、电镀等）和装配按施工图样和 JB/T5000.9、JB/T5000.10 的规定执行。

2.10.3　转动部件均应进行装配检查，并满足施工图样的要求。检查合格后应清理干净，然后涂上润滑脂。

2.10.4　各类闸门（拦污栅）、埋件必须在厂内不加任何约束的条件下组装（包括主支承装置、反向和侧向支承装置、吊轴等零部件的组装），各部分的尺寸、形状、位置的允许偏差必须符合 NB/T35045、本标书和施工图样的规定。平面闸门门槽埋件应在厂内进行主轨工作段（含门楣）的整体组装。叠梁闸门应将所有附件装配在门体上后逐节作静平衡试验。全部组装合格并经必要的厂内试验，得到监理工程师认可并通过验收后才允许出厂、运输。

2.10.5　完成整体组装并验收合格后，应在运输单元接合处打上明显的标记、编号，并设置可靠的定位装置（吊耳、定位块、定位销等），出厂验收时，承包人应提供编号和测量基准点位置示意图。

2.10.6　闸门的所有水封压板螺栓孔应在闸门整体组装合格出厂验收前，与闸门止水座上的螺栓孔配钻。

2.10.7　金属热喷涂的构件，应在防腐处理前进行验收。

2.10.8　承包人应在出厂验收前，按照施工图样、设计文件、规范和本合同文件中的有关要求，对闸门、门槽埋件进行自检并填写好质量记录，闸门与启闭机连接部位的偏差作好实测记录。

2.11　出厂验收

承包人应提前20天通知发包人进行出厂验收，同时准备提交完工项目的验收报告以备验收时使用。发包人应及时到厂验收。产品验收时应具备下列条件同时应符合NB/T35045《水电工程钢闸门制造安装及验收规范》有关规定：

1）完工验收资料完备；

2）产品拼装完毕处于整体预组装状态；

3）在防腐之前；

4）自检完成，自检记录完整。

2.12　涂装

2.12.1　保护年限

保护年限指在确定的防腐设计方案下应当达到的设计保护年限，是选定涂装材料及供货厂家，确定防腐涂装工艺及施工单位等需综合考虑的因素。

1）对经常处于水下或干湿交替环境，且不易检修或检修对发电、泄流有较大影响时，其保护年限要求达到20年以上。

2）对虽然经常处于水下或干湿交替环境，但比较易于检修且对发电、泄流无大影响者，其保护年限应达到10—15年。

3）对处于大气环境、室外，其保护年限要求达到20年以上，室内要求达到25年以上。

4）对外观质量考虑到作为风景旅游景点的需要，应能耐阳光、雨水等侵蚀，保色、保光性好，要求在8—10年内颜色、光泽不会出现明显变化，其失光不低于3级，变色、粉化等级不低于2级。

2.12.2　涂装施工

2.12.2.1　涂装工艺

1）承包人（分包人）应根据合同项目的技术要求，制定具体涂装施工工艺并报监理工程师批准后，方能进行涂装施工。

2）金属喷涂应采用电弧喷涂或火焰喷涂，优先采用电弧喷涂。涂料喷涂应采用高压无气喷涂。

3）金属表面喷射除锈经检查合格后，应尽快进行涂覆，其间隔时间可根据环境条件确定，一般不超过 4 小时—8 小时。金属热喷涂宜在尚有余温时，涂装封闭材料。各层涂料涂装间隔时间，应在前一道漆膜达到表干后方能涂装下一道涂料，具体间隔时间应按涂料生产厂的规定进行。

4）金属喷涂分数次喷成，各层之间的喷涂移动方向应互相垂直，且每一行喷涂宽度有 1/3 与前一次喷涂宽度重迭覆盖。

2.12.2.2　涂装材料

1）用于招标所有项目设备的涂装材料，应选用符合本标书和施工图样规定的经过工程实践证明其综合性能优良的产品。

2）使用的涂料质量，必须符合国家标准的规定，严禁使用不合格或过期涂料。

3）涂料应配套使用，底、中、面漆宜选用同一厂家的产品。

4）对采用金属喷涂的金属成份、纯度、直径应符合国家有关规范规定。

5）对采用锌铝合金涂装材料，必须使用锌铝合金线材，其合金中锌的含量为84%—86%，铝的含量为 14%—16%。

6）承包人采用任何一种涂料都应具备下列资料并报监理工程师审查：

（1）产品说明书、产品批号、生产日期、防伪标志、合格证及检验资料。

（2）涂料工艺参数：包括闪点、比重；固体含量；表干、实干时间；涂覆间隔时间；理论涂覆率；规定温度下的粘度范围；规定稀释剂稀释比例降低的粘度及对各种涂覆方法的适应性等。

（3）涂料主要机械性能指标及组成涂料的原料性能指标。

（4）涂料厂对表面预处理、涂装施工设备及环境的要求等。

7）在评标及合同谈判中由承包人提出并报经发包人认可的涂装材料生产厂家，是双方初选的材料供应厂家。涂装材料生产厂家的最终确定，还要根据其质量水平、经济指标、管理水平等综合因素由承包人择优选择，并报发包人批准。必要时，发包人有权要求承包人在合同总价不变的前提下，重新选择更换涂料生产厂家，对此承包人不得拒绝。

8）当确有必要更改涂装设计时，发包人将在备料前通知承包人，并对价格变更给予调整，承包人不得要求索赔。

9）承包人应按施工图纸要求采购的涂装材料，应按涂料生产厂提供的使用说明书中写明的涂层材料性能和化学成份、配比、施涂方法、作业规则、施涂环境要求等进行涂层材料的运输、存放和养护。涂装材料应符合现行国家标准。

10）涂装材料及其辅助材料应贮于 5—35℃通风良好的库房内，按原包装密封保管（在有效期内使用）。

2.12.2.3 涂装作业

1）涂装施工由承包人总负责，涂装施工单位可由承包人投标时推荐具有一级资质的专业施工单位，并经发包人审批后方能成为涂装施工分包单位，但涂装材料必须由承包人提供。

2）人员资质条件

（1）质检人员应具有国家有关部门颁发的资质证书。

（2）施工人员应经过培训、考试合格并持证上岗，应有足够数量的国家有关部门颁发资质证书的操作人员。

（3）合格质检人员及考试合格的操作人员名单应报监理工程师确认备案，其数量应满足涂装施工的要求。监理工程师有权要求撤换无资质的不合格的质检人员和操作人员。

2.12.3 涂装检验

1）涂料涂装

（1）承包人涂装前首先要对涂料性能进行抽检；还应对环境情况（温度、湿度、天气状况及工件表面温度）进行检测记录。

（2）承包人涂装前应对表面预处理的质量、清洁度、粗糙度等进行检查，得到监理工程师的确认合格后方能进行涂装。

（3）涂装过程中对每一道涂层均应进行湿膜厚度检测及湿膜、干膜的外观检查，并应符合规范 DL/T5358 中的有关规定要求。

（4）涂装结束漆膜固化后，应进行干膜厚度的测定、附着性能检查等，检查方法按规范 DL/T5358 及《色漆和清漆划格试验》（GB9286）进行，面漆颜色符合 GSB G51001 漆膜颜色标准样卡要求。

2）热喷金属涂装

（1）涂装前首先要对金属成份、纯度、直径进行抽检；还应对环境情况（温度、湿度、天气状况及工件表面温度）进行检测记录。

（2）涂装前应对表面预处理的质量（清洁度、粗糙度等）进行检查，得到监理工程师确认后方能进行涂装。

（3）热喷金属后，应对金属涂层外观进行检查，并应符合规范《热喷涂锌及锌合金涂层》（GB9793）的规定要求。

（4）金属涂层的厚度及结合性能检验应符合规范 DL/T5358 中的有关规定，耐蚀性及密度等检验应符合规范 GB9793 中的有关规定。

（5）只有在进行金属涂层的检验并确认合格后，才能进行封闭涂料的涂装，面漆颜色符合 GSB G51001 漆膜颜色标准样卡要求。

3）涂装检验的各项数据用表格型式记录，交监理工程师签字认可后，留作闸门及设备出厂验收资料。

2.12.4　涂装监理

在承包人选定的涂装施工单位质量自检和承包人严格监督的基础上，由制造监理人或委托专业人员进行涂装施工全过程监理，涂装监理除监督质量外，还将监督涂装资金的使用情况，确保承包人投标时所列的防腐费用全部用在涂装施工上。

2.13　代用品及其选择权

在合同履行过程中，未经发包人的书面同意，承包人不得采用任何不同于本合同规定的设备、部件及材料等。若确需采用代用品时，则承包人应向发包人提出完整齐全的代用申请（其中应包括完整的代用品清单、代用品的全套技术资料、代用品的比较说明资料、代用品采用涉及的费用变化说明、代用品的质量及性能符合合同要求的证明资料等），经发包人审查认可后才可允许承包人代用。因采用代用品所增加的有关费用和造成的一切责任均由承包人承担。

2.14　运输方案

承包人应在设备发运前 14 天，以《发运申请单》形式书面提交发包人同意后方可发运。《发运申请单》应附出厂验收会要求落实情况、漆膜厚度检测及监造监理对漆膜厚度的实测验收情况、设备清单等相关资料。设备清单中应写明合同号、设备项目名称、批次、数量、各件名称、毛重及外形尺寸（长×宽×高）。承包人应在设备发运前 24 小时将车船号、名称和启运时间及预计到达工地的时间通知发包人，以便发包人准备设备交接验收。设备到货的交接验收在商务部分指定的地点进行。

1）承包人应根据招标文件要求并结合发运设备自身特性提交设备运输方案，并保证方案的合理性、可靠性。若运输实施过程中有任何变化，投标报价不得改变。

2）由承包人负责运到发包人指定的交货地点。

3）运输设备需办理的一切手续和费用由承包人负责。

4）运输途中对道路产生的损坏，应由承包人出面谈判并支付全部索赔费用。

5）当采用水上运输时，上述 4）中"道路"解释包括"水道、码头、船闸、升船机、靠船设施"等同等用。

6）运输途中应遵守国家有关法规，不应对公众和其他单位造成不便。

2.15　供货状态

1）金结设备的供货分解状态应符合相关规范、本招标文件和发包人相关文件的要求。

2）原则上按制造运输单元供货，支承滑块、定轮装配在门叶上。其他紧固件、连接件分类装箱。

3）对于叠梁闸门，原则上所有附件装配在门叶上。

4）最大运输单元的外形尺寸不应超过交通部门所规定的超限规定，单件最大重量

不宜超过 ＊＊ t。

2.16　包装

1）合同设备必须经过出厂验收合格，核对发货清单后，经监理工程师签证，才具备包装条件。承包人应按合同规定对其提供的设备进行妥善包装和正确标记，所需费用均已含在合同总价中。

2）承包人应根据竣工金结设备的技术性能和分组状态，提出包装设计。包装设计须取得制造监理人的批准后方可实施。由于包装设计或实施的包装不良所发生的设备损坏或损失，无论这种设计或实施是否经制造监理人同意，也无论这种设计是否已在技术条款中所明确，均由承包人承担由此产生的一切责任和费用。

3）包装具体要求

（1）大型结构件在分解成运输单元后，必须对每个运输单元进行切实的加固，避免吊运中产生变形。若在吊运中产生变形，承包人应负全部责任。

（2）小型结构件或部件按最大运输吊装单元分类装箱或捆扎供货。

（3）配合、加工工作面必须采取有效的保护措施，防止损伤及锈蚀，应贴防锈纸或涂黄油保护。

（4）供货的同时必须提供货物清单，货物清单上构件和部件的名称和货号应与构件和部件上涂装、标识的名称和货号一致。

4）承包人必须在每件发运的金结设备（或部分裸装件）上标明设备合同号，名称、数量、毛重、净重、尺寸（长×宽×高）、构件重心以及"小心轻放"、"切勿受潮"、"此端向上"等标记。对放置有要求的金结设备（包装或裸装）应标明支承（支撑）位置、放置要求及其他搬运标记。运输单元刚度不足的部位应采取措施加强，防止构件损坏和变形。承包人在每件设备（包装或裸装）上应标明吊装点，设置必要的吊耳。对分节制造及在工地组装成整体的设备，还应在组合处有明显的组装编号、定位块或导向卡。

5）止水橡皮的标志、包装、运输按照 GB5721 中的有关规定执行；贮存按照 GB5722 中的有关规定执行；止水橡皮不得盘卷或折弯。

2.17　设备的供货范围及接口关系

1）各设备供货范围及接口关系的具体要求参照各设备的专用技术条件执行。

2）专用技术条件中所列设备的供货范围及接口关系为至少包括的内容。在合同执行过程中发包人有权对供货界定及接口关系作局部修改，承包人不得拒绝。

3　弧形闸门制造技术条件

3.1　潜孔弧形闸门及埋件

3.1.1　一般规定

……

3.1.2 主要特征及参数

1）闸门结构型式：潜孔弧形，弧面要求进行机加工；

2）孔口尺寸：m×m（宽×高）

3）门槽底坎高程：：m

4）设计水头：m

5）闸门门体支承：支铰，侧向简支轮

6）支铰轴承：自润滑圆柱轴承

7）水封布置：弧形面板两侧方头 P 型水封、顶部圆头 P 型水封、底部条型水封，门楣上设两道转铰防射水封

8）闸门吊点型式：单（双）吊点

9）闸门操作条件：动水启闭

10）最大运输单元尺寸：m×m×m

11）运输单元最大重量：t

12）闸门门槽埋件数量：孔

13）闸门数量：扇

3.1.3 主要组成和材料

表 7－1 主要组成和材料表

名称	材料
门叶结构	Q345B 钢板、Q235B 型钢
支臂结构	Q345B 钢板
活动、固定支铰座	ZG310－570，质量等级不低于Ⅱ类铸件
支铰轴承	自润滑圆柱轴承（进口）
支铰轴	40CrMnMo，质量等级不低于Ⅱ类锻件
侧向支承	简支轮
侧止水	方头 P 型橡塑复合水封
顶止水	圆头 P 型橡胶水封、圆头矩型橡塑复合水封、圆头矩型工程塑料（MGE）
底止水	条型橡胶水封
止水压板及紧固件	压板：Q345B 热浸锌防腐，螺栓：1Cr18Ni9Ti
门槽埋件	外露面板 00Cr22Ni5Mo3N 双相不锈钢复合板 侧轨 1Cr18Ni9Ti 其它 Q235B

3.1.4 技术要求

  ......

3.2 表孔弧形闸门及埋件

3.2.1 一般要求

......

3.2.2 主要特征及参数

1）闸门结构型式：表孔弧形闸门

2）孔口尺寸：m×m（宽×高）

3）门槽底坎高程：m

4）设计水头：m

5）闸门门体支承：支铰，侧向简支轮

6）支铰轴承：自润滑球面滑动轴承

7）水封布置：弧形面板两侧 P 头异型水封、底部条型水封

8）闸门吊点型式：双吊点

9）闸门操作条件：动水启闭

10）最大运输单元尺寸：m×m×m

11）运输单元最大重量：t

12）闸门门槽埋件数量：孔

13）闸门数量：扇

3.2.3 主要组成和材料

表 7－2　主要组成和材料表

名称	材料
门叶结构	Q345B 钢板、Q235B 型钢
支臂结构	Q345B 钢板
活动、固定支铰座	ZG310－570，质量等级不低于Ⅱ类铸件
支铰轴承	自润滑球面滑动轴承（进口）
支铰轴	40CrMnMo，质量等级不低于Ⅱ类锻件
侧向支承	简支轮
侧止水	P 头异型橡塑复合水封
底止水	条型橡皮
止水压板及紧固件	压板：Q345B 热浸锌防腐，螺栓：1Cr18Ni9Ti
门槽埋件	Q235B 钢板、型钢 侧止水座板 1Cr18Ni9Ti

3.2.4 技术要求

......

3.3 深孔工作闸门及门槽

3.3.1 一般规定：

......

3.3.2 主要特征及参数

1）闸门结构型式：潜孔弧形闸门，冲压水封

2）孔口尺寸：m×m（宽×高）

3）门槽底坎高程：m

4）设计水头：m

5）闸门门体支承：支铰，侧向简支轮

6）支铰轴承：自润滑球面滑动轴承

7）水封布置：弧形面板两侧 P 头异型水封、底部条型水封

8）闸门吊点型式：双吊点

9）闸门操作条件：动水启闭

10）最大运输单元尺寸：m×m×m

11）运输单元最大重量：t

12）闸门门槽埋件数量：孔

13）闸门数量：扇

3.3.3 主要组成和材料

表 7-3 主要组成和材料表

名称	材料
门叶结构	板材 Q345B
支臂	板材 Q345B
支铰装置	铰座 ZG35CrMo，质量等级不低于II类铸件、轴 35CrMo，质量等级不低于II类锻件、球铰
侧向支承	侧轮 ZG270—500、板材 Q235B
侧止水	橡塑实心复合水封 P60BS
底止水	刀型橡胶水封
止水紧固件及压板	普通螺栓、板材 Q345B

3.3.4 支铰自润滑球面滑动轴承技术要求见表 7-4。

表 7-4 自润滑球面滑动轴承技术要求

序号	性能	技术要求
1	工作环境	潮湿
2	内径（mm）	ΦXXX

序号	性能	技术要求
3	径向静荷载（kN）	XXXX
4	轴向静荷载（kN）	XXX
5	干摩擦系数	＜0.11
6	运行方式	往复
7	每次运行角度	～50°
8	使用寿命（年）	30

3.3.5　制造加工的主要技术要求

......

3.3.6　出厂验收状态

1）门叶、支臂和支铰整体组装；

2）铰座固定在有足够刚度的支墩上；

3）门叶、支臂与铰座连；

4）水封可不装配在门上。

3.3.7　供货状态

1）门叶结构按施工图样分两个制造单元，胎架固定以防变形；

2）支臂分上、下两大节发运；

3）支铰座装配成套编号包装供货；

4）止水橡皮必须整节装箱供货；

5）止水紧固件、支铰连接螺栓以及支臂连接螺栓等分类装箱供货。

3.3.8　门槽埋件（冲压水封埋件）

3.3.8.1　一般规定：

......

3.3.8.2　主要组成和材料

表 7-5　主要组成和材料表

名称	材料
主止水装置	伸缩式水封、板材 Q235B、普通螺栓
侧主止水座	板材 Q345B
侧水封座	板材 Q345B、水封座板 1Cr18Ni9Ti
顶楣装置	主止水座 Q345B、轴 1Cr18Ni9Ti、条形水封 MGE
底坎	主止水座 ZG230－450、板材 Q345B、型材 Q235B
支铰座埋件	板材 Q345B
钢衬	板材 Q345B

3.3.8.3　制造加工主要技术条件

……

3.3.8.4　出厂验收状态

分部件按施工图样预组装呈自由状态。

3.3.8.5　供货状态

1）分部件将工作面进行保护并编号装箱发运；

2）紧固件装箱。

4　平面闸门制造技术条件

4.1　平面滑道闸门及埋件

4.1.1　一般要求

……

4.1.2　主要特征及参数

1）结构型式：平面、垂直滑动

2）孔口尺寸：m×m（宽×高）

3）门槽底坎高程：m

4）设计水头：m

5）支承跨度：m

6）门体支承：主支承滑道，反向弹性滑块，侧向简支轮

7）面板、水封布置：下游面板，下游顶、底、侧止水

8）吊点型式：单（双）吊点

9）操作条件：静水启闭，门体节间小开度体门充水

10）闸门存放方式：坝面门库

11）最大运输单元尺寸：m×m×m

12）运输单元最大重量：t

13）门槽埋件数量：孔

14）闸门数量：扇

4.1.3　主要组成和材料

表 7-6　主要组成和材料表

名称	材料
门叶结构	Q345B 钢板、Q235B 型钢
主支承	钢基铜塑复合滑道、高分子复合滑道

续表

名称	材料
反向支承	弹性滑块（工作头：高分子复合材料）
侧向支承	简支轮
顶侧止水	P 型橡塑复合水封
底止水和节间止水	条型橡皮
止水压板及紧固件	压板：Q345B 热浸锌防腐，螺栓：1Cr18Ni9Ti
门槽埋件	主轨承压板 Q345B、主轨轨头 1Cr18Ni9Ti 止水面（反导向工作面）1Cr18Ni9Ti 其它 Q235B

4.1.4 技术要求

......

4.2 平面定轮闸门及埋件

4.2.1 一般规定

......

4.2.2 主要特征及参数

1）结构型式：平面、垂直、定轮

2）孔口尺寸：m×m（宽×高）

3）门槽底坎高程：m

4）设计水头：m

5）支承跨度：m

6）门体支承：主支承定轮，反向弹性滑块，侧向简支轮

7）面板、水封布置：上游面板，上游侧、底止水

8）吊点型式：双吊点

9）操作条件：动水闭门，上节门体小开度提门充水

10）闸门存放方式：坝面门库

11）闸门锁定方式：门槽顶部翻板式锁定梁

12）最大运输单元尺寸：m×m×m

13）运输单元最大重量：t

14）门槽埋件数量：孔

15）闸门数量：扇

4.2.3 主要组成和材料

表 7-7　主要组成和材料表

名称	材料
门叶结构	Q345B 钢板、Q235B 型钢

名称	材料
主支承	定轮 35CrMo，质量等级不低于Ⅱ类铸件
反向支承	弹性滑块（工作头：高分子复合材料）
定轮轴承	自润滑圆柱轴承
定轮轴	40Cr，质量等级不低于Ⅱ类锻件
侧向支承	简支轮
侧止水	P 型橡塑复合水封
节间止水	条型橡皮
底止水	条型橡皮
止水压板及紧固件	压板：Q345B 热浸锌防腐，螺栓：1Cr18Ni9Ti
门叶节间连接紧固件	A2－80
门槽埋件主轨	主轨 ZG42CrMo，质量等级不低于Ⅱ类铸件、其它 Q235B 止水面（反导向工作面）1Cr18Ni9Ti

4.2.4　技术要求

......

5　拦污栅制造技术条件

5.1　一般规定

......

5.2　主要特征及参数

1）结构型式：平面、串联活动式、垂直滑动

2）孔口尺寸：m×m（宽×高）

3）栅槽底坎高程：m

4）设计水头：m

5）栅条净距：mm

6）栅体支承：主、反向滑块，侧向圆钢限位

7）吊点型式：双吊点

8）操作条件：静水启闭

9）拦污栅锁定方式：栅槽顶部翻板锁定梁

10）最大运输单元尺寸：m×m×m

11）运输单元最大重量：t

12）栅槽埋件数量：孔

13）拦污栅数量：扇

5.3 主要组成和材料

名称	材料
栅体结构	Q235B 钢
主支承	高分子复合滑块
反向支承	高分子复合滑块
侧向支承	Q235B 圆钢

5.4 技术要求

1）每扇拦污栅体分 XX 节制造，每节栅体布置 2 根主横梁，纵向栅条利用横向螺杆和隔套联接成栅片，栅片通过 U 型螺栓固定在主横梁上。安装时 XX 节栅体通过边柱的销轴铰接成一体。各支承座板工作面和各节边柱端面需整体机加工 Ra12.5μm。

2）拦污栅的标准节应能互换。

3）拦污栅的制造必须符合施工图样、本标书和 NB/T35045 的要求。

第八章　投标文件格式

（项目名称及标段）　　　　　招标

投　标　文　件

投标人：_____（盖单位章）

法定代表人或其委托代理人：_____（签字）

_____年_____月_____日

目录

一、投标函

致：_____（招标人名称）_____

1. 我方已仔细研究了_____（项目名称）_____标段招标文件的全部内容，愿意以人民币（大写）_____元（_____）的投标总报价，按照合同的约定交付货物及提供服务。

2. 我方承诺在招标文件规定的投标有效期天内不修改、撤销投标文件。

3. 随同本投标函提交投标保证金一份，金额为人民币（大写）_____元（_____元）。

4. 如我方中标：

（1）我方承诺在收到中标通知书后，在中标通知书规定的期限内与你方签订合同。

（2）我方承诺按照招标文件规定向你方递交履约保函。

（3）我方承诺在合同约定的期限内交付货物及提供服务。

5. 我方已经知晓中国长江三峡集团有限公司有关投标和合同履行的管理制度，并承诺将严格遵守。

6. 我方在此声明，所递交的投标文件及有关资料内容完整、真实和准确。

7. 我方同意按照你方要求提供与我方投标有关的一切数据或资料，完全理解你方不一定接受最低价的投标或收到的任何投标。

8. _____（其他补充说明）。

投标人：_____（盖单位章）

法定代表人或其委托代理人：_____（签字）

地址_____邮编_____

电话_____传真_____

电子邮箱_____

网址：_____

_____年____月____日

二、授权委托书、法定代表人身份证明

授权委托书

本人＿＿（姓名）＿＿系＿＿（投标人名称）＿＿的法定代表人，现委托＿＿（姓名）＿＿为我方代理人。代理人根据授权，以我方名义签署、澄清、说明、补正、递交、撤回、修改＿＿（项目名称）＿＿标段投标文件、签订合同和处理有关事宜，其法律后果由我方承担。

代理人无转委托权。

附：法定代表人身份证明

投　标　人：＿＿＿＿（盖单位章）＿＿＿＿

法定代表人：＿＿＿＿（签字）＿＿＿＿

身份证号码：＿＿＿＿＿＿＿＿＿＿

委托代理人：＿＿＿＿（签字）＿＿＿＿

身份证号码：＿＿＿＿＿＿＿＿＿＿

＿＿＿＿年＿＿月＿＿日

注：若法定代表人不委托代理人，则只需出具法定代表人身份证明。

附：法定代表人身份证明

投标人名称：＿＿＿＿＿＿＿＿＿＿＿＿＿＿

单位性质：＿＿＿＿＿＿＿＿＿＿＿＿＿＿

地址：＿＿＿＿＿＿＿＿＿＿＿＿＿＿＿＿

成立时间：＿＿＿＿年＿＿＿月＿＿＿日

经营期限：＿＿＿＿＿＿＿＿＿＿＿＿＿

姓名：＿＿＿＿性别：＿＿＿＿年龄：＿＿＿＿职务：＿＿＿＿

系＿＿（投标人名称）＿＿的法定代表人。

特此证明。

附：法定代表人身份证件扫描件

法定代表人身份证件复印件粘贴处

投标人：＿＿＿＿＿＿（盖单位章）＿＿＿＿＿＿

＿＿＿＿年＿＿月＿＿日

三、联合体协议书

牵头人名称：＿＿＿＿＿＿＿＿＿＿＿＿

法定代表人：＿＿＿＿＿＿＿＿＿＿＿＿

法定住所：＿＿＿＿＿＿＿＿＿＿＿＿

成员二名称：＿＿＿＿＿＿＿＿＿＿＿＿

法定代表人：＿＿＿＿＿＿＿＿＿＿＿＿

法定住所：＿＿＿＿＿＿＿＿＿＿＿＿

……

鉴于上述各成员单位经过友好协商，自愿组成＿＿＿（联合体名称）＿＿＿联合体，共同参加＿＿＿（招标人名称）＿＿＿（以下简称招标人）＿＿＿（项目名称及标段）＿＿＿（以下简称本工程）的投标并争取赢得本项目承包合同（以下简称合同）。现就联合体投标事宜订立如下协议：

1.＿＿＿（某成员单位名称）＿＿＿为＿＿＿（联合体名称）＿＿＿牵头人。

2. 在本工程投标阶段，联合体牵头人合法代表联合体各成员负责本工程投标文件编制活动，代表联合体提交和接收相关的资料、信息及指示，并处理与投标和中标有关的一切事务；联合体中标后，联合体牵头人负责合同订立和合同实施阶段的主办、组织和协调工作。

3. 联合体将严格按照招标文件的各项要求，递交投标文件，履行投标义务和中标后的合同，共同承担合同规定的一切义务和责任，联合体各成员单位按照内部职责的部分，承担各自所负的责任和风险，并向招标人承担连带责任。

4. 联合体各成员单位内部的职责分工如下：＿＿＿＿＿＿＿＿＿＿＿＿。按照本条上述分工，联合体成员单位各自所承担的合同工作量比例如下：＿＿＿＿＿＿＿＿＿＿＿。

5. 投标工作和联合体在中标后工程实施过程中的有关费用按各自承担的工作量分摊。

6. 联合体中标后，本联合体协议是合同的附件，对联合体各成员单位有合同约束力。

7. 本协议书自签署之日起生效，联合体未中标或者中标时合同履行完毕后自动失效。

8. 本协议书一式份，联合体成员和招标人各执一份。

牵头人名称：＿＿＿（盖单位章）＿＿＿

法定代表人或其委托代理人：＿＿＿（签字）＿＿＿

成员一名称：＿＿＿（盖单位章）＿＿＿

法定代表人或其委托代理人：＿＿＿（签字）＿＿＿

成员二名称：＿＿＿（盖单位章）＿＿＿

法定代表人或其委托代理人：＿＿＿（签字）＿＿＿

＿＿＿年＿＿＿月＿＿＿日

四、投标保证金

（一）采用在线支付（企业银行对公支付）或线下支付（银行汇款）方式

采用在线支付（企业银行对公支付）或线下支付（银行汇款）方式时，提供以下文件：

投标保证金承诺（格式）

致：三峡国际招标有限责任公司

鉴于_____（投标人名称）_____已递交_____（项目名称及标段）_____招标的投标文件，根据招标文件规定，本投标人向贵公司提交人民币_____万元整的投标保证金，作为参与该项目招标活动的担保，履行招标文件中规定义务的担保。

若本投标人有下列任何一种行为，同意贵公司不予退还投标保证金：

（1）在开标之日到投标有效期满前，撤销或修改其投标文件；

（2）在收到中标通知书 30 日内，无正当理由拒绝与招标人签订合同；

（3）在收到中标通知书 30 日内，未按招标文件规定提交履约担保；

（4）在投标文件中提供虚假的文件和材料，意图骗取中标。

附：投标保证金退还信息及中标服务费交纳承诺书（格式）

投标保证金递交凭证扫描件

投标人：___（加盖投标人单位章）___

法定代表人或其委托代理人：_____（签字）_____

日期：_____年___月___日

（二）采用银行保函方式

采用银行保函方式时，按以下格式提供投标保函及《投标保证金退还信息及中标服务费交纳承诺书》

投标保函（格式）

受益人：三峡国际招标有限责任公司

鉴于＿＿＿＿（投标人名称）＿＿＿＿（以下称"投标人"）于＿＿＿＿年＿＿月＿＿日参加＿＿＿＿（项目名称及标段）＿＿＿＿的投标，＿＿＿＿（银行名称）＿＿＿＿（以下称"本行"）无条件地、不可撤销地具结保证本行或其继承人和其受让人，一旦收到贵方提出的下述任何一种事实的书面通知，立即无追索地向贵方支付总金额为＿＿＿＿＿＿的保证金。

（1）在开标之日到投标有效期满前，投标人撤销或修改其投标文件；

（2）在收到中标通知书30日内，投标人无正当理由拒绝与招标人签订合同；

（3）在收到中标通知书30日内，投标人未按招标文件规定提交履约担保；

（4）投标人未按招标文件规定向贵方支付中标服务费；

（5）投标人在投标文件中提供虚假的文件和材料，意图骗取中标。

本行在接到受益人的第一次书面要求就支付上述数额之内的任何金额，并不需要受益人申述和证实他的要求。

本保函自开标之日起＿＿＿＿（投标文件有效期日数）＿＿＿＿日历日内有效，并在贵方和投标人同意延长的有效期内（此延期仅需通知而无需本行确认）保持有效，但任何索款要求应在上述日期内送到本行。贵方有权提前终止或解除本保函。

银行名称：＿＿（盖单位章）＿＿

许可证号：＿＿＿＿＿＿＿＿

地址：＿＿＿＿＿＿＿＿＿＿

负责人：＿＿＿＿（签字）

日期：＿＿＿＿年＿＿月＿＿日

附件：投标保证金退还信息及中标服务费交纳承诺书

三峡国际招标有限责任公司：

我单位已按招标文件要求，向贵司递交了投标保证金。信息如下：

序号	名称	内容
1	招标项目名称及标段	
2	招标编号	
3	投标保证金金额	合计：￥_____元，大写_____
4	投标保证金缴纳方式（请在相应的"□"内划"√"）	□4.1 在线支付（企业银行对公支付） 汇款人：_____ 汇款银行：_____银行账号：_____ 汇款行所在省市：_____ □4.2 线下支付（银行汇款） 汇款人：_____ 汇款银行：_____银行账号：_____ 汇款行所在省市：_____ □4.3 银行投标保函 投标保函开具行：_____
5	中标服务费发票开具（请在相应的"□"内划"√"）	□5.1 增值税普通发票 □5.2 增值税专用发票（请提供以下完整开票信息）： ● 名称：_____ ● 纳税人识别税号（或三证合一号码）：_____ ● 地址、电话：_____ ● 开户行及账号：_____

我单位确认并承诺：

1. 若中标，将按本招标文件投标须知的规定向贵司支付中标服务费用，拟支付贵司的中标服务费已包含在我单位报价中，未在投标报价表中单独出项。

2. 如通过方式 4.1 或 4.2 缴纳投标保证金，贵司可从我单位保证金中扣除中标服务费用后将余额退给我单位，如不足，接到贵司通知后 5 个工作日内补足差额；如通过方式 4.3 缴纳投标保证金，将在合同签订并提供履约担保（如招标文件有要求）后 5 日内支付中标服务费，否则贵司可以要求投标保函出具银行支付中标服务费。

3. 对于通过方式 4.1 或 4.2 提交的保证金，请按原汇款路径退回我单位，如我单位账户发生变化，将及时通知贵司并提供情况说明；对于通过方式 4.3 提交的银行投标保函，贵司收到我单位汇付的中标服务费后将银行保函原件按下列地址寄回：

投标人名称（盖单位章）：_____

地址：_____邮编：_____联系人：_____联系电话：_____

法定代表人或委托代理人：_____年____月____日

说明：1. 本信息由投标人填写，与投标保证金递交凭证或银行投标保函一起密封提交。

2. 本信息作为招标代理机构退还投标保证金和开具中标服务费发票的依据，投标人必须按要求完整填写并加盖单位章（其余用章无效），由于投标人的填写错误或遗漏导致的投标担保退还失误或中标服务费发票开具失误，责任由投标人自负。

五、投标报价表

说明：投标报价表按第五章"采购清单"中的相关内容及格式填写。构成合同文件的投标报价表包括第五章"采购清单"的所有内容。

六、技术方案

1. 技术方案总体说明：应说明厂家制造能力、设备原材料、产品设备性能；拟投入本项目的加工、试验和检测仪器设备情况、制造工艺等；质量保证措施等。

2. 除技术方案总体说明外，还应按照招标文件要求提交包括但不限于下列附件对技术方案做进一步说明。

附件一　货物特性及性能保证

附件二　设计、制造和安装标准

附件三　工厂检验项目及标准

附件四　工作进度计划

附件五　技术服务方案

附件六　投标设备汇总表

附件七　投标人提供的图纸和资料

附件八　其他资料

投标人：＿＿＿＿＿（盖单位章）＿＿＿＿

法定代表人或其委托代理人：＿＿＿＿＿（签字）＿＿＿＿

＿＿＿＿年＿＿＿月＿＿＿日

附件一　货物特性及性能保证

　　投标人必须用准确的数据和语言在下表中阐明其拟提供的设备的性能保证，投标人应保证所提供的合同设备特性及性能保证值不低于招标文件第六章技术参数要求。

　　投标人一旦被授予合同，所提供的性能保证值经买方认可后将作为合同中设备的性能保证值。

序号	招标文件要求值	投标响应值

投标人：＿＿＿＿（盖单位章）＿＿＿＿

法定代表人或其委托代理人：＿＿＿＿＿（签字）

＿＿＿＿年＿＿月＿＿日

附件二　设计、制造和安装标准

　　投标人应列明投标设备的设计、制造、试验、运输、保管、安装和运行维护的标准和规范目录。

投标人：＿＿＿＿（盖单位章）＿＿＿＿

法定代表人或其委托代理人：＿＿＿＿＿（签字）

＿＿＿＿年＿＿月＿＿日

附件三　工厂检验项目及标准

投标人应列明工厂制造检查和测试所遵循的最新版本标准。

投标人应指出拟提供设备的初步检查和测试项目。

投标人：_____（盖单位章）_____

法定代表人或其委托代理人：_____（签字）_____

_____年____月____日

附件四　工作进度计划

投标人应按技术条款的要求提出完成本项目的下述计划进度表。

1. 制造进度表

2. 交货批次及进度计划表

3. 其他

投标人：_____（盖单位章）_____

法定代表人或其委托代理人：_____（签字）_____

_____年____月____日

附件五　技术服务方案

投标人应按技术条款的要求提出本项目的技术服务方案，如安装方案（若有）、现场调试方案、技术指导、培训和售后服务计划等。

投标人：_____（盖单位章）_____

法定代表人或其委托代理人：_____（签字）_____

_____年____月____日

附件六　投标设备汇总表

序号	名称	主要技术规范	数量	包装	每件尺寸（cm³）（长×宽×高）	每件重量（吨）	总重量（吨）	发货时间	发运港/发运点	备注
1										
2										
3										

注：本表应包括报价表中所列的所有分项设备、备品备件、专用工具、维修试验设备和仪器仪表。

投标人：＿＿＿＿（盖单位章）＿＿＿＿

法定代表人或其委托代理人：＿＿＿＿（签字）＿＿＿＿

＿＿＿＿年＿＿月＿＿日

附件七　投标人提供的图纸和资料

1. 概述

投标人应与其投标文件一起提供与本招标文件技术条款相应的足够详细和清晰的图纸资料和数据，这些图纸资料和数据应详细地说明设备特点，同时对与技术条款有异或有偏差之处应清楚地说明。除非买方批准，设备的最终设计应按照这些图纸、资料和数据的详细说明进行。

2. 随投标文件提供的图纸资料

投标人应根据本招标文件所述的供图要求，提供工厂图纸的目录及供图时间表，图纸应包括招标文件所列的内容和招标人认为应增加的内容。

3. 随投标文件提供的技术文件

设备清单及描述（含设备名称、型号、规格、数量、产地、用途等）。

投标人认为必要的其他技术资料。

投标人：＿＿＿＿（盖单位章）＿＿＿＿

法定代表人或其委托代理人：＿＿＿＿（签字）＿＿＿＿

＿＿＿＿年＿＿月＿＿日

附件八　其他资料

（根据项目情况，加入与项目特点相关的其他需要投标人提供的技术方案，如：运输方案等。）

投标人：＿＿＿（盖单位章）＿＿＿

法定代表人或其委托代理人：＿＿＿（签字）＿＿＿

＿＿＿年＿＿月＿＿日

七、偏差表

表7—1　商务偏差表

投标人可以不提交一份对本招标文件第四章"合同条款及格式"的逐条注释意见，但应根据下表的格式列出对上述条款的偏差（如果有）。未在商务偏差表中列明的商务偏差，将被视为满足招标文件要求。

项目	条款编号	偏差内容	备注

备注：对投标人须知前附表中规定的实质性偏差的内容提出负偏差，无论是否在本表中填写，将被认为是对招标文件的非实质性响应，其投标文件将被否决。

投标人：＿＿＿＿（盖单位章）＿＿＿＿

法定代表人或其委托代理人：＿＿＿＿（签字）＿＿＿

＿＿＿＿年＿＿月＿＿日

表7—2　技术偏差表

投标人可以不提交一份对本招标文件第六章"技术标准和要求"的逐条注释意见，但应根据下表的格式列出对上述条款的偏差（如果有）。未在技术偏差表中列明的技术偏差，将被视为满足招标文件要求。

项目	条款编号	偏差内容	备注

备注：对投标人须知前附表中规定的实质性偏差的内容提出负偏差，无论是否在本表中填写，将被认为是对招标文件的非实质性响应，其投标文件将被否决。

投标人：＿＿＿＿（盖单位章）＿＿＿＿

法定代表人或其委托代理人：＿＿＿＿（签字）＿＿＿

＿＿＿＿年＿＿月＿＿日

八、拟分包（外购）项目情况表

表 8—1　分包（外购）人资格审查表

序号	拟分包项目名称、范围及理由	拟选分包人					备注
			拟选分包人名称	注册地点	企业资质	有关业绩	
		1					
		2					
		3					
		1					
		2					
		3					
		1					
		2					
		3					

表 8—2　分包（外购）计划表

序号	分包（外购）单位	分包（外购）部件	到货时间
1			
2			
3			
...			

备注：投标人需根据拟分包的项目情况提供分包意向书/分包协议、分包人资质证明文件。

投标人：_____（盖单位章）_____

法定代表人或其委托代理人：_____（签字）_____

_____年___月___日

九、资格审查资料

（一）投标人基本情况表

投标人名称						
投标人组织机构代码或统一社会信用代码						
注册地址				邮政编码		
联系方式	联系人			电话		
	传真			网址		
组织结构						
法定代表人	姓名		技术职称		电话	
技术负责人	姓名		技术职称		电话	
成立时间			员工总人数：			
许可证及级别		其中	高级职称人员			
营业执照号			中级职称人员			
注册资金			初级职称人员			
基本账户开户银行			技工			
基本账户账号			其他人员			
经营范围						
备注						

注：1. 本表后应附企业法人营业执照、生产许可证等材料的扫描件。

附件一　生产（制造）商资格声明

1. 名称及概况：

（1）生产（制造）商名称：_____

（2）总部地址：_____

　　　传真/电话号码：_____邮政编码：_____

（3）成立和/或注册日期：_____

（4）法定代表人姓名：_____

2.（1）关于生产（制造）投标货物的设施及有关情况：

　　　工厂名称地址　　　生产的项目　　　年生产能力　　　职工人数

　　　_____　　_____　　_____　　_____

　　　_____　　_____　　_____　　_____

（2）本生产（制造）商不生产，而需从其他生产（制造）商购买的主要零部件：

生产（制造）商名称和地址　　　　　　　主要零部件名称

_____　　　　　_____

_____　　　　　_____

3. 其他情况：<u>组织机构、技术力量等。</u>

兹证明上述声明是真实、正确的，并提供了全部能提供的资料和数据，我们同意遵照贵方要求出示有关证明文件。

生产（制造）商名称___（盖单位章）___

签字人姓名和职务_____

签字人签字_____

签字日期_____

传真_____

电话_____

电子邮箱_____

（二）近年财务状况表

投标人须提交近_____年（_____年～_____年）的财务报表，并填写下表。

序号	项目	_____年	_____年	_____年
1	固定资产（万元）			
2	流动资产（万元）			
	其中：存货（万元）			
3	总资产（万元）			
4	长期负债（万元）			
5	流动负债（万元）			
6	净资产（万元）			
7	利润总额（万元）			
8	资产负债率（％）			
9	流动比率（％）			
10	速动比率（％）			
11	销售利润率（％）			

（三）近____年完成的类似项目情况表

项目名称	
项目所在地	
采购人名称	
采购人地址	
采购人电话	
合同价格	
供货时间	
货物描述	
备注	

注：应附中标通知书（如有）和合同协议书以及货物验收证表（货物验收证明文件）等的彩色扫描件（复印件），具体年份时间要求见投标人须知前附表。每张表格只填写一个项目，并标明序号。

（四）正在进行的和新承接的项目情况表

项目名称	
项目所在地	
采购人名称	
采购人地址	
采购人电话	
合同价格	
供货时间	
货物描述	
备注	

注：应附中标通知书（如有）和合同协议书等的彩色扫描件（复印件），具体年份时间要求见投标人须知前附表。每张表格只填写一个项目，并标明序号。

（五）近年发生的诉讼及仲裁情况

序号	案由	双方当事人名称	处理结果或进度情况
…	…	…	…

注：（1）本表为调查表。不得因投标人发生过诉讼及仲裁事项作为否决其投标、作为量化因素或评分因素，除非其中的内容涉及其他规定的评标标准，或导致中标后合同不能履行。

（2）诉讼及仲裁情况是指投标人在招投标和中标合同履行过程中发生的诉讼及仲裁事项，以及投标人认为对其生产经营活动产生重大影响的其他诉讼及仲裁事项。投标人仅需提供与本次招标项目类型相同的诉讼及仲裁情况。

（3）诉讼包括民事诉讼和行政诉讼；仲裁是指争议双方的当事人自愿将他们之间的纠纷提交仲裁机构，由仲裁机构以第三者的身份进行裁决。

（4）"案由"是事情的原由、名称、由来，当事人争议法律关系的类别，或诉讼仲裁情况的内容提要。如"工程款结算纠纷"。

（5）"双方当事人名称"是指投标人在诉讼、仲裁中原告（申请人）、被告（被申请人）或第三人的单位名称。

（6）诉讼、仲裁的起算时间为：提起诉讼、仲裁被受理的时间，或收到法院、仲裁机构诉讼、仲裁文书的时间。

（7）诉讼、仲裁已有处理结果的，应附材料见第二章"投标人须知"3.5.3；还没有处理结果，应说明进展情况，如某某人民法院于某年某月某日已经受理。

（8）如招标文件第二章"投标人须知"3.5.3条规定的期限内没有发生的诉讼及仲裁情况，投标人在编制投标文件时，需在上表"案由"空白处声明："经本投标人认真核查，在招标文件第二章"投标人须知"3.5.3条规定的期限内本投标人没有发生诉讼及仲裁纠纷，如不实，构成虚假，自愿承担由此引起的法律责任。特此声明。

（六）其他资格审查资料

投标人：＿＿＿＿＿（盖单位章）＿＿＿＿

法定代表人或其委托代理人：＿＿＿＿＿（签字）＿＿＿＿

＿＿＿＿年＿＿月＿＿日

十、构成投标文件的其他材料

1. 初步评审需要的材料

投标人应根据招标文件具体要求，提供初步评审需要的材料，包括但不限于下列内容，请将所需材料在投标文件中的对应页码填入表格中。

序号	名称	网上电子投标文件	纸质投标文件正本	备注
1	营业执照			
2	生产许可证（如果有）			根据项目实际情况填写
3	业绩证明文件			
4	……			
5	经审计的财务报表			_____～_____年
6	投标函签字盖章			电子版为扫描件
7	授权委托书签字盖章			电子版为扫描件
8	投标保证金凭证或投保保函			电子版为扫描件
9	…			

注：（1）所提供的资质证书等应为有效期内的文件，其他材料应满足招标文件具体要求；

（2）投标保证金采用银行保函时应提供原件，单独密封提交。

2. 招标文件规定的其他材料；

3. 投标人认为需要提供的其他材料。

水电工程启闭机（液压及卷扬式）采购招标文件范本

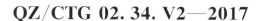

QZ/CTG 02. 34. V2—2017

_____启闭机采购

招标文件

招标编号：_____

招标人：

招标代理机构：

20____年____月____日

使用说明

一、《招标文件》适用于中国长江三峡集团有限公司水电建设项目的启闭机采购项目招标。

二、《招标文件》用相同序号标示的章、节、条、款、项、目，供招标人和投标人选择使用；以空格标示的由招标人填写的内容，招标人应根据招标项目具体特点和实际需要具体化，确实没有需要填写的，在空格中用"/"标示。

三、《招标文件》第一章的招标公告或投标邀请书中，投标人资格要求按照单一标段编写。多标段招标时，可并列编写各标段投标人资格要求。

四、招标人可以根据项目实际情况，约定是否允许投标文件偏离招标文件的某些要求，并对《招标文件》第二章"投标人须知"前附表第1.12款中的"偏离范围"和"偏离幅度"进行约定。

五、《招标文件》第三章"评标办法"采用综合评估法，各评审因素的评审标准、分值和权重等不可修改。

六、《招标文件》第四章"合同条款及格式"中，结合集团水电建设项目以往招标范本进行针对性修改，便于标段合并。

七、《招标文件》第五章"采购清单"由招标人根据招标项目具体特点和实际需要编制，并与"投标人须知"、"合同条款及格式"、"技术标准和要求"、"图纸"相衔接。本章所附表格可根据有关规定作相应的调整和补充。

八、《招标文件》第六章"图纸"由招标人根据招标项目具体特点和实际需要编制，并与"投标人须知"、"合同条款及格式"和"技术标准和要求"相衔接。

九、《招标文件》第七章"技术标准及要求"由招标人根据集团公司现行的闸门及金属结构设备招标及采购文件进行编写，在编制招标文件时可根据项目具体特点和实际需要调整。其内容应符合国家强制性标准。

十、《招标文件》将根据实际执行过程中出现的问题及时进行修改。各使用单位对《招标文件》的修改意见和建议，可向编制工作小组反映。

邮箱：ctg_zbfb@ctg.com.cn。

第一章 招标公告（未进行资格预审）

<u>　　　（项目名称及标段）　　　</u> 招标公告

1 招标条件

本招标项目<u>　（项目名称）　</u>已获批准招标，项目资金来自<u>　（资金来源）　</u>，招标人为<u>　　　　　　　</u>，招标代理机构为<u>　三峡国际招标有限责任公司　</u>。项目已具备招标条件，现对该项目进行公开招标。

2 项目概况与招标范围

2.1 项目概况

<u>　　　　　　　　　　　　　　　　　　</u>（说明本次招标项目的建设地点、规模等）。

2.2 招标范围

<u>　　　　　　　　　　　　　　　　　　</u>（说明本次招标项目的招标范围、标段划分〈如果有〉、计划工期等）。

3 投标人资格要求

3.1 本次招标要求投标人须具备以下条件：

1）资质条件：<u>　　　　　　　　　　</u>；

2）业绩要求：<u>　　　　　　　　　　</u>；

3）项目经理要求：<u>　　　　　　　　</u>；

4）信誉要求：<u>　　　　　　　　　　</u>；

5）财务要求：<u>　　　　　　　　　　</u>；

6）其他要求：<u>　　　　　　　　　　</u>。

3.2 本次招标<u>　（接受或不接受）　</u>联合体投标。联合体投标的，应满足下列要求：<u>　　　　　　　　</u>。

3.3 投标人不能作为其他投标人的分包人同时参加投标。单位负责人为同一人或者存在控股、管理关系的不同单位，不得参加同一标段投标或者未划分标段的同一招标项目投标。

3.4 各投标人均可就上述标段中的___(具体数量)___个标段投标。

4 招标文件的获取

4.1 招标文件发售时间为_____年___月___日___时整至_____年___月___日___时整（北京时间，下同）。

4.2 招标文件每标段售价_____元，售后不退。

4.3 有意向的投标人须登录中国长江三峡集团电子采购平台（网址：http://epp.ctg.com.cn/，以下简称"电子采购平台"，服务热线电话：010－57081008）进行免费注册成为注册供应商，在招标文件规定的发售时间内通过电子采购平台点击"报名"提交申请，并在"支付管理"模块勾选对应条目完成支付操作。潜在投标人可以选择在线支付或线下支付（银行汇款）完成标书款缴纳：

1）在线支付（单位或个人均可）时请先选择支付银行，然后根据页面提示进行支付，支付完成后电子采购平台会根据银行扣款结果自动开放招标文件下载权限；

2）线下支付（单位或个人均可）时须通过银行汇款将标书款汇至三峡国际招标有限责任公司的开户行：工商银行北京中环广场支行（账号：0200209519200005317）。线下支付成功后，潜在投标人须再次登录电子采购平台，依次填写支付信息、上传汇款底单并保存提交，招标代理机构工作人员核对标书款到账情况后开放下载权限。

4.4 若超过招标文件发售截止时间则不能在电子采购平台相应标段点击"报名"，将不能获取未报名标段的招标文件，也不能参与相应标段的投标，未及时按照规定在电子采购平台报名的后果，由投标人自行承担。

5 电子身份认证

本项目投标文件的网上提交部分需要使用电子钥匙（CA）加密后上传至本电子采购平台（标书购买阶段不需使用CA电子钥匙）。本电子采购平台的相关电子钥匙（CA）须在北京天威诚信电子商务服务有限公司指定网站办理（网址：http://sanxia.szzsfw.com/，服务热线电话：010－64134583），请潜在投标人及时办理，以免影响投标，由于未及时办理CA影响投标的后果，由投标人自行承担。

6 投标文件的递交

6.1 投标文件递交的截止时间（投标截止时间，下同）为_____年___月___日___时整。本次投标文件的递交分现场递交和网上提交，现场递交的地点为_____；网上提交的投标文件应在投标截止时间前上传至电子采购平台。

6.2　在投标截止时间前，现场递交的投标文件未送达到指定地点或者网上提交的投标文件未成功上传至电子采购平台，招标人不予受理。

7　发布公告的媒介

本次招标公告同时在中国招标投标公共服务平台（http://www.cebpubservice.com）、中国长江三峡集团有限公司电子采购平台（http://epp.ctg.com.cn）、三峡国际招标有限责任公司网站（www.tgtiis.com）上发布。

8　联系方式

招　标　人：＿＿＿＿＿＿＿＿＿＿　　招标代理机构：＿＿＿＿＿＿＿＿＿＿

地　　　址：＿＿＿＿＿＿＿＿＿＿　　地　　　址：＿＿＿＿＿＿＿＿＿＿

邮　　　编：＿＿＿＿＿＿＿＿＿＿　　邮　　　编：＿＿＿＿＿＿＿＿＿＿

联　系　人：＿＿＿＿＿＿＿＿＿＿　　联　系　人：＿＿＿＿＿＿＿＿＿＿

电　　　话：＿＿＿＿＿＿＿＿＿＿　　电　　　话：＿＿＿＿＿＿＿＿＿＿

传　　　真：＿＿＿＿＿＿＿＿＿＿　　传　　　真：＿＿＿＿＿＿＿＿＿＿

电 子 邮 箱：＿＿＿＿＿＿＿＿＿＿　　电 子 邮 箱：＿＿＿＿＿＿＿＿＿＿

招标采购监督：＿＿＿＿＿＿＿＿＿＿

联　系　人：＿＿＿＿＿＿＿＿＿＿

电　　　话：＿＿＿＿＿＿＿＿＿＿

传　　　真：＿＿＿＿＿＿＿＿＿＿

＿＿＿＿年＿＿＿＿月＿＿＿＿日

第一章　投标邀请书（适用于邀请招标）

＿＿＿（项目名称及标段）＿＿＿投标邀请书

＿＿（被邀请单位名称）＿＿：

1　招标条件

本招标项目＿＿＿（项目名称及标段）＿＿＿已获批准招标，项目资金来自＿＿（资金来源）＿＿，招标人为＿＿＿＿＿＿＿＿，招标代理机构为＿三峡国际招标有限责任公司＿。项目已具备招标条件，现邀请你单位参加＿＿＿（项目名称及标段）＿＿投标。

2　项目概况与招标范围

2.1　项目概况

＿＿＿＿＿＿＿＿＿＿＿＿＿＿＿＿＿＿（说明本次招标项目的建设地点、规模等）。

2.2　招标范围

＿＿＿＿＿＿＿＿＿＿＿＿＿＿＿＿＿＿（说明本次招标项目的招标范围、标段划分〈如果有〉、计划工期等）。

3　投标人资格要求

3.1　本次招标要求投标人须具备以下条件：

1）资质条件：＿＿＿＿＿＿＿＿＿＿；

2）业绩要求：＿＿＿＿＿＿＿＿＿＿；

3）项目经理要求：＿＿＿＿＿＿＿＿；

4）信誉要求：＿＿＿＿＿＿＿＿＿＿；

5）财务要求：＿＿＿＿＿＿＿＿＿＿；

6）其他要求：＿＿＿＿＿＿＿＿＿＿。

3.2　你单位＿＿（可以或不可以）＿＿组成联合体投标。联合体投标的，应满足下列要求：＿＿＿＿＿＿＿＿＿＿＿＿＿＿。

3.3　投标人不能作为其他投标人的分包人同时参加投标。单位负责人为同一人或者存在控股、管理关系的不同单位，不得参加同一标段投标或者未划分标段的同一招标项目投标。

4　招标文件的获取

4.1　招标文件发售时间为＿＿＿＿年＿＿＿月＿＿＿日＿＿＿时整至＿＿＿＿年＿＿＿月＿＿＿日＿＿时整（北京时间，下同）。

4.2　招标文件每标段售价＿＿＿＿＿＿＿元，售后不退。

4.3　有意向的投标人须登录中国长江三峡集团有限公司电子采购平台（网址：http://epp.ctg.com.cn/，以下简称"电子采购平台"，服务热线电话：010 - 57081008）进行免费注册成为注册供应商，在招标文件规定的发售时间内通过电子采购平台点击"报名"提交申请，并在"支付管理"模块勾选对应条目完成支付操作。潜在投标人可以选择在线支付或线下支付（银行汇款）完成标书款缴纳：

1）在线支付（单位或个人均可）时请先选择支付银行，然后根据页面提示进行支付，支付完成后电子采购平台会根据银行扣款结果自动开放招标文件下载权限；

2）线下支付（单位或个人均可）时须通过银行汇款将标书款汇至三峡国际招标有限责任公司的开户行：工商银行北京中环广场支行（账号：0200209519200005317）。线下支付成功后，潜在投标人须再次登录电子采购平台，依次填写支付信息、上传汇款底单并保存提交，招标代理机构工作人员核对标书款到账情况后开放下载权限。

4.4　若超过招标文件发售截止时间则不能在电子采购平台相应标段点击"报名"，将不能获取未报名标段的招标文件，也不能参与相应标段的投标，未及时按照规定在电子采购平台报名的后果，由投标人自行承担。

5　电子身份认证

本项目投标文件的网上提交部分需要使用电子钥匙（CA）加密后上传至本电子采购平台（标书购买阶段不需使用 CA 电子钥匙）。本电子采购平台的相关电子钥匙（CA）须在北京天威诚信电子商务服务有限公司指定网站办理（网址：http://sanxia.szzsfw.com/，服务热线电话：010 - 64134583），请潜在投标人及时办理，以免影响投标，由于未及时办理 CA 影响投标的后果，由投标人自行承担。

6　投标文件的递交

6.1　投标文件递交的截止时间（投标截止时间，下同）为＿＿＿＿年＿＿＿月＿＿＿日＿＿＿时整。本次投标文件的递交分现场递交和网上提交，现场递交的地点为＿＿＿＿＿＿＿＿＿＿＿＿＿；网上提交的投标文件应在投标截止时间前上传至电子采购平台。

6.2 在投标截止时间前，现场递交的投标文件未送达到指定地点或者网上提交的投标文件未成功上传至电子采购平台，招标人不予受理。

7 确认

你单位收到本投标邀请书后，请于＿＿＿＿年＿＿月＿＿日＿＿时整前以传真或电子邮件方式予以确认。

8 联系方式

招 标 人：＿＿＿＿＿＿＿＿＿＿＿＿　　招标代理机构：＿＿＿＿＿＿＿＿＿＿＿＿

地　　址：＿＿＿＿＿＿＿＿＿＿＿＿　　地　　址：＿＿＿＿＿＿＿＿＿＿＿＿

邮　　编：＿＿＿＿＿＿＿＿＿＿＿＿　　邮　　编：＿＿＿＿＿＿＿＿＿＿＿＿

联 系 人：＿＿＿＿＿＿＿＿＿＿＿＿　　联 系 人：＿＿＿＿＿＿＿＿＿＿＿＿

电　　话：＿＿＿＿＿＿＿＿＿＿＿＿　　电　　话：＿＿＿＿＿＿＿＿＿＿＿＿

传　　真：＿＿＿＿＿＿＿＿＿＿＿＿　　传　　真：＿＿＿＿＿＿＿＿＿＿＿＿

电子邮箱：＿＿＿＿＿＿＿＿＿＿＿＿　　电子邮箱：＿＿＿＿＿＿＿＿＿＿＿＿

招标采购监督：＿＿＿＿＿＿＿＿＿＿＿＿

联 系 人：＿＿＿＿＿＿＿＿＿＿＿＿

电　　话：＿＿＿＿＿＿＿＿＿＿＿＿

传　　真：＿＿＿＿＿＿＿＿＿＿＿＿

＿＿＿＿年＿＿＿＿月＿＿＿＿日

第一章　投标邀请书（代资格预审通过通知书）

＿＿＿（项目名称及标段）＿＿＿　投标邀请书

＿＿＿（被邀请单位名称）＿＿＿：

你单位已通过资格预审，现邀请你单位按招标文件规定的内容，参加＿＿＿＿（项目名称及标段）＿＿＿＿项目投标。

请你单位于北京时间＿＿＿＿年＿＿月＿＿日＿＿时整至＿＿＿＿年＿＿月＿＿日＿＿时整购买招标文件。

招标文件每标段售价＿＿＿＿＿＿元，售后不退。

投标人须在规定的发售时间内通过电子采购平台点击"报名"提交申请，并在"支付管理"模块勾选对应条目完成支付操作。投标人可以选择在线支付或线下支付（银行汇款）完成标书款缴纳：

1）在线支付（单位或个人均可）时请先选择支付银行，然后根据页面提示进行支付，支付完成后电子采购平台会根据银行扣款结果自动开放招标文件下载权限；

2）线下支付（单位或个人均可）时须通过银行汇款将标书款汇至三峡国际招标有限责任公司的开户行：工商银行北京中环广场支行（账号：0200209519200005317）。线下支付成功后，潜在投标人须再次登录电子采购平台，依次填写支付信息、上传汇款底单并保存提交，招标代理工作人员核对标书款到账情况后开放下载权限。

若超过招标文件发售截止时间则不能在电子采购平台相应标段点击"报名"，将不能获取未报名标段的招标文件，也不能参与相应标段的投标，由于未及时通过规定的平台报名的后果，由投标人自行承担。

投标文件递交的截止时间（投标截止时间，下同）为＿＿＿＿年＿＿月＿＿日＿＿时整。本次投标文件的递交分现场递交和网上提交，现场递交的地点为＿＿＿＿＿＿＿＿；网上提交的投标文件应在投标截止时间前上传至电子采购平台。

在投标截止时间前，现场递交的投标文件未送达到指定地点或者网上提交的投标文件未成功上传至电子采购平台的，招标人不予受理。

你单位收到本投标邀请书后，请于＿＿＿＿年＿＿月＿＿日＿＿时整前以传真或电子邮件方式予以确认。

招 标 人：_____　　招标代理机构：_____

地　　址：_____　　地　　　址：_____

邮　　编：_____　　邮　　　编：_____

联 系 人：_____　　联 系 人：_____

电　　话：_____　　电　　话：_____

传　　真：_____　　传　　真：_____

电子邮箱：_____　　电子邮箱：_____

招标采购监督：_____

联 系 人：_____

电　　话：_____

传　　真：_____

_____年_____月_____日

第二章 投标人须知

投标人须知前附表

条款号	条款名称	编列内容
1.1.2	招标人	名称： 地址： 联系人： 电话： 电子邮箱：
1.1.3	招标代理机构	名称：三峡国际招标有限责任公司 地址： 联系人： 电话： 电子邮箱：
1.1.4	项目名称	
1.1.5	项目概况	
1.2.1	资金来源	
1.2.2	出资比例	
1.2.3	资金落实情况	
1.3.1	招标范围	本项目招标范围如下：
1.3.2	交货要求	交货批次和进度： 交货地点： 交货条件：
1.3.3	质量要求	
1.4.1	投标人资质条件、能力和信誉	资质条件： 业绩要求： 信誉要求： 财务要求： 其他要求：
1.4.2	是否接受联合体投标	□不接受 □接受，应满足下列要求：
1.5	费用承担	其中中标服务费用： □由中标人向招标代理机构支付，适用于本须知1.5款_____类招标收费标准。 □其他方式：

续表

条款号	条款名称	编列内容
1.9.1	踏勘现场	□不组织 □组织，踏勘时间： 踏勘集中地点：
1.10.1	投标预备会	□不召开 □召开，召开时间： 召开地点：
1.10.2	投标人提出问题的截止时间	投标预备会_____天前
1.10.3	招标人书面澄清的时间	投标截止日期_____天前
1.12.2	实质性偏差的内容	
2.2.1	投标人要求澄清招标文件的截止时间	投标截止日期前_____天
2.2.2	投标截止时间	_____年___月___日___时整
2.2.3	投标人确认收到招标文件澄清的时间	收到通知后 24 小时内
2.3.2	投标人确认收到招标文件修改的时间	收到通知后 24 小时内
3.1.1	构成投标文件的其他材料	
3.3.1	投标有效期	自投标截止之日起_____天
3.4.1	投标保证金	□不要求递交投标保证金 ☑要求递交投标保证金 投标文件应附上一份符合招标文件规定的投标保证金，金额为人民币_____万元/标段。 **1　递交形式** 通过在线支付或线下支付递交的投标保证金或由国内银行的省、地市级分行出具的银行保函，不接受汇票、支票或现钞等其他方式。 **2　递交办法** **2.1　使用在线支付或线下缴纳投标保证金** 潜在投标人须登录电子采购平台，于投标截止时间前在"投标管理－投标"菜单中选择项目并点击"支付保证金"，并在"支付管理"模块勾选对应条目完成支付操作。潜在投标人可以选择在线支付或线下支付进行缴纳： 1）在线支付（通过"B2B"即企业银行对公支付）保证金时，请根据页面提示选择支付银行进行支付； 2）线下支付投标保证金时，潜在投标人须通过银行汇款至招标代理，汇款成功后，再次登录电子采购平台，依次填写支付信息、上传汇款底单并保存提交。 **2.2　使用银行保函缴纳投标保证金** 潜在投标人须开具有效的银行保函，登录电子采购平台，在线下支付付款方式中选"保函"，并上传银行保函彩色扫描件。 **3　递交时间** 潜在投标人选择在线支付方式缴纳投标保证金时，须确保在投标截止时间前投标保证金被扣款成功，否则其投标文件将被否决；选择线下支付缴纳投标保证金时，在投标截止时间前，投标保证金须成功汇至到招标代理银行账户上，否则其投标文件将被否决；选择银行保函作为投标保证金时，在投标截止时间前，银行保函原件必须随纸质投标文件一起递交招标代理机构，否则其投标将被否决

条款号	条款名称	编列内容
3.4.1	投标保证金	**4　退还信息** 《投标保证金退还信息及中标服务费交纳承诺书》原件应单独密封，并在封面注明"投标保证金退还信息"，随投标文件一同递交。 **5　投标保证金收款信息：** 开户银行：工商银行北京中环广场支行 账号：0200209519200005317 行号：20956 开户名称：三峡国际招标有限责任公司 汇款用途：BZJ
3.4.3	投标保证金的退还	**1　使用在线支付或线下支付投标保证金方式：** 未中标投标人的投标保证金，将在中标人和招标人签订书面合同后 5 日内予以退还，并同时退还投标保证金利息；中标人的投标保证金将在其与招标人签订书面合同并提供履约担保（如招标文件有要求）、由招标代理机构扣除中标服务费后 5 日内将余额退还（如不足，需在接到招标代理机构通知后 5 个工作日内补足差额）。 投标保证金利息按收取保证金之日的中国人民银行同期活期存款利率计算，遇利率调整不分段计息。存款利息计算时，本金以"元"为起息点，利息的金额也算至元位，元位以下四舍五入。按投标保证金存放期间计算利息，存放期间一律算头不算尾，即从开标日起算至退还之日前一天止；全年按 360 天，每月均按 30 天计算。 **2　使用银行保函方式：** 未中标投标人的银行保函原件，将在中标人和招标人签订书面合同后 5 日内退还；中标人的保函将在在中标人和招标人签订书面合同、提供履约担保（如招标文件有要求）且支付中标服务费后 5 日内无息退还
3.5.3	近年财务状况	＿＿＿＿年至＿＿＿＿年
	近年完成的类似项目	＿＿＿年＿＿＿月＿＿＿日至＿＿＿年＿＿＿月＿＿＿日
	近年发生的重大诉讼及仲裁情况	＿＿＿年＿＿＿月＿＿＿日至＿＿＿年＿＿＿月＿＿＿日
	…	
3.6	是否允许递交备选投标方案	□不允许 □允许
3.7.2	现场递交投标文件份数	现场递交纸质投标文件正本 1 份、副本＿＿＿份和电子版＿＿＿份（U 盘）
3.7.3	纸质投标文件签字或盖章要求	按招标文件第八章"投标文件格式"要求，签字或盖章
3.7.4	纸质投标文件装订要求	纸质投标文件应按以下要求装订：装订应牢固、不易拆散和换页，不得采用活页装订
3.7.5	现场递交的投标文件电子版（U 盘）格式	投标报价应使用 .xlsx 进行编制，其他部分的电子版文件可用 .docx、.xlsx 或 PDF 等格式进行编制
3.7.6	网上提交的电子投标文件中格式	第八章"投标文件格式"中的投标函和授权委托书采用签字盖章后的彩色扫描件；其他部分的电子版文件应采用 .docx、.xlsx 或 PDF 格式进行编制

条款号	条款名称	编列内容
4.1.2	封套上写明	项目名称： 招标编号： 在＿＿＿年＿＿月＿＿日＿＿时＿＿分（投标文件截止时间）前不得开启 投标人名称：
4.2	投标文件的递交	本条款补充内容如下： 投标文件分为网上提交和现场递交两部分。 1）网上提交 应按照中国长江三峡集团有限公司电子采购平台（以下简称"电子采购平台"）的要求将编制好的文件加密后上传至电子采购平台（具体操作方法详见＜http://epp.ctg.com.cn＞网站中"使用指南"）。 2）现场递交 投标人应将纸质投标文件的正本、副本、电子版、投标保证金退还信息和银行保函原件（如有）分别密封递交。纸质版、电子版应包含投标文件的全部内容
4.2.2	投标文件网上提交	网上提交：中国长江三峡集团有限公司电子采购平台（http://epp.ctg.com.cn/） 1）电子采购平台提供了投标文件各部分内容的上传通道，其中： "投标保证金支付凭证"应上传投标保证金汇款凭证、"投标保证金退还信息及中标服务费交纳承诺书"以及银行保函（如有）彩色扫描件； "评标因素应答对比表"本项目不适用。 2）电子采购平台中的"商务文件"（2个通道）、"技术文件"（2个通道）、"投标报价文件"（1个通道）和"其他文件"（1个通道），每个通道最大上传文件容量为100M。商务文件、技术文件超过最大上传容量时，投标人可将资格审查资料、图纸文件从"其他文件"通道进行上传；若容量仍不能满足，则将未上传的部分在投标文件格式文件十中进行说明，并将未上传部分包含在现场提交的电子文件中
4.2.3	投标文件现场递交地点	现场递交至：
4.2.4	是否退还投标文件	□否 □是
4.5.1	是否提交投标样品	□否 □是，具体要求：
5.1	开标时间和地点	开标时间：同投标截止时间 开标地点：同递交投标文件地点
7.2	中标候选人公示	招标人在中国招标投标公共服务平台（http://www.cebpubservice.com）、中国长江三峡集团有限公司电子采购平台（http://epp.ctg.com.cn/）网站上公示中标候选人，公示期3个工作日

续表

条款号	条款名称	编列内容
7.4.1	履约担保	履约担保的形式：银行保函或保证金 履约担保的金额：签约合同价的____％ 开具履约担保的银行：须招标人认可，否则视为投标人未按招标文件规定提交履约担保，投标保证金将不予退还。 （备注：300万元及以上的合同，签订前必须提供履约担保；300万元以下的合同，可按项目实际情况明确是否需要履约担保。）
10	需要补充的其他内容	
10.1	知识产权	构成本招标文件各个组成部分的文件，未经招标人书面同意，投标人不得擅自复印和用于非本招标项目所需的其他目的。招标人全部或者部分使用未中标人投标文件中的技术成果或技术方案时，需征得其书面同意，并不得擅自复印或提供给第三人
10.2	电子注册	投标人必须登录中国长江三峡集团有限公司电子采购平台（http://epp.ctg.com.cn）进行免费注册。 未进行注册的投标人，将无法参加投标报名并获取进一步的信息。 本项目投标文件的网上提交部分需要使用电子身份认证（CA）加密后上传至本电子采购平台（标书购买阶段不需使用电子钥匙），本电子采购平台的相关电子身份认证（CA）须在指定网站办理（http://sanxia.szzsfw.com/），请潜在投标人及时办理，并在投标截止时间至少3日前确认电子钥匙的使用可靠性，因此导致的影响投标或投标文件被拒收的后果，由投标人自行承担。 具体办理方法：一、请登录电子采购平台（http://epp.ctg.com.cn/）在右侧点击"使用指南"，之后点击"CA电子钥匙办理指南V1.1"，下载PDF文件后查看办理方法；二、请直接登录指定网站（http://sanxia.szzsfw.com/），点击右上角用户注册，注册用户名及密码，之后点击"立即开始数字证书申请"，按照引导流程完成办理。（温馨提示：电子钥匙办理完成网上流程后需快递资料，办理周期从快递到件计算5个工作日完成。已办理电子钥匙的请核对有效期，必要时及时办理延期！）
10.3	投标人须遵守的国家法律法规和规章，及中国长江三峡集团有限公司相关管理制度和标准	
10.3.1	国家法律法规和规章	投标人在投标活动中须遵守包括但不限于以下法律法规和规章： 1）《中华人民共和国合同法》 2）《中华人民共和国民法通则》 3）《中华人民共和国招标投标法》 4）《中华人民共和国招标投标法实施条例》 5）《工程建设项目货物招标投标办法》（国家计委令第27号） 6）《工程建设项目招标投标活动投诉处理办法》（国家发展改革委等7部门令第11号） 7）《关于废止和修改部分招标投标规章和规范性文件的决定》（国家发展改革委等9部门令第23号）

条款号	条款名称	编列内容
10.3.2	中国长江三峡集团有限公司相关管理制度	投标人在投标活动中须遵守以下中国长江三峡集团有限公司相关管理制度： （1）《中国长江三峡集团有限公司供应商信用评价管理办法》 （2）中国长江三峡集团有限公司供应商信用评价结果的有关通知（登录中国长江三峡集团有限公司电子采购平台（http://epp.ctg.com.cn）后点击"通知通告"）
10.3.3	中国长江三峡集团有限公司相关企业标准	三峡企业标准：_____ 查阅网址：
10.4	投标人和其他利害关系人认为本次招标活动中涉及个人违反廉洁自律规定的，可通过招标公告中的招标采购监督电话等方式举报	

1　总则

1.1　项目概况

1.1.1　根据《中华人民共和国招标投标法》等有关法律、法规和规章的规定，本招标项目已具备招标条件，现对本项目进行招标。

1.1.2　本招标项目招标人：见投标人须知前附表。

1.1.3　本招标项目招标代理机构：见投标人须知前附表。

1.1.4　本招标项目名称及标段：见投标人须知前附表。

1.1.5　本招标项目建设地点：见投标人须知前附表。

1.2　资金来源和落实情况

1.2.1　本招标项目的资金来源：见投标人须知前附表。

1.2.2　本招标项目的出资比例：见投标人须知前附表。

1.2.3　本招标项目的资金落实情况：见投标人须知前附表。

1.3　招标范围、计划工期和质量要求

1.3.1　本次招标范围：见投标人须知前附表。

1.3.2　本招标项目的交货要求：见投标人须知前附表。

1.3.3　本招标项目的质量要求：见投标人须知前附表。

1.4　投标人资格要求（适用于已进行资格预审的）

　　投标人应是收到招标人发出投标邀请书的单位。

1.4　投标人资格要求（适用于未进行资格预审的）

1.4.1　投标人应具备承担本招标项目的资质条件、能力和信誉。相关资质要求如下：

1）资质条件：见投标人须知前附表；

2）业绩要求：见投标人须知前附表；

3）信誉要求：见投标人须知前附表；

4）财务要求：见投标人须知前附表；

5）其他要求：见投标人须知前附表。

1.4.2　投标人须知前附表规定接受联合体投标的，除应符合本章第1.4.1项和投标人须知前附表的要求外，还应遵守以下规定：

1）联合体各方应按招标文件提供的格式签订联合体协议书，明确联合体牵头人和各成员方的权利义务；

2）由同一专业的单位组成的联合体，按照资质等级较低的单位确定联合体的资质等级；

3）联合体各方不得再以自己名义单独或参加其他联合体在同一标段中投标。

1.4.3　投标人不得存在下列情形之一：

1）为招标人不具有独立法人资格的附属机构（单位）；

2）被责令停业的；

3）被暂停或取消投标资格的；

4）财产被接管或冻结的；

5）在最近三年内有骗取中标或严重违约或投标设备存在重大质量问题的；

6）投标人处于中国长江三峡集团有限公司限制投标的专业范围及期限内。

1.4.4　投标人不能作为其他投标人的分包人同时参加投标。单位负责人为同一人或者存在控股、管理关系的不同单位，不得参加同一标段投标或者未划分标段的同一招标项目投标。

1.5　费用承担

投标人在本次投标过程中所发生的一切费用，不论中标与否，均由投标人自行承担，招标人和招标代理机构在任何情况下均无义务和责任承担这些费用。本项目招标工作由三峡国际招标有限责任公司作为招标代理机构负责组织，中标服务费用由中标人向招标代理机构支付，具体金额按照下表（中标服务费收费标准）计算执行。投标人投标费用中应包含拟支付给招标代理机构的中标服务费，该费用在投标报价表中不单独出项。收费类型见投标人须知前附表。

中标服务费用在合同签订后5日内，由招标代理机构直接从中标人的投标保证金中扣付。投标保证金不足支付中标服务费用时，中标人应补足差额。招标代理机构收取中标服务费用后，向中标人开具相应金额的服务费发票。

表 2－1　中标服务费收费标准

中标金额（万元）	工程类招标费率	货物类招标费率	服务类招标费率
100 以下	1.00％	1.50％	1.50％
100－500	0.70％	1.10％	0.80％
500－1000	0.55％	0.80％	0.45％
1000－5000	0.35％	0.50％	0.25％
5000－10000	0.20％	0.25％	0.10％
10000－50000	0.05％	0.05％	0.05％
50000－100000	0.035％	0.035％	0.035％
100000－500000	0.008％	0.008％	0.008％
500000－1000000	0.006％	0.006％	0.006％
1000000 以上	0.004％	0.004％	0.004％

注：中标服务费按差额定率累进法计算。例如：某货物类招标代理业务中标金额为 900 万元，计算中标服务收费额如下：

$100 \times 1.5\％ = 1.5$ 万元

$(500－100) \times 1.1\％ = 4.4$ 万元

$(900－500) \times 0.80\％ = 3.2$ 万元

合计收费＝1.5＋4.4＋3.2＝9.1 万元

1.6　保密

参与招标投标活动的各方应对招标文件和投标文件中的商业和技术等秘密保密，违者应对由此造成的后果承担法律责任。

1.7　语言文字

1.7.1　招标投标文件使用的语言文字为中文。专用术语使用外文的，应附有中文注释。

1.7.2　投标人与招标人之间就投标交换的所有文件和来往函件，均应用中文书写。

1.7.3　如果投标人提供的任何印刷文献和证明文件使用其他语言文字，则应将有关段落译成中文一并附上，如有差异，以中文为准。投标人应对译文的正确性负责。

1.8　计量单位

所有计量均采用中华人民共和国法定计量单位。

1.9　踏勘现场

1.9.1　投标人须知前附表规定组织踏勘现场的，招标人按投标人须知前附表规定的时间、地点组织投标人踏勘项目现场。

1.9.2　投标人踏勘现场发生的费用自理。

1.9.3　除招标人的原因外，投标人自行负责在踏勘现场中所发生的人员伤亡和财产损失。

1.9.4　招标人在踏勘现场中介绍的工程场地和相关的周边环境情况，供投标人在编制投标文件时参考，招标人不对投标人据此作出的判断和决策负责。

1.10 投标预备会

1.10.1 投标人须知前附表规定召开投标预备会的，招标人按投标人须知前附表规定的时间和地点召开投标预备会，澄清投标人提出的问题。

1.10.2 投标人应在投标人须知前附表规定的时间前，在电子采购平台上以电子文件的形式将提出的问题送达招标人，以便招标人在会议期间澄清。

1.10.3 投标预备会后，招标人在投标人须知前附表规定的时间内，将对投标人所提问题的澄清，在电子采购平台上以电子文件的形式通知所有购买招标文件的投标人。该澄清内容为招标文件的组成部分。

1.10.4 招标人在会议期间澄清仅供投标人在编制投标文件时参考，招标人不对投标人据此作出的判断和决策负责。

1.11 外购与分包制造

1.11.1 投标人选择的原材料供应商、部件制造的分包商应具有相应的制造经验，具有提供本招标项目所需质量、进度要求的合格产品的能力。

1.11.2 投标人需按照投标文件格式的要求，提供有关原材料供应商和部件分包商的完整的资质文件。

1.11.3 投标人应提交与其选定的分包商草签的分包意向书。分包意向书中应明确拟分包项目内容、报价、制造厂名称等主要内容。

1.12 提交偏差表

1.12.1 投标人应对招标文件的要求做出实质性的响应。如有偏差应逐条提出，并按投标文件的格式要求提出商务、技术偏差。

1.12.2 投标人对招标文件前附表中规定的内容提出负偏差将被认为是对招标文件的非实质性响应，其投标文件将被否决。

1.12.3 按投标文件格式提出偏差仅仅是为了招标人评标方便。但未在其投标文件中提出偏差的条款或部分，应视为投标人完全接受招标文件的规定。

2 招标文件

2.1 招标文件的组成

2.1.1 本招标文件包括：

第一章 招标公告/投标邀请书；

第二章 投标人须知；

第三章 评标办法；

第四章 合同条款及格式；

第五章 采购清单；

第六章　图纸；

第七章　技术标准和要求；

第八章　投标文件格式。

2.1.2　根据本章第 1.10 款、第 2.2 款和第 2.3 款对招标文件所作的澄清、修改，构成招标文件的组成部分。

2.2　招标文件的澄清

2.2.1　投标人应仔细阅读和检查招标文件的全部内容。如发现缺页或附件不全，应及时向招标人提出，以便补齐。如有疑问，应在投标人须知前附表规定的时间前在电子采购平台上以电子文件形式，要求招标人对招标文件予以澄清。

2.2.2　招标文件的澄清将在投标人须知前附表规定的投标截止时间 15 天前在电子采购平台上以电子文件形式发给所有购买招标文件的投标人，但不指明澄清问题的来源。如果澄清发出的时间距投标截止时间不足 15 天，并且澄清内容影响投标文件编制的，招标人相应延长投标截止时间。

2.2.3　投标人在收到澄清后，应在投标人须知前附表规定的时间内以书面形式通知招标人，确认已收到该澄清。未及时确认的，将根据电子采购平台下载记录默认潜在投标人已收到该澄清文件。

2.3　招标文件的修改

2.3.1　在投标截止时间 15 天前，招标人在电子采购平台上以电子文件形式修改招标文件，并通知所有已购买招标文件的投标人。如果修改招标文件的时间距投标截止时间不足 15 天，并且修改内容影响投标文件编制的，招标人相应延长投标截止时间。

2.3.2　投标人收到修改内容后，应在投标人须知前附表规定的时间内以书面形式通知招标人，确认已收到该修改。未及时确认的，将根据电子采购平台下载记录默认潜在投标人已收到该修改文件。

3　投标文件

3.1　投标文件的组成

3.1.1　投标文件应包括下列内容：

　　1）投标函；

　　2）授权委托书、法定代表人身份证明；

　　3）联合体协议书（如果有）；

　　4）投标保证金；

　　5）投标报价表；

　　6）技术方案；

7）偏差表；

8）拟分包（外购）项目情况表；

9）资格审查资料；

10）构成投标文件的其他材料。

3.1.2　投标人须知前附表规定不接受联合体投标的，或投标人没有组成联合体的，投标文件不包括本章第 3.1.1 3）目所指的联合体协议书。

3.2　投标报价

3.2.1　投标人应按第五章"采购清单"的要求填写相应表格。

3.2.2　投标人在投标截止时间前修改投标函中的投标总报价，应同时修改第五章"采购清单"中的相应报价，投标报价总额为各分项金额之和。此修改须符合本章第 4.3 款的有关要求。

3.2.3　投标人应在投标文件中的投标报价上标明本合同拟提供的合同设备及服务的单价和总价。每种投标设备只允许有一个报价，采用可选择报价提交的投标将被视为非响应性投标而予以否决。

3.2.4　报价中必须包括设计、制造和装配投标设备所使用的材料、部件，试验、运输、保险、技术文件和技术服务费等及合同设备本身已支付或将支付的相关税费。

3.2.5　对于投标人为实现投标设备的性能和为保证投标设备的完整性和成套性所必需却没有单独列项和投标的费用，以及为完成本合同责任与义务所需的所有费用等，均应视为已包含在投标设备的报价中。

3.2.6　投标报价应为固定价格，投标人在投标时应已充分考虑了合同执行期间的所有风险，按可调整价格报价的投标文件将被否决。

3.3　投标有效期

3.3.1　在投标人须知前附表规定的投标有效期内，投标人不得要求撤销或修改其投标文件。

3.3.2　出现特殊情况需要延长投标有效期的，招标人在电子采购平台上以电子文件形式通知所有投标人延长投标有效期。投标人同意延长的，应相应延长其投标保证金的有效期，但不得要求或被允许修改或撤销其投标文件；投标人拒绝延长的，其投标失效，但投标人有权收回其投标保证金。

3.4　投标保证金

3.4.1　投标人在递交投标文件的同时，应按投标人须知前附表规定的金额、担保形式和第八章"投标文件格式"规定的投标保证金格式递交投标保证金，并作为其投标文件的组成部分。联合体投标的，其投标保证金由牵头人递交，并应符合投标人须知前附表的规定。

3.4.2 投标人不按本章第 3.4.1 项要求提交投标保证金的，其投标将被否决。

3.4.3 招标代理机构按投标人须知前附表的规定退还投标保证金。

3.4.4 有下列情形之一的，投标保证金将不予退还：

1）投标人在规定的投标有效期内撤销或修改其投标文件；

2）中标人在收到中标通知书后，无正当理由拒签合同协议书或未按招标文件规定提交履约担保。

3.5 资格审查资料（适用于已进行资格预审的）

投标人在编制投标文件时，应按新情况更新或补充其在申请资格预审时提供的资料，以证实其各项资格条件仍能继续满足资格预审文件的要求，具备承担本招标项目的资质条件、能力和信誉。

3.5 资格审查资料（适用于未进行资格预审的）

3.5.1 证明投标人合格的资格文件：

1）投标人应提交证明其有资格参加投标，且中标后有能力履行合同的文件，并作为其投标文件的一部分。

2）投标人提交的投标合格性的证明文件应使招标人满意。

3）投标人提交的中标后履行合同的资格证明文件应使招标人满意，包括但不限于，投标人已具备履行合同所需的财务、技术、设计、开发和生产能力。

3.5.2 证明投标设备的合格性和符合招标文件规定的文件：

1）投标人应提交根据合同要求提供的所有合同货物及其服务的合格性以及符合招标文件规定的证明文件，并作为其投标文件的一部分。

2）合同货物和服务的合格性的证明文件应包括投标表中对合同货物和服务来源地的声明。

3）证明投标设备和服务与招标文件的要求相一致的文件可以是文字资料、图纸和数据，投标人应提供：

（1）投标设备主要技术指标和产品性能的详细说明；

（2）逐条对招标人要求的技术规格进行评议，指出自己提供的投标设备和服务是否已做出实质性响应。同时应注意：投标人在投标中可以选用替代标准、牌号或分类号，但这些替代要实质上优于或相当于技术规格的要求。

3.5.3 投标人为了具有被授予合同的资格，应提供投标文件格式要求的资料，用以证明投标人的合法地位和具有足够的能力及充分的财务能力来有效地履行合同。为此，投标人应按投标人须知前附表中规定的时间区间提交相关资格审查资料，供评标委员会审查。

3.6　备选投标方案

除投标人须知前附表另有规定外，投标人不得递交备选投标方案。允许投标人递交备选投标方案的，只有中标人所递交的备选投标方案方可予以考虑。评标委员会认为中标人的备选投标方案优于其按照招标文件要求编制的投标方案的，招标人可以接受该备选投标方案。

3.7　投标文件的编制

3.7.1　投标文件应按第八章"投标文件格式"进行编写，如有必要，可以增加附页，作为投标文件的组成部分。其中，投标函在满足招标文件实质性要求的基础上，可以提出比招标文件要求更有利于招标人的承诺。

3.7.2　投标文件包括网上提交的电子投标文件和现场递交的纸质投标文件及投标文件电子版（U盘），具体数量要求见投标人须知前附表。

3.7.3　纸质投标文件应用不褪色的材料书写或打印，并由投标人的法定代表人或其委托代理人签字或盖单位章。委托代理人签字的，投标文件应附法定代表人签署的授权委托书。投标文件应尽量避免涂改、行间插字或删除。如果出现上述情况，改动之处应加盖单位章或由投标人的法定代表人或其委托代理人签字确认。所有投标文件均需使用阿拉伯数字从前至后逐页编码。签字或盖章的具体要求见投标人须知前附表。

3.7.4　现场递交的纸质投标文件的正本与副本应分别装订成册，具体装订要求见投标人须知前附表规定。

3.7.5　现场递交的投标文件电子版（U盘）应为未加密的电子文件，并应按照投标人须知前附表规定的格式进行编制。

3.7.6　网上提交的电子投标文件应按照投标人须知前附表规定格式进行编制。

4　投标

4.1　投标文件的密封和标记

4.1.1　投标文件现场递交部分应进行密封包装，并在封套的封口处加盖投标人单位章；网上提交的电子投标文件应加密后递交。

4.1.2　投标文件现场递交部分的封套上应写明的内容见投标人须知前附表。

4.1.3　未按本章第4.1.1项或第4.1.2项要求密封和加写标记的投标文件，招标人不予受理。

4.2　投标文件的递交

4.2.1　投标人应在投标人须知前附表规定的投标截止时间前分别在网上提交和现场递交投标文件。

4.2.2　投标文件网上提交：投标人应按照投标人须知前附表要求将编制好的投标文件

加密后上传至电子采购平台（具体操作方法详见＜http：//epp.ctg.com.cn＞网站中"使用指南"）。

4.2.3 投标人现场递交投标文件（包括纸质版和电子版）的地点：见投标人须知前附表。

4.2.4 除投标人须知前附表另有规定外，投标人所递交的投标文件不予退还。

4.2.5 在投标截止时间前，网上提交的投标文件未成功上传至电子采购平台或者现场递交的投标文件未送达到指定地点的，招标人将不予受理。

4.3 投标文件的修改与撤回

4.3.1 在本章第2.2.2项规定的投标截止时间前，投标人可以修改或撤回已递交的投标文件，但应以书面形式通知招标人。

4.3.2 投标人如要修改投标文件，必须在修改后再重新上传电子文件；现场递交的投标文件相应修改。投标人修改或撤回已递交投标文件的书面通知应按照本章第3.7.3项的要求签字或盖章。招标人收到书面通知后，向投标人出具签收凭证。

4.3.3 修改的内容为投标文件的组成部分。修改的投标文件应按照本章第3条、第4条规定进行编制、密封、标记和递交，并标明"修改"字样。

4.3.4 投标人撤回投标文件的，招标人自收到投标人书面撤回通知之日起5日内退还已收取的投标保证金。

4.4 投标文件的有效性

4.4.1 当网上提交和现场递交的投标文件内容不一致时，以网上提交的投标文件为准。

4.4.2 当现场递交的投标文件电子版与投标文件纸质版正本内容不一致时，以投标文件纸质版正本为准。

4.4.3 当电子采购平台上传的投标文件全部或部分解密失败或发生第5.3款紧急情形时，经监督人或公证员确认后，以投标文件纸质版正本为准。

5 开标

5.1 开标时间和地点

招标人在本章第2.2.2项规定的投标截止时间（开标时间）和投标人须知前附表规定的地点公开开标，并邀请所有投标人的法定代表人或其委托代理人参加。

5.2 开标程序（适用于电子开标）

招标人在规定的时间内，通过电子采购平台开评标系统，按下列程序进行开标：

1）宣布开标程序及纪律；

2）公布在投标截止时间前递交投标文件的投标人名称，并点名确认投标人是否派人到场；

3）宣布开标人、记录人、监督或公证等人员姓名；

4）监督或公证员检查投标文件的递交及密封情况；

5）根据检查情况，对未按招标文件要求递交纸质投标文件的投标人，或已递交了一封可接受的撤回通知函的投标人，将在电子采购平台中进行不开标设置；

6）设有标底的，公布标底；

7）宣布进行电子开标，显示投标总价解密情况，如发生投标总价解密失败，将对解密失败的按投标文件纸质版正本进行补录；

8）显示开标记录表；（如果投标人电子开标总报价明显存在单位错误或数量级差别，在投标人当场提出异议后，按其纸质投标文件正本进行开标，评标时评标委员会根据其网上提交的电子投标文件进行总报价复核）

9）公证员宣读公证词；

10）宣布评标期间注意事项；

11）投标人代表等有关人员在开标记录上签字确认（有公证时，不适用）；

12）开标结束。

5.2 开标程序（适用于纸质投标文件开标）

主持人按下列程序进行开标：

1）宣布开标纪律；

2）公布在投标截止时间前递交投标文件的投标人名称，并点名确认投标人是否派人到场；

3）宣布开标人、唱标人、记录人、监督或公证等有关人员姓名；

4）由监督或公证员检查投标文件的递交及密封情况；

5）确定并宣布投标文件开标顺序；

6）设有标底的，公布标底；

7）按照宣布的开标顺序当众开标，公布投标人名称、项目名称及标段、投标报价及其他内容，并记录在案；

8）公证员宣读公证词；

9）宣布评标期间注意事项；

10）投标人代表等有关人员在开标记录表上签字确认（有公证时，不适用）；

11）开标结束。

5.3 电子招投标的应急措施

5.3.1 开标前出现以下情况，导致投标人不能完成网上提交电子投标文件的紧急情形，招标代理机构在开标截止时间前收到电子钥匙办理单位书面证明材料时，采用纸质投标文件正本进行报价补录。

1）电子钥匙非人为故意损坏；

2）因电子钥匙办理单位原因导致电子钥匙办理来不及补办。

5.3.2　当电子采购平台出现下列紧急情形时，采用纸质投标文件正本进行开标：

1）系统服务器发生故障，无法访问或无法使用系统；

2）系统的软件或数据库出现错误，不能进行正常操作；

3）系统发现有安全漏洞，有潜在的泄密危险；

4）病毒发作或受到外来病毒的攻击；

5）投标文件解密失败；

6）其它无法进行正常电子开标的情形。

5.4　开标异议

如投标人对开标过程有异议的，应在开标会议现场当场提出，招标人现场进行答复，由开标工作人员进行记录。

5.5　开标监督与结果

5.5.1　开标过程中，各投标人应在开标现场见证开标过程和开标内容，开标结束后，将在电子采购平台上公布开标记录表，投标人可在开标当日登录电子采购平台查看相关开标结果。

5.5.2　无公证情况时，不参加现场开标仪式或开标结束后拒绝在开标记录表上签字确认的投标人，视为默认开标结果。

5.5.3　未在开标时开封和宣读的投标文件，不论情况如何均不能进入下一步的评审。

6　评标

6.1　评标委员会

6.1.1　评标由招标人依法组建的评标委员会负责。评标委员会由招标人或其委托的招标代理机构熟悉相关业务的代表，以及有关技术、经济等方面的专家组成。

6.1.2　评标委员会成员有下列情形之一的，应当回避：

1）投标人或投标人的主要负责人的近亲属；

2）项目行政主管部门或者行政监督部门的人员；

3）与投标人有经济利益关系，可能影响对投标公正评审的；

4）曾因在招标、评标以及其他与招标投标有关活动中从事违法行为而受过行政处罚或刑事处罚的；

5）与投标人有其他利害关系。

6.2 评标原则

评标活动遵循公平、公正、科学和择优的原则。

6.3 评标

评标委员会按照第三章"评标办法"规定的方法、评审因素、标准和程序对投标文件进行评审。第三章"评标办法"没有规定的方法、评审因素和标准，不作为评标依据。

7 合同授予

7.1 定标方式

招标人依据评标委员会推荐的中标候选人确定中标人。

7.2 中标候选人公示

招标人在投标人须知前附表规定的媒介公示中标候选人。

7.3 中标通知

在本章第 3.3 款规定的投标有效期内，招标人以书面形式向中标人发出中标通知书，同时将中标结果通知未中标的投标人。

7.4 履约担保

7.4.1 中标人应按投标人须知前附表规定的金额、担保形式和招标文件第四章"合同条款及格式"规定的履约担保格式及时间要求向招标人提交履约担保。联合体中标的，其履约担保由牵头人递交，并应符合投标人须知前附表规定的金额、担保形式和招标文件第四章"合同条款及格式"规定的履约担保格式要求。

7.4.2 中标人不能按本章第 7.4.1 项要求提交履约担保的，视为放弃中标，其投标保证金不予退还，给招标人造成的损失超过投标保证金数额的，中标人还应当对超过部分予以赔偿。

7.5 签订合同

7.5.1 招标人和中标人应当自中标通知书发出之日起 30 天内，根据招标文件和中标人的投标文件订立书面合同。中标人无正当理由拒签合同的，招标人取消其中标资格，其投标保证金不予退还；给招标人造成的损失超过投标保证金数额的，中标人还应当对超过部分予以赔偿。

7.5.2 发出中标通知书后，招标人无正当理由拒签合同的，招标人向中标人退还投标保证金；给中标人造成损失的，还应当赔偿损失。

8 重新招标和不再招标

8.1 重新招标

有下列情形之一的依法必须招标的项目，招标人将重新招标：

1）投标截止时间止，投标人少于 3 名的；

2）经评标委员会评审后否决所有投标的；

3）国家相关法律法规规定的其他重新招标情形。

8.2 不再招标

重新招标后投标人仍少于 3 名或者所有投标被否决的，不再进行招标。

9 纪律和监督

9.1 对招标人的纪律要求

招标人不得泄漏招标投标活动中应当保密的情况和资料，不得与投标人串通损害国家利益、社会公共利益或者他人合法权益。

9.2 对投标人的纪律要求

9.2.1 投标人不得相互串通投标或者与招标人串通投标，不得向招标人或者评标委员会成员行贿谋取中标，不得以他人名义投标或者以其他方式弄虚作假骗取中标；投标人不得以任何方式干扰、影响评标工作，或以不正当手段获取招标人评标的有关信息，一经查实，招标人将否决其投标。

9.2.2 如果投标人存在失信行为，招标人除报告国家有关部门由其进行处罚外，招标人还将根据《中国长江三峡集团有限公司供应商信用评价管理办法》中的相关规定对其进行处理。

9.3 对评标委员会成员的纪律要求

评标委员会成员不得收受他人的财物或者其他好处，不得向他人透漏对投标文件的评审和比较、中标候选人的推荐情况以及评标有关的其他情况。在评标活动中，评标委员会成员不得擅离职守，影响评标程序正常进行，不得使用第三章"评标办法"没有规定的评审因素和标准进行评标。

9.4 对与评标活动有关的工作人员的纪律要求

与评标活动有关的工作人员不得收受他人的财物或者其他好处，不得向他人透漏对投标文件的评审和比较、中标候选人的推荐情况以及评标有关的其他情况。在评标活动中，与评标活动有关的工作人员不得擅离职守，影响评标程序正常进行。

9.5 异议处理

9.5.1 异议必须由投标人或者其他利害关系人以实名提出，在下述异议提出有效期间内以书面形式按照招标文件规定的联系方式提交给招标人。为保证正常的招标秩序，异议人须按本章第 9.5.2 项要求的内容提交异议。

1）对资格预审文件有异议的，应在提交资格预审申请文件截止时间 2 日前提出；对招标文件及其修改和补充文件有异议的，应在投标截止时间 10 日前提出；

2）对开标有异议的，应在开标现场提出；

3）对中标结果有异议的，应在中标候选人公示期间提出。

9.5.2 异议书应当以书面形式提交（如为传真或者电邮，需将异议书原件同时以特快专递或者派人送达招标人），异议书应当至少包括下列内容：

1）异议人的名称、地址及有效联系方式；

2）异议事项的基本事实（异议事项必须具体）；

3）相关请求及主张（主张必须明确，诉求清楚）；

4）有效线索和相关证明材料（线索必须有效且能够查证，证明材料必须真实有效，且能够支持异议人的主张或者诉求）。

9.5.3 异议人是投标人的，异议书应由其法定代表人或授权代理人签定并盖章。异议人若是其他利害关系人，属于法人的，异议书必须由其法定代表人或授权代理人签字并盖章；属于其他组织或个人的，异议书必须由其主要负责人或异议人本人签字，并附有效身份证明复印件。

9.5.4 招标人只对投标人或者其他利害关系人提交了合格异议书的异议事项进行处理，并于收到异议书3日内做出答复。异议书不是投标人或者其他利害关系人的提出的，异议书内容或者形式不符合第9.5.2项要求的，招标人可不受理。

9.5.5 招标人对异议事项做出处理后，异议人若无新的证据或者线索，不得就所提异议事项再提出异议。除开标外，异议人自收到异议答复之日起3日内应进行确认并反馈意见，若超过此时限，则视同异议人同意答复意见，招标及采购活动可继续进行。

9.5.6 经招标人查实，若异议人以提出异议为名进行虚假、恶意异议的，阻碍或者干扰了招标投标活动的正常进行，招标人将对异议人作出如下处理：

1）如果异议人为投标人，将异议人的行为作为不良信誉记录在案。如果情节严重，给招标人带来重大损失的，招标人有权追究其法律责任，并要求其赔偿相应的损失，自异议处理结束之日起3年内禁止其参加招标人组织的招标活动。

2）对其他利害关系人招标人将保留追究其法律责任的权利，并记录在案。

9.6 投诉

投标人和其他利害关系人认为本次招标活动违反法律、法规和规章规定的，有权向有关行政监督部门投诉。

10 需要补充的其他内容

需要补充的其他内容：见投标人须知前附表。

附件一：开标记录表

_____（项目名称及标段）_____

开标一览表

招标编号：　　　　　　　　　　　　　标段名称：
开标时间：　　　　　　　　　　　　　开标地点：

序号	投标人名称	投标报价（元）	备注
1			
2			
3			
4			
5			
6			
7			
8			
9			
……			

备注：
记录人：　　　　　　　　　　监督人：　　　　　　　　　公证人：

附件二：问题澄清通知

_____项目问题澄清通知

编号：_____

　　_____（投标人名称）_____：

　　现将本项目评标委员会在审查贵单位投标文件后所提出的澄清问题以传真（邮件）的形式发给贵方，请贵方在收到该问题清单后逐一作出相应的书面答复，澄清答复文件的签署要求与投标文件相同，并请于_____年___月___日___时前将澄清答复文件传真至三峡国际招标有限责任公司。此外该澄清答复文件电子版还应以电子邮件的形式传给我方，邮箱地址：_____@ctgpc.com.cn。未按时送交澄清答复文件的投标人将不能进入下一步评审。

　　附：澄清问题清单
　　1.
　　2.
　　……

_____招标评标委员会
_____年___月___日

附件三：问题的澄清

　　　(项目名称及标段)　　问题的澄清

编号：＿＿＿＿＿＿＿

　　　(项目名称)　　招标评标委员会：

问题澄清通知（编号：＿＿＿＿＿＿＿＿）已收悉，现澄清如下：

1.

2.

……

投标人：＿＿＿＿＿＿＿＿＿＿＿＿＿（盖单位章）

法定代表人或其委托代理人：＿＿＿＿＿＿＿＿＿（签字）

＿＿＿＿＿年＿＿月＿＿日

附件四：　中标候选人公示和中标结果公示

（项目及标段名称）中标候选人公示
（招标编号：）

招标人			招标代理机构	三峡国际招标有限责任公司
公示开始时间			公示结束时间	

内容		第一中标候选人	第二中标候选人	第三中标候选人
1. 中标候选人名称				
2. 投标报价				
3. 质量				
4. 工期（交货期）				
5. 评标情况				
6. 资格能力条件				
7. 项目负责人情况	姓名			
	证书名称			
	证书编号			
8. 提出异议的渠道和方式（投标人或其他利害关系人如对中标候选人有异议，请在中标候选人公示期间以书面形式实名提出，并应由异议人的法定代表人或其授权代理人签字并盖章。对于无异议人名称和地址及有效联系方式、无具体异议事项、主张不明确、诉求不清楚、无有效线索和相关证明材料的异议将不予受理）	电话			
	传真			
	Email			

（项目及标段名称）中标结果公示

（招标人名称）根据本项目评标委员会的评定和推荐，并经过中标候选人公示，确定本项目中标人如下：

招标编号	项目名称	标段名称	中标人名称

招标人：

招标代理机构：三峡国际招标有限责任公司

日期：

附件五：中标通知书

中标通知书

____(中标人名称)____ ：

在_____（招标编号：_____）招标中，根据《中华人民共和国招标投标法》等相关法律法规和此次招标文件的规定，经评定，贵公司中标。请在接到本通知后的____日内与_____联系合同签订事宜。

请在收到本传真后立即向我公司回函确认。谢谢！

合同谈判联系人：

联系电话：

三峡国际招标有限责任公司
_____年___月___日

附件六：确认通知

确认通知

____(招标人名称)____ ：

我方已接到你方_____年___月____日发出的_____（项目名称）招标关于_____的通知，我方已于_____年___月____日收到。

特此确认。

投标人：_____（盖单位章）
_____年___月___日

第三章　评标办法（综合评估法）

评标办法前附表

条款号		评审因素	评审标准
2.1.1	形式评审标准	投标人名称	与营业执照、资质证书、生产许可证一致
		投标函签字盖章	有法定代表人或其委托代理人签字和加盖单位章
		投标文件格式	符合第八章"投标文件格式"的要求
		联合体投标人（如有）	提交联合体协议书，并明确联合体牵头人
		报价唯一	只能有一个有效报价
2.1.2	资格评审标准	营业执照	具备有效的营业执照
		资质条件	符合第二章"投标人须知"第1.4.1项规定
		业绩要求	符合第二章"投标人须知"第1.4.1项规定
		信誉要求	符合第二章"投标人须知"第1.4.1项规定
		财务要求	符合第二章"投标人须知"第1.4.1项规定
		其他要求	符合第二章"投标人须知"第1.4.1项规定
2.1.3	响应性评审标准	投标内容	符合第二章"投标人须知"第1.3.1项规定
		交货进度	符合第二章"投标人须知"第1.3.2项规定
		投标有效期	符合第二章"投标人须知"第3.3.1项规定
		投标保证金	符合第二章"投标人须知"第3.4.1项规定
		权利义务	符合第四章"合同条款及格式"规定
		投标报价表	符合第五章"采购清单"中给出的范围及数量
		技术标准和要求	符合第七章"技术标准和要求"的规定，偏差在合理范围内
条款号		条款内容	编列内容
2.2.1		评审因素权重（100%）	1）商务部分：20% 2）技术部分：50% 3）报价部分：30%
2.2.2		评标价基准值计算方法	以所有进入详细评审的投标人评标价算术平均值×0.97① 作为本次评审的评标价基准值B。并应满足计算规则：

---

① 评标价基准值计算系数原则上不做调整。若招标人根据项目规模、难度以及市场竞争性等情况需要调整该系数，请在0.92—0.97之间进行选择，并记录在案。

条款号	评审因素	评审标准	
2.2.2	评标价基准值计算方法	1）当进入详细评审的投标人超过 5 家时去掉一个最高价和一个最低价； 2）当同一企业集团多家所属企业（单位）参与本项目投标时，取其中最低评标价参与评标价基准值计算，无论该价格是否在步骤 1）中被筛选掉； 3）依据 1）、2）规则计算 B 值后，如参与计算的投标人不少于 3 名，去掉评标价高于 B 值×130％（含）的评标价，重新计算 B 值。（备注：本条根据项目具体情况，在编制招标文件时选择是否使用。） 评标价为经修正后的投标报价	
2.2.3	偏差率计算公式	偏差率 $D_i=100\%\times$（投标人评标价－评标价基准值）/评标价基准值	

条款号	评审因素		评审标准	权重
2.2.4 1)	商务部分评分标准（20％）	投标文件的符合性	检查投标文件在内容与项目上的完整性，针对投标人提出的非实质性商务偏差，评价其是否合理，是否会损害招标人的利益和未来的合同执行	2％
		信用评价	根据中国长江三峡集团有限公司最新发布的年度供应商信用评价结果进行统一评分，A、B、C 三个等级信用得分分别为 100、85、70 分。如投标人初次进入中国长江三峡集团有限公司投标或报价，由评标委员会根据其以往业绩及在其他单位的合同履约情况合理确定本次评审信用等级	3％
		财务状况	企业财务状况	2％
		工作及交货进度	根据投标人提交的交货进度表审查投标人对交货进度的响应情况；核查投标人是否提交符合招标文件要求的工作进度计划，评价工作进度计划是否合理、可行；现有合同项目对本项目的制造进度的影响	3％
		报价的合理性	报价水平、报价构成的合理性及平衡性，材料采购、机加工费等基础价格、取费标准和分析计算的合理性	10％
2.2.4 2)	技术部分评分标准（50％）	投标人业绩	审查投标人的以往业绩情况，以及用户的证明材料	3％
		技术能力	投标人设备的综合制造加工能力，项目经理和技术负责人的经历、业绩	9％
		技术方案	设备总布置和设备各机构系统（机械、电气）及关键部件设计和制造工艺的合理性、可靠性、适用性，机械、电气系统设备配合的完整协调性，项目组织机构与职责，运作方式	20％
		零部件配置质量保证	电气元件、进口件的选择配置，分包、外协、外购方案（项目、数量、厂家）合理性、可靠性	5％

条款号		评审因素	评审标准	
2.2.4 2)	技术部分评分标准（50%）	性能保证	投标设备主要技术特性和性能参数响应性、可靠性，设备制造工艺标准、产品质量检验、厂内组装试验等对产品质量的保证性、符合性，质量、安全等管理措施	10%
		技术服务	评价投标人的技术服务方案	3%
2.2.4 3)	报价部分评审标准（30%）	投标报价得分	当 0<Di≤3%时，每高 1%扣 2 分； 当 3%<Di≤6%时，每高 1%扣 4 分； 当 6%<Di，每高 1%扣 6 分； 当 -3%<Di≤0 时，不扣分； 当 -6%<Di≤-3%时，每低 1%扣 1 分； 当 -9%<Di≤-6%时，每低 1%扣 2 分； 当 Di≤-9%时，每低 1%扣 3 分； 满分为 100 分，最低得 60 分。 上述计分按分段累进计算，当入围投标人评标价与评标价基准值 B 比例值处于分段计算区间内时，分段计算按内插法等比例计扣分	
3.1.1	初步评审短名单	初步评审短名单的确定标准	按照投标人的报价由低到高排序，当投标人少于 10 名时，选取排序前 5 名进入短名单；当投标人为 10 名及以上时，选取排序前 6 名进入短名单。若进入短名单的投标人未能通过初步评审，或进入短名单投标人有算术错误，经修正后的报价高于其他未进入短名单的投标人报价，则依序递补。如果数量不足 5 名时，按照实际数量选取	
3.2.1	详细评审短名单	详细评审短名单的确定标准	通过初步评审的投标人全部进入详细评审	
3.2.2	详细评审	投标报价的处理规则	不适用	

1 评标方法

本次评标采用综合评估法。评标委员会对满足招标文件实质性要求的投标文件，按照本章第 2.2 款规定的评分标准进行打分，并按综合得分由高到低顺序推荐_____名中标候选人，或根据招标人授权直接确定中标人，但投标报价低于其成本的除外。综合评分相等时，投标报价低的优先；投标报价也相等的，技术得分高的优先；当技术得分也相等的，由招标人自行确定。

2 评审标准

2.1 初步评审标准

2.1.1 形式评审标准：见评标办法前附表。

2.1.2 资格评审标准：见评标办法前附表。

2.1.3　响应性评审标准：见评标办法前附表。

2.2　分值构成与评分标准

2.2.1　分值构成

1）商务部分：见评标办法前附表；

2）技术部分：见评标办法前附表；

3）报价部分：见评标办法前附表。

2.2.2　评标价基准值计算

评标价基准值计算方法：见评标办法前附表。

2.2.3　偏差率计算

偏差率计算公式：见评标办法前附表。

2.2.4　评分标准

1）商务部分评分标准：见评标办法前附表；

2）技术部分评分标准：见评标办法前附表；

3）报价部分评分标准：见评标办法前附表。

3　评标程序

3.1　初步评审

3.1.1　初步评审短名单的确定：见评标办法前附表。

3.1.2　评标委员会依据本章第 2.1 款规定的标准对投标文件进行初步评审。有一项不符合评审标准的，其投标将被否决。

3.1.3　投标人有以下情形之一的，其投标将被否决：

1）第二章"投标人须知"第 1.4.3 项规定的任何一种情形的；

2）串通投标或弄虚作假或有其他违法行为的；

3）不按评标委员会要求澄清、说明或补正的。

3.1.4　技术评议时，存在下列情况之一的，评标委员会应当否决其投标：

1）投标文件不满足招标文件技术规格中加注星号（"＊"）的主要参数要求或加注星号（"＊"）的主要参数无技术资料支持；

2）投标文件技术规格中一般参数超出允许偏离的最大范围；

3）投标文件技术规格中的响应与事实不符或虚假投标；

4）投标文件中存在的按照招标文件中有关规定构成否决投标的其他技术偏差情况。

3.1.5　投标报价有算术错误的，评标委员会按以下原则对投标报价进行修正，修正的价格经投标人书面确认后具有约束力。投标人不接受修正价格的，其投标将被否决。

1）投标文件中的大写金额与小写金额不一致的，以大写金额为准；

2）总价金额与依据单价计算出的结果不一致的，以单价金额为准修正总价，但单价金额小数点有明显错误的除外。

3.1.6 经初步评审后合格投标人不足3名的，评标委员会应对其是否具有竞争性进行评审，因有效投标不足3个使得投标明显缺乏竞争的，评标委员会可以否决全部投标。

3.2 详细评审

3.2.1 详细评审短名单确定：见评标办法前附表。

3.2.2 投标报价的处理规则：见评标办法前附表。

3.2.3 评分按照如下规则进行。

1）评分由评标委员会以记名方式进行，参加评分的评标委员会成员应单独打分。凡未记名、涂改后无相应签名的评分票均作为废票处理。

2）评分因素按照A～D四个档次评分的，A档对应的分数为100—90（含90），B档90—80（含80），C档80—70（含70），D档70—60（含60）。评标委员会讨论进入详细评审投标人在各个评审因素的档次，评标委员会成员宜在讨论后决定的评分档次范围内打分。如评标委员会成员对评分结果有不同看法，也可超档次范围打分，但应在意见表中陈述理由。

3）评标委员会成员打分汇总方法，参与打分的评标委员会成员超过5名（含5名）以上时，汇总时去掉单项评价因素的一个最高分和一个最低分，以剩余样本的算术平均值作为投标人的得分。

4）评分分值的中间计算过程保留小数点后三位，小数点后第四位"四舍五入"；评分分值计算结果保留小数点后两位，小数点后第三位"四舍五入"。

3.2.4 评标委员会按本章第2.2款规定的量化因素和分值进行打分，并计算出综合评估得分。

1）按本章第2.2.4 1）目规定的评审因素和分值对商务部分计算出得分A；

2）按本章第2.2.4 2）目规定的评审因素和分值对技术部分计算出得分B；

3）按本章第2.2.4 3）目规定的评审因素和分值对投标报价计算出得分C；

4）投标人综合得分＝A＋B＋C。

3.2.5 评标委员会发现投标人的报价明显低于其他投标人的报价，或者在设有标底时明显低于标底，使得其投标报价可能低于其成本的，应当要求该投标人作出书面说明并提供相应的证明材料。投标人不能合理说明或者不能提供相应证明材料的，由评标委员会认定该投标人以低于成本报价竞标，否决其投标。

3.3 投标文件的澄清和补正

3.3.1 在评标过程中，评标委员会可以书面形式要求投标人对所提交的投标文件中不明确的内容进行书面澄清或说明，或者对细微偏差进行补正。评标委员会不接受投标人主动提出的澄清、说明或补正。

3.3.2 澄清、说明和补正不得改变投标文件的实质性内容（算术性错误修正的除外）。投标人的书面澄清、说明和补正属于投标文件的组成部分。

3.3.3 评标委员会对投标人提交的澄清、说明或补正有疑问的，可以要求投标人进一步澄清、说明或补正，直至满足评标委员会的要求。

3.4 评标结果

3.4.1 除第二章"投标人须知"前附表授权直接确定中标人外，评标委员会按照综合得分由高到低的顺序推荐_____名中标候选人。

3.4.2 评标委员会完成评标后，应当向招标人提交书面评标报告。

3.4.3 中标候选人在信用中国网站（http://www.creditchina.gov.cn/）被查询存在与本次招标项目相关的严重失信行为，评标委员会认为可能影响其履约能力的，有权取消其中标候选人资格。

第四章　合同条款及格式

第一节　合同条款

1　定义、联络和文件

1.1　定义

合同中下述术语的定义为：

1）"买方"是指三峡金沙江川云水电开发有限公司宜宾向家坝电厂，负责准备和发售招标文件、评标、授标、签署合同、接受和保管卖方提交的保证金，负责合同项目的支付，是本合同项下设备的发包人和所有者。"建设管理单位"指中国三峡建设管理有限公司，受买方委托，全面负责 XX 工程的建设管理工作。

2）"工程设计单位"指负责 XX 水电站工程设计，包括本合同项下设备的施工图样设计的单位。

3）"卖方"指已与买方签定承包合同的中标人。

4）"分包人"指本合同中经买方审查并同意的分包当事人。

5）"制造监理人"指买方为本合同指定或委托的对本合同设备的制造进行监造的单位。

6）"安装监理人"指买方为本合同设备的工地安装而指定或委托的监理单位。

7）"制造监理工程师"指制造监理人派出的驻厂监造代表。

8）"安装监理工程师"指安装监理人为本合同设备的工地安装派出的安装监理代表。

9）"合同"指由买方与卖方为完成本合同规定的各项工作而签定的明确双方责任、权力和义务的文件，其内容包括合同书、合同条款、技术条款、图样、经评标确认的具有标价的设备制造报价表、投标文件、中标通知，及合同书中和经双方授权代表签字并指明的其它文件。

10）"合同设备"是指卖方按本合同规定应向买方提供的设备，包括项目下的成套设备、备品备件、专用工具、技术文件和其他一切材料与物品等。

11）"合同价格"是指合同中规定的金额，用以支付卖方按照合同规定实施并完成承包项目的成套设备材料供应、制造、按期运抵 XX 水电站工地指定地点交货、技术服务及质量保证、以及合同规定卖方应承担的一切责任，买方所应付的金额。

12）"技术条款"是指本合同规定的技术条件和要求。并包括根据本合同有关条款规定由制造监理人和买方批准的对技术条件的任何修改和补充。

13）"图样"是指买方提供的工程设计单位设计的招标图样、施工图样、设计通知单、文件和其它技术资料；以及卖方根据合同条款和买方提供的设计图样所进行设计的经买方和/或制造监理人批准的车间工艺图、文件和其它技术资料（其中包括软盘或光盘，生产过程的照片与录相等）。

14）"技术文件"是指卖方按合同规定提供的，与合同设备相关的全部设计文件、图样、产品样本、车间工艺图，及与模型（如有）、制造、试验、检测、安装、调试、验收试验、试运行、运行操作和维修保养相关的图纸、数据、文字资料、软盘或光盘与生产过程的照片或录相等。

15）"开工日期"是指买方或制造监理人在开工通知书中明确的日期。

16）"设备交货"是指按合同规定的设备项目统计，每项设备向买方的移交。

17）"交货期"是指按合同规定，该项目的成套设备在 XX 水电站工地指定地点装车并经买方组织交接验收后签证的时间。每个项目的成套设备分期分批交货时，以该项设备最后一批部件的交接验收时间为该项目设备的交货期。

18）"技术服务"是指本合同设备在 XX 水电站工地进行组装、安装、调试、试运行和验收试验以及其它合同中规定的工作过程中由卖方应提供的监督、指导和其他服务。

19）"日"、"周"、"月"、"年"和"日期"是指公历的日、周、月、年和日期。

20）"工地"是指合同设备在 XX 水电站交货、存放、安装和运行的所在地。

21）"书面函件"是指手写、打字或印刷的并经授权代表签字和加盖单位章的函件。

22）"初步验收试验"是指按合同规定的技术条件对合同设备进行的操作试验验收。

23）"质量保证期（即缺陷责任期）"指各项设备自买方组织的初步验收试验合格签证之日算起 18 个月的期限（涂装质保期限不在此列），即在此期限内，卖方对设备的制造缺陷和质量缺陷进行无偿修复的期限。

24）"合同终止"是指初步验收试验合格后，从签发初步验收证书之日起合同设备通过了 18 个月的质量保证期，买方将对合同设备作最终验收，如果无卖方责任，买方签发最终验收证书。

1.2 通知及送达地点

1）合同任何一方给出或发出与合同有关的通知、同意、批准、证书和决定，除非另有规定，均应以书面函件为准。并且任何这类通知、批准、证书和决定等都不应被无故扣发或贻误。

2）通知送达的地点

买方、制造监理人发给卖方的与合同有关的所有证书、通知或指示，或卖方给买方或给制造监理人的通知都应通过邮寄、传真或直接交到对方所指定的地址。改变通讯地址要事先通知对方。

1.3 合同语言和法律

1）合同语言

合同的正式语言为汉语。

2）合同法律

合同的适用法律为中华人民共和国现行法律。

1.4 合同文件

1）合同文件的优先顺序

组成合同的几项文件，可以认为是互为说明的。但在含意不清或有矛盾时，除非合同中有特殊说明，组成合同文件的优先顺序如下：

（1）合同书及有关补充资料；

（2）合同书备忘录；

（3）中标通知书；

（4）经评标确定的具有标价的设备制造报价表及有关澄清材料；

（5）合同条款；

（6）技术条款；

（7）图样（包括设计说明及技术文件）；

（8）招标文件的投标须知；

（9）投标文件及其附录；

（10）其他任何组成合同的文件。

2 制造监理人与制造监理工程师

2.1 制造监理人

1）买方委托制造监理人对合同设备项目的制造及合同的履行实施全面全过程监督管理。

2）合同签订后的 28 天内，买方所委托的制造监理人名称及其授权与职责等将以书面通知卖方。

2.2　制造监理人的责任和权力

1）制造监理人应履行合同规定的职责。

2）制造监理人可以行使合同规定或合同内含的权力。但在行使下述条款的权力前，应得到买方的批准。

（1）对施工图样的重大变更。

（2）影响交货期、质量、合同价等重大决定。

3）制造监理人执行合同某项监理职责时，卖方不得提出改变合同任何条款的要求。

4）除合同中另有规定外，制造监理人无权免除合同规定的卖方的任何责任和权利。

5）对在国外制造的部分，卖方应负责向制造监理人报告设备制造进度及制造质量情况，以及说明这些情况的全部资料，买方有权索取进一步的资料。买方认为有必要时，可委派制造监理人或专人前往国外制造厂进行检查，卖方负有联系责任。

2.3　制造监理工程师

1）制造监理工程师由制造监理人任命并书面通知卖方。制造监理工程师对制造监理人负责，履行和行使按照第 2.1 款和 2.2 款赋予制造监理人的职责和权力，具体包括：

（1）发布"开工令"、"停工令"、"复工令"和"工程变更指令"；

（2）审查批准卖方的工艺文件、车间工艺图样或变更；

（3）签发材质证明原件、关键工序完工检验及外购件复核等的"产品（部件）质量鉴证表"；

（4）签发设备制造竣工的"产品制造证书"、"出厂验收证书"、"解除缺陷责任证书"和"移交证书"等；

（5）签发各类付款证书；

（6）处理卖方违约问题；

（7）对卖方提出的变更与补偿进行审查和签证；

（8）处理由于买方变更，给卖方的补偿问题；

（9）处理卖方有理由延期完工的事宜；

（10）对设备制造的全过程实施监督和质量控制；

（11）买方授予的其他事宜。

2）制造监理人可以将赋予他自己的职责和权力委托给制造监理工程师并且可在任何时候撤回这种委托。任何委托或撤回都应采取书面形式，并且在把副本送交买方和卖方之后生效。

由制造监理工程师按此委托送交卖方的函件应与制造监理人送交的函件具有同等效力，但：

（1）当制造监理工程师对任何车间工艺图、制造工艺、材料或加工设备、加工或采购的成品及半成品没有提出否定的意见时，应不影响制造监理人以后对该车间工艺图、制造工艺、材料、加工设备、加工或采购的成品及半成品提出否定意见并发出进行改正的指示的权力。

（2）卖方对制造监理工程师的书面函件有疑问，可向制造监理人提出，监造制造监理人应对此书面函件的内容进行确认、否定或更改。

2.4 指定检查员

制造监理人或制造监理工程师可以指定任何数量的检查人员协助制造监理工程师检查和批准车间工艺图、材料、加工设备、工艺和加工采购成品及半成品。他应把这些人员的名字、职责和权力范围通知卖方。指定检查员出于上述目的而发出的指示均应视为已得到制造监理人或制造监理工程师的同意。

2.5 制造监理人的指示

对于影响设备的制造进度、质量、使用性能、合同价的制造监理人的指示应以盖有制造监理人的单位章和负责人签字的书面函件为准，对制造监理人的口头指示，卖方如认为必要，应在36小时内书面要求制造监理人书面确认口头指示。若制造监理人在收到该书面确认要求的36小时之内未对此确认提出书面异议，则此指示应视为已得到制造监理人的确认。

本条款的规定同样适用于由制造监理工程师和指定检查员发出的指示。

3 图样

3.1 图样和文件的提供

1）招标图样

（1）本招标文件中招标图样，供卖方投标之用。

（2）招标图样是施工图样设计的依据，但不得做为备料，加工及制作的依据。卖方对招标图样所涵盖的可能在施工图样设计中进一步表达的结构细节、技术要求、质量要求等，必须有全面正确的理解。在招标图样中未表达而在施工图样设计中进一步表达的结构细节、形位公差、加工粗糙度、焊接要求、热处理、探伤等均应包含在合同总价中。

2）施工图样

（1）本合同施工图样由买方提供，经制造监理人签发给卖方。

（2）买方向卖方免费提供施工图样一式 8 份。卖方如需增加施工图样份数时可与工程设计单位联系购图。所购图样如与制造监理人审签的图样有矛盾时，以制造监理人审签的图样为准。

（3）所供施工图样将按水利水电行业制图有关标准和习惯方法绘制。

（4）供图时间根据卖方在本合同签订后 28 天内提出的供图计划，由买方组织制造监理人和卖方共同研究确定，买方将按确定的计划供图。

（5）卖方收到施工图样后，应仔细清点，认真审阅，如发现遗漏、差错和模糊之处以及产品技术条件、尺寸公差及质量标准要求标注不全等，应在收到之日起 21 天内通知制造监理工程师，制造监理工程师将在 14 天内作出书面答复。经制造监理人签发的设计修改通知（包括补充施工图样）卖方应执行。

3）车间工艺图及工艺文件

（1）卖方应根据施工图样进行车间工艺图设计，编制工艺文件，并报制造监理人审查批准。

（2）制造监理人随时有权向卖方索取设备制造的任何车间工艺图图样及工艺技术要求的文件，以便保证设备能正确合理制造。

3.2　资料的保密

由买方提供的图样、技术要求和其它文件未经买方和工程设计单位许可，卖方不得用于其他工程或转给第三方或泄露有关信息。

由卖方提出的图样以及工艺，未经卖方同意，买方、制造监理人及工程设计单位不得公开或泄露给其他方。

3.3　卖方的图样审查

1）卖方有责任按合同条款的要求和买方提供的施工图样，提出车间工艺文件及车间工艺图供制造监理工程师审查。由于工艺文件、车间工艺图不合要求而需修改时，由此而影响设备制造的开工时间，应由卖方负责，不得因此而改变交货期，不得增加费用。由卖方设计的图样，虽经制造监理人审查，但不免除或减轻卖方对该设备应负的全部责任。

2）卖方应确保其提交的技术文件正确、完整、清晰，并应满足合同设备的设计、制造、检验、安装、调试、试运行、验收试验、运行和维护的要求。

3）如果卖方提供的技术文件不完整、丢失或损坏，卖方应在收到买方关于资料不完整通知后，及时进行必要的补充和完善，并且向制造监理人免费重新提交正确、完整、清晰的文件。如果卖方提交的技术文件有遗漏和错误，由此引起的一切相关费用由卖方承担。

3.4 图样的修改

1）施工图样修改

（1）在设备出厂验收前，卖方必须接受买方对设备施工图样的修改。

（2）买方需对施工图样进行修改时，将以设计通知单的形式，经过制造监理工程师签发后，通知卖方，卖方应执行。如该项修改未超出合同技术条款规定的要求，卖方不得提出合同价格调整。如该项修改有新增要求，且属合同商务条款中规定的合同变更范围，卖方在收到该项设计通知单后的 7 天内，提出列有变更项目所涉及的工程量或材料或资源等投入增加的变更申请书报监造监理审核，如超过此期限卖方未提出变更申请书，将认为是卖方接受该项修改而不增加合同价格。

（3）卖方要求对施工图样和文件进行修改时，应提出书面联系单。报制造监理工程师审查。经买方审核同意后，将以设计通知单的形式，经过制造监理工程师签发后通知卖方。卖方应按设计通知单执行。卖方提出的修改不得低于合同规定的技术要求或影响结构强度及使用性能。由于该项修改而发生的工程量和价格的增加，由卖方承担。

2）卖方车间工艺图的修改

制造监理人在对车间工艺图审查中，或在产品制造过程中，要求卖方对其工艺进行调整时，卖方应按制造监理人的指示调整，但不得提出合同价格调整。

3.5 出厂竣工图

1）出厂竣工图是卖方在制造过程中依据施工图样和设计通知单等，经修改后的最终出厂产品图样。出厂竣工图样必须完整、准确、清晰。出厂竣工图的蓝图，应叠成标准的 A4 图幅并按分册装袋。

2）卖方在产品出厂时，应向买方免费提交出厂竣工图共 25 套。出厂竣工图，应包括设备施工图样所对应的全套图纸和目录及其对设备安装指导要求的文件。出厂竣工图还应随附必要的说明文件。

3.6 买方与卖方的设计联络

为保证合同顺利实施，买方与卖方应按下述方式召开设计联络会：

1）在买方向卖方提交了施工图样的 35 天内，卖方应根据施工图样作出周详的工艺设计和施工组织措施设计，并编制出相应的工艺流程、制造质量控制点、资源配置及制造进度网络计划等技术文件后，在卖方所在地，由买方主持召开一次设计联络会，会议主要议题是对施工图样进行设计交底，解答卖方对施工图样提出的问题。审查卖方的工艺技术措施及其资源配置是否满足合同规定的技术（质量）要求和进度要求。卖方通过设计联络会，应当全面正确理解施工图样的要求，并对施工图样与招标图样及合同技术要求的符合性予以确认。

2）设计联络会议应签定会议纪要，与会双方代表签字后应遵守执行。会议涉及到施工图样修改时，按合同条款中有关图样的修改条款规定的程序进行。

3）在设计联络会中如对合同条款做重大修改时，必须由合同双方的授权代表签字，并履行合同修改要求的程序才能有效。

4）设计联络会的配合费用都包括在合同报价中。设计联络会议配合费用，包括会议的准备与安排、会议活动及其用品费用、文印费、市内交通等，由卖方承担支付。参加设计联络会人员（包括买方人员、买方外聘专家、制造监理人和工程设计单位人员等—下同）的差旅费和住宿费由买方自己承担。

5）特殊情况下，经双方协商后可另行召开设计联络会，相关费用和分工同上。

4 风险和保险

4.1 买方的风险和保险

1）买方的风险包括：

（1）属买方责任的第三者责任险；

（2）因工程设计（技术条款或施工图样）不当或交货后设备的保管不当而造成设备的损失、破坏或使用性能达不到使用要求。

（3）合同规定的应由买方承担的其他风险。

2）买方的保险：买方风险由买方负责保险，所需费用不计入合同价内。

3）由于买方承担的风险造成的损失或破坏，如果要求卖方补救，则应增加合同价，并延长交货期。

4.2 卖方的风险和保险

1）卖方的风险

（1）制造设备运抵工地交货验收前，设备制造中的采购、保管、制造、检验与试验和运输等过程所发生的除不可抗力外的一切风险（其中包括工厂罢工与破产）均由卖方承担。

（2）设备交接验收前发生不可抗力，以至不能履行合同或不能如期履行合同时，卖方应在 14 天内正式向买方提交一份有关部门的证明书，据此免除造成的责任。不可抗力后，合同履行期顺延，影响交货期在 90 天以上者双方通过协商，设法进一步履行合同，并在适当时候达成协议。

（3）合同规定应由卖方承担的其他风险。

2）卖方的保险

卖方在设备制造和运输直至设备交接验收前、以及在 XX 水电站工地现场进行技术服务等所承担的一切风险，由卖方办理受益人为买方的保险。所需费用列入金属结构设备制造报价表中，当卖方的风险发生后，由卖方自行理赔。但卖方派遣到工地现场工区范围工作的雇员人身意外伤亡险，由买方出费统一投保，卖方配合买方理赔。

3）卖方赔偿

由制造监理人或安装监理人任何一方断定由于卖方责任在设备制造、保管、运输及安装调试中所造成的损失、损坏或破坏，不论卖方是否进行保险，此类损失、损坏或破坏的修复、补救、重新采购或制造的费用（不论卖方自行完成还是卖方无能力或不愿意完成时，由买方雇用其它人完成的）以及与此相关发生的全部费用均由卖方承担，卖方还应负由此引起的工期延误责任。应赔偿的项目、内容及其总费用，由监理人确定。

4.3　共同的风险

1）由于买方和卖方的共同责任造成的人员伤亡或财产物资的损失、损坏或破坏以及与之有关的赔偿费、诉讼费或其他费用，应通过协商、公平合理的确定双方分担的比例。

2）不可抗力：系指买卖双方在缔结合同时所不能预见的，并且它的发生及其后果是无法避免和无法克服的事件，诸如战争、严重水灾、台风、地震、暴乱、空中飞行物体坠落，及其它双方同意认定的不可抗力事件。

4.4　意外风险终止合同

在发出中标通知后，如果发生了第 4.3 第 2 款中的不可抗力情况，使双方中的一方受阻而不能履行合同，或者成为不合法时，双方都毋需进一步履行合同。引起合同不能履行的一方应尽其最大可能的不损害对方的利益。

5　卖方的责任

5.1　签署合同之前

1）投标价包括所有费用

卖方对投标报价以及经买方评标确定的设备制造报价单中所报的单价和合价的正确性和完备性应是认可的。除了合同中另有规定的以外，上述报价包含了卖方为承担本合同规定的全部责任所需的一切费用。

2）履约保函及其有效期

（1）履约保函

卖方应按本合同规定的金额在收到中标通知后，在签订合同书之前向买方提交履约保函。取得保证金的费用由卖方承担。履约保函为合同总价的 5%。

（2）履约保函的有效期

在卖方根据合同交货完成、设备现场安装完成并验收合格前，履约保函一直有效。

在合同设备全部交货、安装完成并初步验收合格后 14 个工作日内退还给卖方。

3）合同文件

卖方应签订、遵守如招标文件所附格式的合同书及合同组成文件，如双方认为需要，经协商取得一致意见后可进行适当修改。

5.2　卖方的一般责任

1）严格按照合同实施

卖方对所有项目应按照合同规定精心设计和制造，按期运抵 XX 水电站工地指定地点交货，并提供技术服务及质量保证。卖方组织安排好相应的人力、物力、财力及相应的加工设备、外购材料及外协件，严格按合同实施。经买方同意的分包合同亦应严格按合同实施，由卖方承担技术接口与协调、监督、按期交货、合同价格和质量保证方面责任。

2）保证产品质量：卖方在执行合同全过程中的一切方面，应严格按合同实施，保证制造设备的质量要求。

3）制造监理人对设备制造全过程实行的监理，包括生产计划、进度、材料、配件、制造工艺、质量事故的处理、试验调试、出厂验收和质量检查的认可和批准，均不免除或减轻卖方对本合同应承担的全部义务和责任。

4）卖方应免费向买方的制造监理人提供工作所需的工作室、工具和设备。

5）卖方在设备制造过程中的重大质量问题，应及时通知制造监理人，按合同要求进行处理。

6）遵守法律、法规和规章

卖方应在其所负责的各项工作中遵守与本合同工程有关的法律、法规和规章，并保证买方免于承担由于卖方违反上述法律、法规和规章的任何责任。

7）照章纳税

卖方及他们的雇员都应按照国家规定的税法和其他有关规定缴纳应交的税款。

8）知识产权

卖方应保证买方免于因卖方或分包者的设计、制造、工艺、技术资料、软件、商标、材料、配件、外协等一切方面侵犯专利权及设计商标等知识产权或其他受保护的权利而引起的索赔或诉讼。并保证买方免于承担与此有关的赔偿费、诉讼费或其他开支。

9）贿赂

如果卖方或雇员提出给予贿赂、礼品或佣金作为报酬来引诱他人采取与本合同有关的行动、偏袒、敌视或包庇与本合同有关的任何人，则买方可以采取适当的措施，直至终止合同。

10）及时向买方提供与设备有关的技术文件、图纸，以便买方及时做好有关技术协调工作。

5.3　转让或分包

1）卖方不得转让合同或其应履行的合同义务。

2）分包

（1）买方同意卖方按合同规定实行分包。卖方和分包人按合同规定所承包的设备内容不得进一步分包。

（2）卖方应将选定的分包人和分包合同交制造监理工程师审查并报买方批准。

（3）任何分包，均不解除卖方根据本合同规定的应承担的全部责任和义务。卖方还应对任何分包人及其雇员或其他工作人员的行为和疏忽而造成对买方的损失向买方负全部责任。

（4）卖方应自费协调所有分包人的工作，并且要确保由不同分包人供货的设备之间的配合和接口顺利、有效和可靠。卖方应负责保证合同设备的完整性和整体性。

（5）买方保留在合同履行过程中要求调整分包项目和范围、更换拟选择分包人（其中包括材料供应厂家和国外进口件制造厂家）的权力。由此产生的损失或工期延误由卖方承担。

5.4　生产计划

1）卖方应按设备交货时间（见 16 条）编制网络进度计划，且应符合合同和有关网络计划编制规范的规定。

2）进度计划的提交

（1）合同生效后 35 天内，卖方应按本合同规定的交货日期表编制完成设备制造总体网络进度计划，并向制造监理人递交 5 份复制件。

（2）设备制造开工前 7 天，卖方应根据总体网络进度编制完成月网络进度计划，并向制造监理人递交 5 份。其后，每月于最后一个计划日前向制造监理人提交 5 份。

3）进度计划的审批与监控

（1）设备制造制造监理人有权对卖方的网络进度计划与合同规定的不符之处提出改进调整意见，卖方应当接受。

（2）网络进度计划一经制定必须严格执行，其关键路线关键节点的修改，如影响交货期应报买方批准，并按合同相关条款处理。

（3）月网络进度计划如有修改应报制造监理人批准。制造监理人的批准并不减免卖方的合同责任。

（4）卖方的网络进度计划应当在制造监理工程师的监控下实施，并接受制造监理工程师的监控检查。

4）月进度报告

（1）卖方应于每月第 1 周向制造监理人递交 3 份上月生产进度报告，报告中将上月计划完成、实际完成的工程量，完成日期或预计完成日期，完成的百分比，统计图表，存在问题和采取措施等予以清晰表达。

（2）月进度报告的格式由卖方提出报制造监理人批准后实施。

5.5　技术服务

1）为实现设备在 XX 水电站工地现场顺利安装、调试、试运行，至少在下列阶段中，卖方应按买方通知时间派称职的常驻代表和工作人员到现场进行技术服务（包括必要的演示）。

（1）设备在现场交接验收直至设备存放妥当；

（2）从设备安装准备开始至设备初验合格，直至设备投入运行三个月无任何故障。

2）卖方在现场的技术服务包括：

（1）对设备的结构（尺寸、参数、性能等）及制造情况进行交底、对设备安装进行技术指导和监督；

（2）对在安装与调试中发现并由安装制造监理人判定属于制造原因的质量缺陷进行调整、修理、更换或重新制造；

（3）参加设备的安装、试验验收等项技术服务，见 10 条款；

（4）本合同条款所提到的其他一切服务。

3）卖方在进行技术服务时，由于卖方的原因造成设备的损坏，卖方应负责修理或更换，费用由卖方承担。

4）对本合同项下设备安装、调试、试验操作及维修，如有必要时应在现场或在制造厂对买方指定的人员进行技术培训并提供必要的资料。

5）卖方现场技术服务人员在现场发生的费用由卖方自理，买方在可能条件下提供必要的方便。

6）凡已在合同文件中明确规定，必须由卖方在现场进行的加工项目或部分，卖方应在收到买方通知后 72 小时内到达现场进行加工，加工设备及材料的运输与人员的差旅和食宿费用等由卖方负担。

卖方在现场的工作事宜由买方负责协调。

7）卖方所提供的产品如在质量保证期内出现制造方面的质量问题，卖方应在收到买方通知后 72 小时内到达现场解决问题，费用由卖方承担；若未按规定时间到达现场，买方将委托第三方处理，第三方处理所发生的相关费用由卖方负担。

8）在质量保证期内，非卖方原因而产生的设备故障、损坏或设备的部分丢失，卖方接到买方通知后 72 小时内应到达现场进行处理，并对损坏部分应尽快修理、更换或另行制造，费用由买方承担。

5.6 交通运输

1）场内道路

买方向卖方提供的场内道路及交通设施详见投标须知。

2）场外交通

（1）卖方的车辆出入工地所需的场外公共道路的通行费、养路费和税款等一切费用由卖方承担。

（2）卖方车辆应服从当地交通部门的管理，严格按照道路和桥梁的限制荷重安全行驶，并服从交通监管部门的检查和检验。

（3）超大件和超重件的运输

由卖方负责运输的物件中，若遇有超大或者超重件时，应由卖方负责向交通管理部门办理申请手续。运输超大超重件所需进行的道路和桥梁临时加固改造费用以及其他有关费用由卖方承担。

3）道路和桥梁的损坏责任

卖方应为自己进行物品运输而造成工地内外公路、道路和桥梁的损坏负全部责任，并负责支付修复损坏的全部费用和可能引起的索赔。

6 制造检查、检验及出厂验收

6.1 材料

1）制造合同设备需要的所有材料由卖方负责采购、运输、保管，其全部费用由卖方承担，并已计入报价单价中。

2）设备制造所需的材料须有完整清晰的材质证明原件、出厂合格证书（原件）等，材质证明应按制造监理工程师的要求复制一份并加盖卖方单位章后报制造监理人备查。所有由于各种原因产生的材料缺陷不得超过国家有关规范标准。

3）制造监理人有权要求卖方对有疑问的材料进行检测与试验，直至提出更换不合格材料或材料供应厂家的要求。

4）设备制造材料规格、材质、数量等以施工图样为准，当与招标图样有局部变更时，卖方应予承认，不得索赔。

5）所有材料应符合技术条款和买方提供的施工图样及设计文件的质量标准，由于某种原因无法采购到规定的材料时，卖方应在该项目制造前 28d 内提出使用替换材料的申请报告，报送制造监理工程师审核并由制造监理工程师征得买方同意后方可采购。采用代用材料的报告必须附有替换材料品种、型号、规格和该材料的技术标准和试验资料。因代用材料所产生的工程量和价格的变化由卖方承担。如果由于材料代用而造成交货时间的延迟，卖方应承担有关合同责任。

6）设备制造所用焊接材料未包括在本标书所列工程量内，但其全部费用应计入总报价内。

6.2　制造工艺

1）设备制造开工前，卖方应编制设备制造工艺文件报制造监理人审批后下达开工令。主要制造工艺和厂内组装工艺文件还应报送买方一份备案。

2）制造监理人对设备制造的全过程进行监督，在设备制造过程中当发现有不合格的制造工艺或材料，制造监理人有权提出修改、返工处理直至下达停工令并报告买方。

3）设备的表面处理及其涂装工艺必须经制造监理人批准同意后，才能按要求实施。

4）卖方对其所采购的材料（或设备部件）和采用的工艺应满足本合同要求负有全部责任。制造监理人对材料、工艺等的检验或批准决不意味着可以减轻或免除卖方在合同中所应承担的任何责任或义务。

6.3　检查

1）本合同设备制造、检验的依据是施工图样和本合同规定的规范与标准，卖方如需采用本合同规定以外的且不低于本合同规定的其他标准时，应提前 35 天报制造监理人审查，并报买方批准后才能采用。

2）经制造监理人认定并得到买方同意的重要设备或部件除由卖方自检外，应请国家认定的专业质检部门复检，并出具证书，其费用由买方承担。卖方应对此项复检积极配合并提供方便。

3）卖方应建立设备制造全过程的质量保证体系，确保产品质量。卖方应有质量检查部门负责检测、试验和质量检查工作，并提交记录、试验报告和质量检查报告，递交制造监理人复查或审查。如制造监理人要求复验，卖方应积极配合。如果制造监理人对卖方的检测方案、方法和手段（包括检测设备）有异议，则卖方应按制造监理人的要求进行检测或试验。

制造监理人对质量的检查、复验与签署，并不免除卖方对质量应负的合同责任。

4）制造监理人及其授权人员在设备制造过程中有权随时在制造现场检查和查阅与本合同有关资料，卖方应提供一切便利并协助工作。

5）制造质量控制点和/或制造监理人进厂后明确提出的须由制造监理人参加并签证的质量点、制造过程中阶段性或关键性工序的质量检验，卖方应在检查前 24 小时通知制造监理人，除制造监理人另有指示外，卖方应按时进行检查，除向制造监理人当场提供检查数据外，还应及时提供检查报告。

6）设备制造过程中，买方有权派出人员对产品质量进行抽检，卖方应在人员、设备、场地等方面予以配合。检查出的问题应立即予以处理。

6.4 备品、备件及外购件

1）设备制造交货时，必须按有关规范和本合同规定提供合格备品备件和外购件（包括进口件）。

2）卖方必须按施工图样及其设计文件要求采购质量合格的外购件。并负责对其进行必要的检验，并有出厂合格证原件及其他质量证明的原件。卖方对于外购件的质量负有全部责任。

3）制造监理人按合同规定进行备品、备件及外购件的检查，卖方应积极配合。并无偿提供一切制造监理人认为必要的检测设备、工具或条件。

6.5 材料、配件代用

对施工图样及其设计文件中规定的材料或配件，由于卖方原因要求代用时，必须提前 42 天提出书面代用申请单报制造监理人审查，经设计审核并买方书面同意后才能代用。但因此而产生的工程量和价格的变化由卖方承担。

6.6 出厂验收

1）在设备出厂前，卖方应按合同文件或有关规程规范的规定进行总装检验（包括部分组装检验）。在自检合格的基础上，向制造监理人递交设备出厂验收申请报告和出厂验收大纲 10 份，报买方组织审批。

2）出厂验收大纲的内容至少应包括：设备概况、主要技术参数、供货范围、检验依据、检测项目及允差、实测值、检验方法及工具仪器、主要测量尺寸示意图、必要的列表及说明等。

3）买方在收到卖方的出厂验收申请报告和出厂验收大纲后的 7 天内，买方将对出厂验收大纲的审查意见和出厂验收的日期和验收组成人员名单通知卖方。

4）在买方组织的验收人员到厂前，卖方应按合同技术条款的规定，将设备的验收状态调整到符合合同规定的验收状态，并支承在足够刚度及高度的支墩上，以供验收人员目睹卖方实测各主要技术数据。与此同时卖方应将设备出厂竣工资料整理成卷一并待验。

5）设备整体组装验收合格后，卖方应于组合处明显标出组装标记，安装控制点和作好定位板等，经制造监理工程师检查认可后，方可拆开。

6）卖方对验收检查发现的制造质量缺陷，必须采取措施使其达到合格，并经制造监理工程师审签后设备方可包装；否则，制造监理工程师有权拒绝签证，由此引起延误交货期的责任由卖方承担。

7）设备经出厂验收合格，其包装状况、发货清单及竣工（出厂）资料等，必须符合合同条款的规定，并经制造监理工程师签署出厂验收证书后，设备方可发运。

8）设备出厂验收并不是设备的最终验收，卖方还须承担全部合同责任。

9）由于卖方的原因致使验收不能按期进行，或由于制造的质量缺陷问题，验收不合格，致使不能签证而延误交货期，其责任由卖方负责。

10）参加出厂检验的买方人员不予会签任何质量检验证书。买方人员参加质量检验既不解除卖方应承担的任何责任，也不能代替合同设备的工地验收。

11）出厂验收的配合费用都包括在合同报价中。包括验收的准备与安排、验收活动及其用品费用、文印费、市内交通等。参加出厂验收人员（包括买方人员、买方外聘专家、制造监理人和工程设计单位人员等—下同）的差旅费和住宿费由买方自己承担。

6.7 金属结构设备防腐蚀

1）金属结构设备防腐蚀承包商必须具有建设部颁发的一级资质或水利部颁发的《水工金属结构防腐蚀施工单位资格证书》，并在资格文件中附有有效证书复印件。买方保留撤换不合格分包人和指定合格分包人的权利。

2）防腐涂料必须符合国家和行业相关标准和规范的要求，卖方应采购知名品牌和有良好业绩的生产厂的产品。买方保留撤换不合格分包人和指定合格分包人的权利。

3）除设计图纸确定的工地焊接接头及金属结构设备工地安装焊缝两侧各 100mm 范围的涂装，由于运输吊装损坏的涂装在安装完成后进行外，其余均在制造厂内完成。

4）卖方应根据设计图纸和本合同文件对金属结构设备防腐蚀的要求，制订防腐工艺和施工规程（包括使用设备、人员配备、检验手段等），报制造监理工程师审批。

6.8 包装及吊运

1）总则

卖方应根据出厂设备的技术性能和分组状态，提出包装设计。包装设计须取得制造监理人的同意。由于包装设计或实施的包装不良所发生的设备损坏或损失，无论这种设计或实施是否经制造监理人同意，也无论这种设计是否已在技术条款中所明确，均由卖方承担由此产生的一切责任和费用。

2）包装

（1）大型金属结构设备和金属结构设备在分解成运输单元后，必须对每个运输单元进行切实的加固，避免吊运中产生变形。若在吊运中产生变形，卖方应负全部责任。

（2）小型结构件按最大运输吊装单元合并装箱供货。

（3）大型零部件应包装后整体装箱供货，止水橡皮和小部件应分类装箱供货。

（4）埋件必须采取有效措施保护加工工作面，防止损伤及锈蚀，应涂装合适的涂料或贴防锈纸，并分类装箱供货。机械偶合加工面应贴防锈纸或涂黄油保护。

（5）各类标准件分类装箱供货。

（6）备品备件分类装箱供货，并单独列出清单。

（7）供货的同时必须具备货物清单。

3）产品标志和标识

（1）卖方必须在每件货物（包装或裸装）上标明货物合同号，名称、数量、毛重、净重、尺寸（长×宽×高）、构件重心以及"小心轻放"、"切勿受潮"、"此端向上"等标记。对放置有要求的货物（包装或裸装）应标明支承（支撑）位置、放置要求及其他搬运标记。运输单元刚度不足的部位应采取措施加强，防止构件损坏和变形。

（2）金属结构设备的组装件和零部件应在其明显处作出能见度高的编号和标志以及工地组装的定位板及控制点。

4）卖方在每件货物（包装或裸装）上应标明吊装点，设置必要的吊耳，这些吊耳中还必须有满足安装使用的吊耳。对分节制造及在工地组装成整体的货物，还应在组合处有明显的组装编号、定位块或导向卡。

5）金属结构设备的标牌内容包括：制造厂家、设计单位、产品名称、产品型号或主要技术参数、制造日期等。标牌尺寸不得大于 40cm×60cm。

6.9 竣工资料

1）竣工图样

产品制造竣工图样按国标折成 A4 幅面并按项目或主体产品袋装，或用符合 XX 水电站档案馆用的统一盒装（酌收工本费），不允许使用金属装订物装订。凡涉及施工图样修改的，必须采用档案笔工整清晰地在修改处简要注明修改内容（如尺寸、形位、材质等）及修改日期，还须注明修改所依据的设计通知单的文号。在原图样上不能清晰表达所作的设计修改时，则须重绘竣工图样，重绘的竣工图样须经设计单位核签认可方为有效。竣工图样须加盖竣工图章（样式应符合 XX 水电站档案馆的统一样式）。提供竣工图纸 25 套。

2）产品质量证明文件

（1）质量证明文件应包括：

材质证明及检测和试验报告；

外协和外购件出厂合格证；

主要外协件的质量检验记录；

部件组装和总装检测及试验记录；

焊缝质量检验记录及无损探伤报告；

防腐涂装施工记录及质量检验报告；

铸锻件探伤检验报告；

主要零部件热处理试验报告；

重大质量缺陷处理记录和有关会议纪要；

设备出厂验收过程中的全套资料，包括自检合格报告、出厂验收大纲、出厂验收申请报告、出厂验收会议纪要以及出厂验收后对有关问题进行整改的监造监理签证文件等。

（2）材质证明原始件。原始件上的签章，必须是亲笔签名和新盖印章，复制的一律无效。非原始件的文字、数据及签章模糊不清的无效。小批量材料确实不能取得材质证明原始件的，须在复印件上加盖销售单位印章，还须加盖制造厂质检部门印章，方可作为材质证明原件纳入竣工资料。凡涉及到设计修改的，制造厂在制造过程中一定要索取设计单位的设计修改文件，不得以各种会议纪要及其他文件代替设计修改文件。

（3）产品质量证明文件一式 12 份，其中原始件 1 份。原始件应完整，书写纸张良好，字迹清楚，数据准确，签证或签章手续齐全。按 A4 幅面和单项工程分别袋装或盒装。

3）设计通知单

一式 12 份，其中 1 份原始件。

4）归 XX 水电站档案馆的竣工资料

（1）归档的竣工资料份数为一式两份（包括制造档案资料一份正本和一份副本以及制造竣工图两套），递交中国长江三峡集团公司 XX 水电站档案馆存档。其余竣工资料供安装和相关管理部门使用。卖方在产品制造和竣工资料的整理过程中应注意作为档案正本的资料原始件的收集与保管，避免归档原始件的遗失、损坏及流散。

（2）归档的竣工资料必须达到完整、准确、系统，保障生产（使用）、管理、维护、改扩建的需要。竣工资料的完整指货物制造全过程中应归档的图样、质量证明文件、设计文件等竣工资料的原始件归档齐全。竣工资料的准确指竣工资料的内容真实反映货物制造过程的实际情况，达到图物相符，技术数据准确可靠，签证签章手续完备。竣工资料的系统指其形成规律，保持各部分之间的有机联系，分类科学，组卷合理。

（3）归档竣工资料应按项目或主体设备立卷，分卷层次应与设备代码相对应。如设备代码不能涵盖的，卖方可补充制造标识和便于安装的标识，但须经监造监理核准后报买方备案。卷宗首页必须有层次清晰的卷宗目录。

（4）卷宗的格式必须符合 XX 水电站档案管理的有关规定。

5）竣工资料（档案）的验收交接程序

（1）在设备出厂验收前，卖方在提交出厂验收大纲和自检合格报告时，应同时将制造竣工资料（档案）整编成卷，一并报制造监理工程师审核。

（2）设备出厂验收后，卖方对制造竣工资料（档案）进行补充完善并经制造监理工程师审签合格后，至迟随货物运抵 XX 水电站工地时一并交接验收。

（3）合同项目最后一批交货时，卖方应提供本项目竣工资料（档案）专项报告，详细说明竣工资料（档案）提交范围、组卷方法、项目竣工资料（档案）目录、案卷格式说明，以及其他要说明的内容。项目竣工资料（档案）专项报告经监造监理签证后报买方6份。

（4）分批交货的项目，首批交货时提交竣工图20套、质量证明文件和设计通知单及设计处置单副本10套。项目分两批以上交货的，首批交货时提交该项目竣工图样20套，该批设备质量证明文件和设计通知单副本10套，中间批次交货时提交当批设备的质量证明文件和设计通知单10份。对于材质证明、设计通知单如属项目共性文件，且首批交货时已提交时，中间批次可不再提交，但需在竣工资料中列出此类文件目录及其所在案卷名称、页次、案卷提交日期等详细索引信息，以便于检索。最后一批交货时交齐：其余竣工图（最后一批竣工图上须完全标明所有的修改及修改的设计文件）、该项目质量证明书原件、设计通知单原件和用作档案移交的项目质量证明书和设计通知单副本1套。

（5）竣工资料（档案）移交程序为：设备到货交接验收时，卖方将竣工资料（档案）交设备制造制造监理人，经制造监理人检查合格后，归档的竣工资料一式2份签证后递交档案馆，其余由买方分发有关单位。

7　设备运输

7.1　设备制造完成后由卖方负责运到XX水电站工地买方指定的交货地点。

7.2　运输设备需办理的一切手续和费用由卖方负责。

7.3　运输途中对道路产生的损坏，应由卖方出面谈判并支付纯粹是由这种损坏引起的全部索赔费用。

7.4　买方提供给卖方由工地现场公路行驶权。

7.5　当采用水上运输时，上述7.3款"路"解释包括"水道、码头，船闸"等同等用。

7.6　运输途中应遵守国家有关法规，不应对公众和其他单位造成不便。

8　设备到货的交接验收

8.1　卖方应在设备发运前7天，将发运清单书面通知买方。通知中应写明合同号，设备项目号及名称，批次，数量，各件名称、毛重及外形尺寸（长×宽×高）。卖方应在设备发运前24小时将车船号、名称和启运时间及预计到达XX水电站工地的时间通知买方，以便买方准备设备交接验收。

8.2　货物运抵XX水电站工地买方指定地点时，由买方或买方指定的接货单位（直供货物为安装卖方，入库货物为仓库接货人）负责卸车。到货交接工作由买方主持，制造监理人、卖方代表与安装代表共同参加。交接验收包括合同设备数量的清点、外观检查、买方认定的必要的检测和试验、以及随机资料的验收等。交接验收后发现的经买方和有关各方共同认定的因制造不良、或因运输不当所造成设备缺陷仍由卖方负责。由于包装不良和包装损坏造成卸车过程对货物的损坏应由卖方负责。交接双方代表作好到货检查记录并会签，货物即移交给买方指定的接货单位。

8.3   货物已具备交接条件，并且卖方已通知买方，买方 48 小时不能到位交接，对延期交接造成的损失，买方应予补偿。

8.4   未经出厂验收的货物，买方不予接收，责任由卖方承担。

8.5   货物开箱检验的时间，由交接双方商定。开箱检验发现的货物损坏、损失、短缺及质量缺陷等如实记录。开箱检验记录应由交接双方代表签字，一式 3 份，双方各执 1 份，1 份交监造监理存查。

8.6   如果在双方商定的开箱检验时间到期，卖方的代表未及时到达验货现场，卖方应承认接货方的检验结果，并承担合同责任。如果验货时间到期，接货方未及时进行开箱检验，则以卖方的发货清单为准，并承担货物损坏、损失及短缺的责任。

8.7   裸装货物如不另行"开箱"检验时，到货交接及验收一并进行。到货交接检查应包括货物包装、外观质量、数量、规格、损坏与损失、短缺等如实记录。到货交接验收记录由交接双方代表签字，一式三份，双方各执一份，一份交监造监理存查。

8.8   到货交接验收不是货物的最终验收，卖方还须承担货物的制造质量全部合同责任。

8.9   到货交接验收记录是监造监理签署合同阶段付款的凭据。

8.10   设备的拒收

1）买方有权拒收不满足合同规定的材料与设备，并有权要求由卖方限期更换，其一切费用由卖方承担。此限期以不影响本合同设备安装总工期和预定的试运行日期为准。

2）被拒收的材料和设备（包括已交付但被买方拒收的材料和设备），买方将不再付款，卖方应退还已支付的款项。

3）买方拒收的材料和设备所有权属于卖方，处理费用由卖方承担。

4）被拒收的材料或设备，如对工程进度造成影响，买方有理由对卖方提出索赔要求。

9   质量保证

9.1   卖方应保证设备质量，并且按照合同规定所提供的设备是全新的、完整的、技术水平是先进的、成熟的，设备的部件符合安全可靠、有效运行和易于维护的要求。卖方还应保证按合同所提供的设备不存在由于工艺设计、材料或工艺的原因所造成的缺陷，或由于卖方的任何行为所造成的缺陷。

9.2　卖方应保证合同设备的数量、质量、工艺、设计、规范、型式及技术性能，完全满足合同技术条款和买方施工图样的要求。

9.3　除非另有规定，质量保证期为签发初步验收证书后 18 个月，如果由于买方的原因影响了验收试验，则不迟于合同设备最后一批交货后 36 个月。所谓最后一批交货，是指对本合同设备已交货部分的累计总价值已达合同设备价格的 95％，而且剩余部分应当不影响合同设备的正常运行。

9.4　在质量保证期内如发现设备有任何故障，卖方应在接到买方通知后的 72 小时内到达工地负责完成修复。如果由于维修、更换有缺陷和/或损坏的由卖方提供的合同设备而造成整台（套）设备停止运行，且此缺陷或损坏是由于卖方的原因造成的，则该整台（套）设备的质量保证期将延长，其延长时间等于停止运行时间。修复和/或更换后的合同设备的质量保证期为重新投入运行后 18 个月。

9.5　如果发现由于卖方责任造成任何设备缺陷和/或损坏，和/或不符合买方施工图样与技术条款要求，和/或由于卖方技术文件错误和/或由于卖方技术人员在安装、调试、试运行和验收试验过程及质量保证期中错误指导而导致设备损坏，买方有权根据第 13 条向卖方提出索赔。

9.6　对质保期有特别要求的零部件，未达到要求的使用期限因质量原因造成损坏或失效，卖方在规定时间内应无偿负责修理与更换。

10　工地安装调试和验收试验

10.1　卖方应派合格、称职的、足够的人员参加设备在 XX 水电站工地的安装、调试、试运行和验收试验工作。设备在工地安装和试验前，卖方应提交列有所有要做的每步安装和测试检查细节的程序文件，此文件应向买方提供 8 份。工地安装和测试程序以表格形式提供，分项列出每个试验，表示出设计的预期结果，并留出空白供安装和试验时填写实际测试结果用。试验程序包括所采用的测试值、可接受的最大（或最小）测试验结果以及相应可接受的工业标准。如果工地安装测试受到某种限制，则应给出充分的解释，并经买方认可。

10.2　卖方应向买方提交 8 份在工地现场搬运、装卸、贮存和保管设备的详细说明书，并附有图解、图纸和质量说明，包括：

　　1）各部件要求户外/户内、温度/湿度控制、长期/短期贮存的要求、专门标志和空间要求。

2）设备卸货、放置、叠放和堆放所要遵守的程序；

3）吊装和起重程序；

4）长期和短期维护程序，包括户外贮存部件推荐的最长贮存期；

5）部件的定期转动（当需要时）；

6）工地安装时防腐涂装的使用说明；

7）安装前保护涂层和/或锈蚀的处理。

10.3　除另有规定外，所有由卖方提供的合同设备应为完整的设备、组件或部件。如果合同设备的特殊部件，组件和部件需要在设备安装现场进行加工、制作或修整时，所有费用应由卖方承担。

在合同执行过程中，对由于卖方的责任，而需要在设备安装现场进行的检验、试验、再试验、修理或调换，卖方应负担一切检验、试验、修理或调换的费用。

10.4　在每项设备安装完毕后，卖方代表应参加对设备安装工作进行的检查和确认。

10.5　在每台设备安装完毕后，买方、安装单位将对每台设备进行整体调试和初步验收试验。买方将在开始调试和初步验收试验前 21 天，通知卖方确切日期。卖方应有代表参加上述调试和初步验收试验。调试是指对合同设备进行安装检查、调整、校正、启动、临时运行及负载检测。初步验收试验是指检测合同设备是否满足合同规定的所有技术性能及保证值。当下列条件全部满足时，初步验收试验即被认为是成功的：

1）在技术条款规定条件下所有现场试验全部完成；

2）所有技术性能及保证值均能满足；

3）设备按照技术条款要求经过操作试验后停机检查，未发现异常。

如果初步验收试验是成功的，买方和卖方双方应在 7 天内签署初步验收证书一式二份，双方各执一份。如果初步验收试验由于卖方提供的设备的质量/缺陷而中断，初步验收试验须重新进行，则在进行第一次初步验收试验时，如果一项或多项技术性能和/或保证值不能满足合同的要求，双方应共同分析其原因，分清责任方：

1）如果责任在卖方，双方应根据具体情况确定第二次初步验收试验的日期。第二次验收试验必须在第一次验收试验不合格后 70 天内完成，在例外情况下，可在双方同意的期限内完成。卖方应自费采取有效措施使合同设备在第二次验收试验时达到技术性能和/或保证值的要求，并承担由此引起的下列费用：

（1）现场更换和/或修理的设备材料费；

（2）卖方人员费用；

（3）直接参与修理的买方人员费用；

（4）用于第二次验收试验的机械及设备费用；

（5）用于第二次验收试验的材料费；

（6）运往安装现场及从工地运出的需要更换和修理的设备和材料的所有运费、保险费及税费。

如果在第二次验收试验中，由于卖方的责任，有一项或多项技术性能和/或保证值仍达不到合同规定的要求，买方有权按合同第12条和第13条的规定进行处理。当偏差值处于买方可接受的范围内，买方有权按合同第12条的规定要求卖方支付违约罚金。卖方向买方支付违约罚金后，在7天以内双方应签署初步验收证书一式二份，双方各执一份。

2）如果责任属于非卖方原因，双方应根据具体情况确定第二次验收试验的日期。第二次验收试验必须在第一次验收试验失败后70天内完成。在例外情况下，可在双方同意的期限内完成。买方应自费采取有效措施使合同设备在第二次验收试验时达到合同规定的技术性能和/或保证值要求，并承担上述1）项中规定的由此引起的有关费用。如果在第二次初步验收试验中由于买方的责任有一项或多项技术性能和保证值仍达不到合同规定的要求，则合同设备将被买方接受。双方应签署初步验收证书一式二份。双方各执一份。在这种情况下卖方仍有责任协助买方采取各种措施使设备满足合同规定的技术性能和/或保证值的要求。

10.6 合同设备质量保证期将在签发初步验收证书之日起开始。

10.7 在质量保证期结束后，买方将对合同设备作一次全面检查，如果无卖方责任，买方签证后，本合同终止。

11 计量与支付

11.1 计量

金属结构设备项目按金属结构设备报价表中所列的单项设备（报价表中有项目编号的）综合单价进行计算。

11.2 支付

1）第一次付款：合同生效后28天内买方向卖方支付合同总价的10%。

2）第二次付款：卖方工艺设计及车间工艺图样得到制造监理人代表买方审查批准，28天内卖方向制造监理人提出开工申请，当制造监理人下达开工令后，买方向卖方支付该开工项目设备合价的35%。在设备设计主材品种、规格及数量具备采购条件的情况下，相应的合同第二次付款也可按各标相应项目主材采购时间及合同规定的额度的35%进行支付。

3）第三次付款：在设备出厂前开始总拼装时，经制造监理人签证后，买方向卖方支付总拼装项目设备价格的20%。

4）第四次付款：设备运到XX水电站工地指定地点交接验收后，买方向卖方支付交接验收的项目设备价格的 20％。

5）第五次付款：设备安装调试初步验收合格后，经制造监理人签证，买方向卖方支付初步验收项目设备价格的 10％。

6）第六次付款：质量保证期满后 28 天内买方向卖方支付该期满项目设备价格的 5％。

7）设备运到工地交接验收后因某种原因不能安装、调试、试运行，从交接验收之日起 36 个月期满，则此设备应认为被买方接收，买方付清 15％的余款，但卖方仍应负责技术服务，参加设备验收试验。

8）当买方和制造监理人发现合同款项未被用于本合同项目，影响合同设备制造时，买方有权收回付款。

11.3　支付凭证

1）卖方在每次付款前 14 天向制造监理人提出申请，制造监理人根据设备制造进度及验收结果审查签证，第四次付款时卖方需提交到货验收记录。

2）买方收到制造监理人的签证后，应按买方规定的职责分工和程序进行审查付款，超过 28 天后买方从第 29 天起每天付 0.1‰利率给卖方，价款结算单未经审查通过者除外。

11.4　发票

卖方每次向买方申请结算价款，应出具由卖方开具的或是由税务机关代开的增值税专用发票。第一次至第四次结算，按合同规定付款比例计算的金额出票。第五次结算时，其开具的发票金额应包括第六次付款的价款在内，即第一次至第五次结算的发票总额等于合同总额。第六次付款的支付应按合同规定时间办理，在支付时，卖方只需向买方提供普通收款收据。

纳税人信息：

单位名称：＿＿＿＿＿＿＿＿＿＿＿；

纳税人识别号：＿＿＿＿＿＿＿＿＿＿＿；

地址：＿＿＿＿＿＿＿＿＿＿＿；

电话：＿＿＿＿＿＿＿＿＿＿＿；

开户行名称：＿＿＿＿＿＿＿＿＿＿＿；

账户：＿＿＿＿＿＿＿＿＿＿＿。

卖方应按照结算款项金额向买方提供符合税务规定的增值税专用发票，买方在收到卖方提供的合格增值税专用发票后支付款项。

卖方应确保增值税专用发票真实、规范、合法，如卖方虚开或提供不合格的增值税专用发票，造成买方经济损失的，卖方承担全部赔偿责任，并重新向买方开具符合规定的增值税专用发票。

合同变更如涉及增值税专用发票记载项目发生变化的，应当约定作废、重开、补开、红字开具增值税专用发票。如果收票方取得增值税专用发票尚未认证抵扣，收票方应在开票之日起180天内退回原发票，则可以由开票方作废原发票，重新开具增值税专用发票；如果原增值税专用发票已经认证抵扣，则由开票方就合同增加的金额补开增值税专用发票，就减少的金额依据收票方提供的红字发票信息表开具红字增值税专用发票。

11.5 税金

卖方应按照国家法律规定缴纳各种税金和附加，所有税费已包含在合同报价中。

11.6 保险

设备在运抵 XX 水电站工地指定地点验收前的一切保险，由卖方按照国家规定办理。保险费已包含在合同报价中。

12 违约处罚

12.1 买方与卖方未履行本合同的责任均属违约，均应向对方承担因违约而造成的损失。

12.2 买方未能在合同规定的日期付款，按 11.3 第 2 款支付利息，超过 56 天后自第 57 天起每天按 0.4‰加计利息。

12.3 卖方未能按 16 条规定日期或经双方协商同意的延期期限内将设备运到工地，则卖方应支付逾期交货罚金。逾期 28 天内，罚金按逾期交货项目设备的金额每天 0.2‰计；逾期 28 天后，自第 29 天起罚金金额以每天 0.4‰计。

12.4 质量违约处罚

由于卖方的原因，金属结构设备制造质量不能满足合同规定和施工图样要求时，除及时返修处理直至更换外，视造成损失大小，卖方将支付给买方该项目设备 3%—5%合同价格的约定违约金，约定违约金具体数额由制造监理人审核确定。

12.5 以上违约处罚罚金总额不超过合同价的 10%。

13 变更和赔偿

13.1 变更范围

买方可在任何时候按第 1.2 条规定用书面方式通知卖方在合同总的范围内变更下列各项中的一项或多项：

1）买方改变对合同项下合同设备布置、结构型式、性能参数、使用技术要求和工程布置。

2）改变合同设备的数量；或组成设备的部分分项的数量或取消。

3）除合同另有规定外，改变交货期。

4）改变卖方提供技术服务的范围

13.2　变更审查

1）如果由于上述变更引起卖方执行合同中的费用或所需时间的增减，卖方可根据本条款提出调整要求，任何调整要求必须在卖方接到买方的变更指令以后 14 天内提出，否则，买方的指令和规定将是最终的。如果在买方接到卖方的调整要求后 28 天以内双方不能达成协议，卖方应按照买方的变更指令进行工作，并继续对合同有关问题进行协商。

2）买方提出的上述任何变更，应由卖方提出变更引起的工程量清单与价格报监造单位审查签证，经审查签证后方可计入价格变更。

3）上述变更基本实施完成后 14 天内，应由卖方提出变更的依据，变更实施情况，工程量清单与价格。卖方提出的报告必须真实可靠，监造单位才予以审查，经核实如发现卖方变更报告资料有意弄虚作假，监造单位有权对卖方进行处罚，直至不予办理审查签证。对未及时报告的审查变更，以后不再补办，也不计入补偿计算。

13.3　变更的估价与处理

本合同项下的设备为总价合同。但发生上述变更后，合同价按以下规定予以调整：

1）当改变合同设备布置、结构型式、性能参数、使用技术要求时，参考报价细目表中相对应设备的单项价格及分项价格推算。

2）如增加或减少合同单项设备，按合同设备报价表相应设备价格计算增加或减少合同的价格。对单项设备中分项项目数量的增减，应参照合同报价细目表对应项目分项价格增加或减少合同价格。对已投料的部分造成卖方的直接损失部分进行合理补偿。

3）如改变设备交货期，超出合同双方确定的交货正常日期范围，给卖方造成直接损失部分进行适当补偿。

4）技术服务变更按平均人员数量和报价细目的人员平均价调整。

对于上述变更，如果该项目项下变更价的合计数在该合同项目合价的±2.5％范围内，合同价不予调整。如果该项目项下变更价的合计数超过该合同项目合价的±2.5％，只对超过的部分进行调整合同价。

5）主要材料调差

（1）投标辅助资料中金属结构设备制造项目的主要材料受物价波动影响的项目，在合同期内对主要材料进行价格调整。

（2）主材费权重（B）按卖方投标报价主材费占合同总价的比例计算并经买方确定。

（3）价差调整：

①价差结算公式：

$$Q = P * (Ka - 1) * B$$

Q：价差调整额（单位：元）。

P：按照合同规定计算的合同结算额（单位：元）。

Ka：主要材料价格指数。

B：主材费权重。

②主要材料价格指数的确定：

本合同主要材料代表规格详见下表。以国家统计部门和"中国联合钢铁网"公布的成都主要材料价格进行测算。主要材料基期价格以本项目投标截止日所在当月平均价格为准。

$$Ka = Pb/Pa$$

Pa：投标截止日代表规格所在当月平均价格。

$$Pa = \sum Cia \times Wi$$

Cia——投标截止日代表规格所在当月国家统计部门和"中国联合钢铁网"发布的成都市场主要材料代表规格的市场价格。

W_i——投标截止日代表规格所在当月国家统计部门和"中国联合钢铁网"发布的成都市场主要材料代表规格所占的权重。

Pb：卖方主要材料采购截止日所在当月平均价格。

$$Pb = \sum C_{ib} \times W_i$$

C_{ib}——卖方主要材料招标采购当月国家统计部门和"中国联合钢铁网"发布的成都市场主要材料代表规格的市场价格。

W_i——卖方主要材料招标采购当月国家统计部门和"中国联合钢铁网"发布的成都市场主要材料代表规格所占的权重。

③主要材料代表规格和权数见下表：

项目编号（i）	代表规格名称（Ci）	单位	权数 Wi（%）
1			
2			
3			
...			

（4）按上述原则计算的金属结构设备制造主要材料价差总额占合同价款的±1.5%（含±1.5%）内时，不调整合同价款。超过1.5%时，对超过1.5%以上的部分增加合同价款；低1.5%时，对低于1.5%以下的部分扣减合同价款。

13.4　索赔

1）如果合同设备在数量、质量、设计、规范、型式或技术性能等方面不符合合同规定和施工图样的规定，并且买方已在检验、安装、调试、试运行、验收试验和合同规定的质量保证期内提出索赔，卖方应根据买方的要求按以下一种或几种方法的组合（无先后次序之分）处理该索赔：

（1）卖方同意买方拒收有缺陷的合同设备，向买方偿还与拒收合同设备价格相等的款额，并由卖方承担由此产生的损失和费用，包括运费、保险费、检验费、仓储费、合同设备装卸费以及为保管和维护拒收合同设备所必需的其他费用；

（2）按有缺陷合同设备的低劣、损坏程度及买方遭受损失的金额，由双方协商对合同设备进行降价处理；

（3）用符合合同规定的规格、质量、性能的新部件（或称组件）和/或设备更换有缺陷的合同设备，和/或修好有缺陷的合同设备，并由卖方承担费用和风险，及承担买方为此付出的全部直接费用，并赔偿买方遭受的直接损失。同时卖方应对所更换的合同设备的质量给予相应于合同第9条款规定的质量保证期。

2）更换和/或增补的合同设备应交货至 XX 工地指定地点，卖方应承担将合同设备运至工地和安装的一切风险及费用。

更换和/或增补的合同设备的交货期限应不影响该台设备安装进度或设备的正常运行。卖方应将买方急需的合同设备运至安装现场，费用自付。经卖方同意买方可自行修复较轻缺陷和/或损坏的合同设备，费用卖方支付。

3）如果合同设备技术特性和/或性能保证值有一项或多项不能满足合同规定的要求，且责任在卖方，卖方应在收到买方的通知后56天内自费采取有效措施使技术性能和/或保证值达到合同要求。

4）卖方在接到买方的索赔通知28天内未作答复，则应理解为卖方已接受该索赔要求。如果在接受买方的索赔要求后28天内，或在买方同意的更长的一段时间里，卖方未能按照上述买方要求的任一方式来处理索赔，则买方将从支付款项或履约保函或质量保证金中扣款。

5）在合同设备质量保证期内买方因发现有缺陷和/或有损坏的合同设备而向卖方提出的索赔，在合同设备质量保证期满后的56天内保持有效。

14　争端和终止合同

14.1　争议的解决

合同双方在履行合同中发生争议的，友好协商解决。协商不成的，诉讼解决。

14.2 卖方违约终止合同

1）发生下列情形时，买方可在不影响对违反合同所作的任何其他补救措施的条件下，用书面形式通知卖方，终止全部或部分合同。

（1）卖方未能在合同规定的时间内，或未能在买方同意的延迟提交时间内按计划进行设备的制造、提交任何或全部设备或提供服务；

（2）卖方未能履行按合同规定的任何其他责任。

在上述任一情况下，卖方在收到买方的违约通知后 30 天（或买方书面同意的更长的时间里），未能纠正其违约，买方有权终止合同。在此情况下并不解除卖方对合同的责任，买方可将设备未完成部分指定其它卖方完成，买方可根据已完成部分进行估价，已完成部分的缺陷修复和对买方造成的损失在估价中扣还。

2）在买方根据本条终止全部或部分合同的情况下，买方可按其认为合适的条件和方式采购与未提交合同设备类似的合同设备，卖方有责任承担买方为购买上述类似合同设备时多付出的任何费用，且卖方仍应履行合同中未终止的部分。

14.3 因卖方破产终止合同

如果卖方破产或无清偿能力时，买方可在任何时候书面通知卖方终止合同而不对卖方进行任何补偿。但上述合同的终止并不损坏或影响买方采取或将采取行动或补救措施的任何权力。

14.4 买方违约终止合同

由于下述理由，卖方可以通知买方延长交货期或终止合同：

1）买方在收到付款申请 140 天后仍未支付给卖方应得的金额。

2）干涉、阻挠卖方的合法行为和权益。

15 不可抗力终止合同

发生不可抗力造成卖方无法履行合同，可以终止合同，买方应付给卖方已完工部分设备的合同价款。

16 设备交货期和交货地点

16.1 交货日期

本合同设备交货日期计划见下表。在此交货期计划下买方提前 3 个月或推迟 3 个月要求卖方交货，此时间范围属于正常交货日期范围，不属于变更交货期的性质，但买方应提前 3 个月通知卖方具体交货日期。若提前或推迟交货期超过 3 个月以上，按 13.3 款规定处理。

金属结构设备项目交货日期表

（合同编号：_____）

编号	制造项目名称	单位	数量	交货日期
1				
2				
3				
...				

16.2　交货地点

本合同规定的交货地点为：XX 电站工地买方指定地点。

17　合同文件或资料的使用

17.1　卖方未经买方事先书面的同意，不得把合同中的条款或以买方的名义提供的任何规范、规划、图纸、模型、样品或资料向卖方为履行合同而雇佣人员以外的其他任何人泄露，即使是对上述雇佣人员也应在对外保密的前提下提供，并且也只限于为履行合同所需的范围。

17.2　除为履行合同的目的以外，卖方未经买方事先书面同意不得利用第 17.1 款中所列举的文件或资料。

17.3　第 17.1 款中所列举的任何文件，除合同文件本身外，均应属于买方的财产，当买方提出要求时，卖方应在合同履约完成后将上述文件（包括所有副本）退还给买方。

18　知识产权

卖方应保证买方不承受由于使用了卖方提供的合同设备的设计、工艺、方案、技术资料、商标、专利等而产生侵权，若有任何侵权行为，卖方必须承担由此产生的一切索赔和责任。

买、卖双方在实施本合同过程中如因创造性的劳动产生出新的知识产权，买、卖双方应共享此知识产权，共同申报奖项和专利等，共享由此知识产权产生的经济收益等，收益分配比例由双方双方另行协商确定。

19　原产厂和新设备

19.1　原产厂

本合同提供的所有合同设备、技术服务和质量保证应来自符合合同规定的生产制造厂或公司。

19.2　新设备

卖方提供的合同设备应为新设备，是按合同规定通过专门设计、制造、加工、并全部由新制成部件组装而成的、在商业角度上公认的新产品，其功能、技术性能和设备质量应完全符合本合同技术条款规定的技术条件和要求以及买方增加与修改的使用条件。设备中所采用的标准件和专门配套件亦应是性能可靠的优良的新制成品。在设备安装中，还需由卖方对设备的液压、电气系统进行调试和试验，对软件调试和完善。

20　卖方的技术文件

20.1　卖方对合同设备设计的责任

1）卖方对合同设备设计应满足技术条款和招标图纸以及买方补充的工程设计条件与要求。卖方的设备设计文件、施工图样和其他技术文件应符合合同技术条款、国家有关法律和行政法规的规定、质量与安全标准和设备技术规范要求。

2）卖方设计文件、施工图样和其它技术文件中选用的材料、结构件、配套设备与装置、元器件与零配件、仪器等，应当注明其规格、型号、性能、尺寸、技术参数和应附的图形图纸，其质量要求必须符合国家规定的标准或高于此标准，并进行检验，不合格的不得使用。

20.2　卖方的技术文件提供

1）卖方应提供的技术文件包括：

（1）合同设备设计文件；

（2）工厂施工设计图样；

（3）车间工艺图及文件；

（4）产品样本（如有）；

（5）质量体系文件和质量手册；

（6）设备试验与检测文件；

（7）设备组装、安装图和安装技术说明；

（8）设备出厂竣工资料；

（9）竣工图；

（10）设备搬运、贮存、安装、调试、工地安装、验收试验及试运行文件。运行操作和维修保养、说明书与手册；

（11）设备在工地安装修改的文件；

（12）设备清单、备品备件清单、易损件清单及其图纸；

（13）设备生产制造过程照片和录像或光盘；

（14）其他。

上述技术文件内容应符合国家或部门对机械和电气设备工程的设计规程及技术文件编制要求，并满足技术条款规定的内容要求。在提供之前应核对文件清单、提交次序、版本、种类和日期。技术文件费用（包括资料整编等费用）已包括在设备价中。

2）卖方应确保其提交的技术文件正确、完整、清晰，并能满足合同设备的设计、检验、移交、安装、调试、试运行、验收试验、运行和维护的要求。

如果卖方提供的技术文件不完整，卖方应在收到买方关于资料不完整通知后的21天内进行必要的修正，并且向买方免费重新提交正确、完整、清晰的文件。如果再次提交文件晚于上述天数，卖方应按第12条规定支付约定违约金。如果卖方提交的技术文件有遗漏和错误，卖方应向买方补偿买方由此而引起的增加的工程费用和施工费用。

3）供审查用施工图样，应附有设计计算书和设计分析报告。

4）由于技术文件不齐全，或份数不符、或运输及邮寄丢失、或印刷不清，卖方应予修正补齐、以补齐时间作为卖方交付的完成时间。

5）技术文件的补充：合同设备经制造、出厂验收、安装完毕、初步试验验收合格后、卖方需对技术文件进一步确认、补充和完善。在确认、补充和完善之前以已提交的技术文件为准，卖方应对所提交的技术文件负责。

6）为了确保技术文件及时递送至买方，卖方应尽量采取派专人面交买方。如采用邮寄，则应事先传真通知买方，并以买方地邮戳时间为买方收到技术文件的时间为准，因邮寄耽误的时间由卖方负责。向工程设计单位、监理人提供的技术文件应派专人面交。

7）卖方的技术文件及图纸应叠成标准的 A3 图幅并分册装袋或装订提交。文字文件应按 A4 图幅的尺寸装订成册交付。

8）卖方提供技术文件及其完成工作等一切费用已包括在合同设备的价格中，不再单独支付。

9）买方在合同设备的质保期内如需增加某项技术文件数量，卖方应即时提供，卖方仅应收取印刷装订的成本费用及投递费用，不得再收取其他费用。

10）提供技术文件份数。

卖方应根据实际情况分别向买方、工程设计单位和制造监理人提供技术文件。

20.3　设备设计文件

1）卖方应对合同设备投标设计（包括投标图样）进一步完善设计，并形成完整的设计文件，包括设计依据、计算成果、技术方案、设备布置图、系统机构图、配套设备和装置、接线和现地控制原理图、逻辑图、控制系统程序框图、设计说明、专题设计分析报告、产品性能和试验报告（如有）等。

2）卖方对合同设备的设计，不符合本合同规定、技术条款和招标图纸要求、投标后所有澄清的问题以及买方通过设计联络会指明应采纳的内容与补充的条件资料，应在合同设备的进一步设计时予以满足，并对合同设备的布置、性能、技术参数、符合工地安装与运行条件等负有全部责任。

3）按本条款执行所发生的一切费用已包括在合同价中。

20.4　施工图样

1）本合同设备的施工图样应由卖方在批准的设备设计文件之后提出，图样的图纸应符合国家制图标准，表达完全。

2）合同设备的施工图样应满足买方图样、合同条款、技术条款的规定和要求。

3）施工图样中所标注的内容，如为引用了国家标准以外的内容，均应提出相关文件，卖方不得以引用、借用卖方文件、图纸为依据而不在合同设备的图纸上作具体表达。卖方为使图纸表达简便，经制造监理人同意，可随施工图样提供相关文件的文本及标准图，以便制造监理人和买方了解具体要求是否与合同条款、技术条款及要求相符。

4）施工图样必须经制造监理人审查批准。并应满足设计联络会明确的要求。

20.5　车间工艺图及工艺文件

1）车间工艺图及工艺文件由卖方按制造监理人审查批准后的施工图样进行设计和编制，并报制造监理人批准。

2）制造监理人随时有权向卖方查阅设备制造的任何车间工艺图样及工艺技术文件，以便保证合同设备能正确制造。

20.6　对卖方技术文件的批准

1）卖方的技术文件应按合同规定报送制造监理人或/和买方审查批准，但制造监理人或/和买方对卖方的技术文件审查和批准，并不免除卖方的所有责任，对任何性质的错误和疏忽、图样或文字文件中的偏差或由此偏差可能产生的与其他设备产品及土建的配合问题，均由卖方负责。

2）经制造监理人审查批准的合同设备施工图样，卖方在执行过程中提出修改要求时，须以书面形式提出，经制造监理人或制造监理工程师审查批准后方可执行。上述修改如引起合同内容任何变更，其责任由卖方自负。

3）买方或制造监理人发现卖方的施工图样、车间工艺图及工艺文件中的错误、或这些图样与文件不能满足合同设备的要求时，有权提出修改要求，将以制造监理人或制造监理工程师签发的书面文件通知卖方，卖方应按其要求进行修改，经制造监理人或制造监理工程师审查签发后执行。其责任由卖方自负。

4）卖方所有提供制造监理人审查的图纸、文件、资料，应有卖方校、审，并经授权代表签署，专留有空白之处盖有"送审"。

5）除合同中另有规定外，制造监理人在收到"送审"的技术文件之后7天内完成审查，保留一份后返回卖方。经制造监理人审查返回的技术文件上应随备下列记号之一：

（1）无须修改；

（2）返回修正；

（3）已审查并已修正。

"返回修正"的技术文件应7天或协定的时间内重新提交并确认。

买方或/和制造监理人的审查批准不减免卖方对于满足合同文件和安装时各部件正确的配合应负的责任。

21　设计联络会

21.1　设计联络会规定

1）合同双方遵守本条规定，由买方分别主持在卖方所在地召开电站尾水移动式启闭机两次设计联络会议和导流隧洞固定卷扬式启闭机两次设计联络会议，审查合同设备设计、协调与工程设计和其他方面的技术问题及接口工作。按移动式启闭机两次和固定卷扬式启闭机两次设计联络会议单独报价，费用均包括在合同设备的合同价中。

2）每次设计联络会议时间约为1—3天，每次设计联络会议买方人员10—15人（含专家），由卖方统一制定会议计划和日程，并准备会议文件资料（包括图样），按合同规定份数提供参加会议的买方及买方人员。

3）买方在收到卖方提交的有关图纸和资料以后15天内通知卖方举行设计联络会，讨论和协调卖方提供的启闭机机械系统，电控系统或电气系统的主回路原理图，变频装置及PLC的型号、配置原理图，控制柜布置，系统软件和控制应用软件以及检测装置的型号等技术问题。

4）在设计联络会议期间，买方有权就合同设备问题进一步提出改进意见或对设备设计补充技术条件要求，卖方应认真研究和改进予以满足。对于合同设备的功能、性能、使用、运行、安装等必备的技术条件要求（包括材料、工艺、结构、元器件选型等），在设计审查时买方可以提出补充技术条件要求或对设备设计提出改进意见。且其改进意见或补充技术条件要求未超出对合同设备规定的功能或性能时，卖方不应提出合同价格变更。

5）每次设计联络会议将以会议纪要确认双方协定的内容与要求，卖方应接受联络会议的意见与要求并在合同执行中遵守。在设计联络会中如对合同条款、技术条款有重大修改时，须经过双方授权代表签字同意。联络会议意见并不免除或减轻卖方对本合同应承担的全部责任和义务。

6）根据设计联络会会议纪要，对遗留的特殊问题、试验项目的审查等需要协调或有关方面进行研究与讨论，可由双方商定增开设计联络会。

7）设计联络会的会议准备、组织和安排会议的所有费用，包括会议技术文件、用具等由卖方负担，费用均包括在合同设备的合同价中（不包括买方人员差旅费和住宿费）。

8）由卖方组织买方参加的对进口部件生产厂家的出国考查，买方人员的出国费用等由买方负担。

21.2　设计联络会议

1）第一次设计联络会

（1）在合同签字后的 28 天内，根据合同设备交货时间要求和完成的合同设备设计文件，由卖方提出召开第一次设计联络会的时间。设备设计文件在召开此次设计联络会议之前 21 天提供给买方，买方在收到设计文件后 15 天内通知卖方召开设计联络会时间。

（2）会议地点在卖方制造厂。

2）第二次设计联络会

（1）会议时间和地点：第二次设计联络会时间在第一次设计联络会中初步拟定，会议地点在卖方制造厂。

（2）设备设计文件在召开此次设计联络会议之前 15 天提供给买方，买方在收到设计文件后 7 天内通知卖方确定的设计联络会时间。

3）设计联络会议次数根据实际需要经双方协商后最终确定。

22　技术服务

22.1　技术服务工作范围

卖方在 XX 水电站工地现场的技术服务包括：

1）对设备的结构（尺寸、参数、性能等）、制造情况、部件安装程序、安装技术要求和安装质量控制要求进行交底、对设备安装（包括埋件埋设）进行技术指导和监督；

2）对在安装与调试中发现并由安装监理人判定属于制造原因的质量缺陷进行调

整、修理、更换或重新制造；

3）参加设备的安装、试验验收等技术服务，见第 10 条规定；

4）对本合同项下设备安装、调试、试验操作及维修，如有必要时应在现场或制造厂对买方指定的人员进行技术培训并提供必要的资料，包括：

（1）培训计划；

（2）培训的教材。

5）本合同规定卖方在设备安装过程中对机械、液压及电气系统性能进行调试，调整与整定其参数，完善应用软件。卖方在技术服务时一并统筹计划安排。在 4.2 条款下提及的义务和责任也包含在内。

6）本合同条款所提到的其他一切服务，包括合同设备质量保证期限内的服务工作。

22.2　技术服务义务

1）卖方技术服务费用已包括在合同设备总价中，所有卖方提供的技术服务人员在现场发生的费用由卖方自理。买方在可能条件下提供必要的方便。

2）卖方如有在工地现场进行的组装部件或部分，卖方应在收到买方通知后 72 小时内到现场进行加工，加工设备及材料的运输与人员的差旅和食宿费用等由卖方负担。卖方在现场的工作事宜，买方可以提供协调。

3）卖方在进行技术服务时，由于卖方的原因造成设备的损坏，卖方应负责修理或更换，费用由卖方承担。

4）卖方所提供的合同设备如在质量保证期内出现制造方面的质量问题，卖方应收到买方通知后 48 小时内到达现场解决问题，其一切费用由卖方负担。非卖方原因而产生的设备故障、损坏或设备的部分丢失，卖方接到买方通知后 48 小时内应到达现场进行处理，并对损坏部分应尽快修理、更换或另行制造，费用由买方承担。

5）在合同规定的质量保证期限内，卖方接到买方通知后 48 小时应到达现场进行处理，属于设备制造缺陷产生的故障、损坏，卖方仍应有义务免费提供技术服务；非卖方责任，费用由买方承担。

23　合同生效及其他

23.1　本合同由买方和卖方双方法定代表人或授权代表，按第 1 条合同书格式签字并加盖单位章之日起生效。

23.2　本合同有效期至双方均已完成合同项下各自的责任和义务时止。

第二节　合同附件格式

附件一　合同协议书（格式）

合同名称：＿＿＿＿＿＿＿＿＿＿＿＿＿＿

合同编号：＿＿＿＿＿＿＿＿＿＿＿＿＿＿

本合同书由＿＿＿＿＿＿＿＿（以下简称买方）、中国三峡建设管理有限公司（以下简称建设管理单位）与＿＿＿＿＿＿＿＿（以下简称卖方）于＿＿＿年＿＿月＿＿日商定并签署。

鉴于买方为采购 XX 水电站启闭机设备（合同编号为＿＿＿＿＿＿＿），并通过＿＿＿＿年＿＿月＿＿日的中标通知接受了卖方以总价人民币（大写）＿＿＿元，为完成本合同的所有项目设备成套制造、按期运抵 XX 工地指定地点交货、技术服务及质量保证所做的投标。双方达成如下协议：

（1）本合同中所用术语的含义与下文提到的合同条款中相应术语的含义相同。

（2）本合同按经评标确定的具有标价的设备制造报价表中的单项设备实行总价承包。合同有效期内此价格固定不变。

（3）下列文件应作为本合同的组成部分：

本合同书及有关补充资料；

合同备忘录；

中标通知书；

经评标确定的具有标价的设备制造报价表；

合同条款；

技术条款；

图样（包括设计说明及技术文件等）；

招标文件中的投标须知；

投标文件和附录；

其它任何组成合同的文件。

（4）上述文件应认为是互为补充和解释的，凡有模棱两可或互相矛盾之处，以顺序在前者为准，同一顺序者以时间在后为准。

（5）考虑到买方将按下条规定付款给卖方，卖方在此与买方立约，保证全面按合同协议规定完成所有项目的设备成套制造、按期运抵××水电站工地指定地点交货、技术服务及质量保证。

（6）考虑到卖方按合同规定完成所有项目的设备成套制造、按期运抵 XX 水电站工地指定地点交货、技术服务及质量保证，买方在此立约，保证按合同规定的方式和时间向卖方付款。

（7）在签定合同之前，卖方已向买方递交了履约保函作为履约担保。

（8）买方和卖方双方同意，本合同（包括合同文件）表达了双方所有协议谅解、承诺和契约。并同意本合同汇集、结合和取代了所有以往的协商、谅解与协议，双方还同意除了在本合同中有特别规定或除用书面阐明，并与本合同履行了相同手续者外，合同的修改或更动均为无效，对双方不具约束力。

本合同书一式十二份（其中正本两份，副本十份），买方执九份（包括正本一份），卖方执三份（包括正本一份）。

双方授权代表在此签字并加盖单位章后本合同生效。

买方：_____　　　卖方：_____

法定代表人（或委托代理人）：_____　法定代表人（或委托代理人）：_____

（签名盖单位章）　　　　　　　　　　（签名盖单位章）

地址：_____　　　地址：_____

邮编：_____　　　邮编：_____

电话：_____　　　电话：_____

开户银行：_____　　　开户银行：_____

帐号：_____　　　帐号：_____

税号：_____　　　税号：_____

　　　　　　　　　　　　　　　　　　签字日期：_____年___月___日

附件二　履约担保（格式）

合同名称：＿＿＿＿＿＿＿＿＿＿＿

合同编号：＿＿＿＿＿＿＿＿＿＿＿

中国长江三峡集团有限公司：

鉴于　　（卖方名称）　　（以下称卖方）已保证按＿＿＿（合同名称）＿＿＿（合同编号：＿＿＿＿＿）实施，并鉴于你方在上述合同中要求卖方向你方提交下述金额的经认可银行开具的保函，作为卖方履行本合同责任的保证金。

（1）本行同意为卖方出具本保函。

（2）本行在此代表卖方向你方承担支付人民币＿＿＿＿＿元的责任，在你方第一次书面提出要求得到上述金额内的任何付款时，本行即予支付，不挑剔，不争辩，也不要求你方出具证明或说明背景、理由。

（3）本行放弃你方应先向卖方要求赔偿上述金额然后再向本行提出要求的权力。

（4）本行进一步同意在你方和卖方之间的合同条款和技术条款，合同项下的设备或合同文件发生变化、补充或修改后，本行承担本保函的责任也不改变，有关上述变化、补充和修改也无须通知本行。

（5）此履约保函有效期至签发初步验收证书时结束。

银行名称：＿＿＿＿＿＿＿＿＿＿（盖单位章）

法定代表人（或授权代表）：＿＿＿＿＿＿＿＿＿（签字）

银行许可证号：＿＿＿＿＿＿＿＿＿

印刷体姓名与职务：＿＿＿＿＿＿＿＿＿

地址：＿＿＿＿＿＿＿＿＿

邮编：＿＿＿＿＿＿＿＿＿

电话：＿＿＿＿＿＿＿＿＿

传真：＿＿＿＿＿＿＿＿＿

日期：＿＿＿＿年＿＿＿月＿＿＿日

附件三　预付款担保（格式）

中国长江三峡集团有限公司：

因被保证人＿＿＿＿＿＿＿＿＿（以下称被保证人）与你方签订了＿＿＿＿＿＿合同（合同编号：XXXX），并按该合同约定在取得设备预付款前应向你方提交设备预付款保函。我方已接受被保证人的请求，愿就被保证人按上述合同约定使用并按期退还预付款向你方提供如下保证：

1. 本保函担保的范围（担保金额）为人民币（大写）＿＿＿＿＿＿＿＿元。

2. 本保函的有效期自预付款支付之日起至所有设备交接验收之日止。

3. 在本保函的有效期内，若被保证人未将设备预付款用于上述合同项下的设备或发生其它违约情况，我方将在收到你方符合下列条件的提款通知后 7 天（日历天）内凭本保函向你方支付本保函担保范围内你方要求提款的金额。

你方的提款通知必须在本保函有效期内以书面形式（包括信函、电传、电报、传真和电子邮件）提出，提款通知应由你方法定代表人或委托代理人签字并加盖单位章。

你方的提款通知应说明被保证人的违约情况和要求提款的金额。

4. 你方和被保证人双方经协商同意在上述合同规定的范围内变更合同内容时，我方承担本保函规定的责任不变。

保证人：＿＿＿＿＿＿（名称）＿＿＿＿＿　　　（盖单位章）

法定代表人（或委托代理人）：＿＿＿＿（姓名）＿＿＿＿＿　　（签名）

＿＿＿＿＿年＿＿＿月＿＿＿日

附件四：廉洁协议（格式）

甲方（发包人）：_____

乙方（承包人）：_____

为了防范和控制_____合同（合同编号：_____）商订及履行过程中的廉洁风险，维护正常的市场秩序和双方的合法权益，根据反腐倡廉相关规定，经双方商议，特签订本协议。

一、甲乙双方责任

1. 严格遵守国家的法律法规和廉洁从业有关规定。

2. 坚持公开、公正、诚信、透明的原则（国家秘密、商业秘密和合同文件另有规定的除外），不得损害国家、集体和双方的正当利益。

3. 定期开展党风廉政宣传教育活动，提高从业人员的廉洁意识。

4. 规范招标及采购管理，加强廉洁风险防范。

5. 开展多种形式的监督检查。

6. 发生涉及本项目的不廉洁问题，及时按规定向双方纪检监察部门或司法机关举报或通报，并积极配合查处。

二、甲方人员义务

1. 不得索取或接受乙方提供的利益和方便。

（1）不得索取或接受乙方的礼品、礼金、有价证券、支付凭证和商业预付卡等（以下简称礼品礼金）；

（2）不得参加乙方安排的宴请和娱乐活动；不得接受乙方提供的通讯工具、交通工具及其他服务；

（3）不得在个人住房装修、婚丧嫁娶、配偶、子女和其他亲属就业、旅游等事宜中索取或接受乙方提供的利益和便利；不得在乙方报销任何应由甲方负担或支付的费用；

2. 不得利用职权从事各种有偿中介活动，不得营私舞弊。

3. 甲方人员的配偶、子女、近亲属不得从事与甲方项目有关的物资供应、工程分包、劳务等经济活动。

4. 不得违反规定向乙方推荐分包商或供应商。

5. 不得有其他不廉洁行为。

三、乙方人员义务

1. 不得以任何形式向甲方及相关人员输送利益和方便。

（1）不得向甲方及相关人员行贿或馈赠礼品礼金；

（2）不得向甲方及相关人员提供宴请和娱乐活动；不得为其购置或提供通讯工具、交通工具及其他服务；

（3）不得为甲方及相关人员在住房装修、婚丧嫁娶、配偶、子女和其他亲属就业、旅游等事宜中提供利益和便利；不得以任何名义报销应由甲方及相关人员负担或支付的费用。

2. 不得有其他不廉洁行为。

3. 积极支持配合甲方调查问题，不得隐瞒、袒护甲方及相关人员的不廉洁问题。

四、责任追究

1. 按照国家、上级机关和甲乙双方的有关制度和规定，以甲方为主、乙方配合，追究涉及本项目的不廉洁问题。

2. 建立廉洁违约罚金制度。廉洁违约罚金的额度为合同总额的1％（不超过50万元）。如违反本协议，根据情节、损失和后果按以下规定在合同支付款中进行扣减。

（1）造成直接损失或不良后果，情节较轻的，扣除10％－40％廉洁违约罚金；

（2）情节较重的，扣除50％廉洁违约罚金；

（3）情节严重的，扣除100％廉洁违约罚金。

3. 廉洁违约罚金的扣减：由合同管理单位根据纪检监察部门的处罚意见，与合同进度款的结算同步进行。

4. 对积极配合甲方调查，并确有立功表现或从轻、减轻违纪违规情节的，可根据相关规定履行审批手续后酌情减免处罚。

5. 上述处罚的同时，甲方可按照中国长江三峡集团有限公司有关规定另行给予乙方暂停合同履行、降低信用评级、禁止参加甲方其他项目等处理。

6. 甲方违反本协议，影响乙方履行合同并造成损失的，甲方应承担赔偿责任。

五、监督执行

1. 本协议作为项目合同的附件，由甲乙双方纪检监察部门联合监督执行。

2. 甲方举报电话：_____；乙方举报电话：_____。

六、其他

1. 因执行本协议所发生的有关争议，适用主合同争议解决条款。

2. 本协议作为_____合同的附件，一式肆份，双方各执贰份。

3. 双方法定代表人或授权代表在此签字并加盖公章，签字并盖章之日起本协议生效。

甲方：（盖单位章）　　　　　　　乙方：（盖单位章）

法定代表人（或授权代表）：_____　法定代表人（或授权代表）：_____

附件五　投标人须遵守的中国长江三峡集团有限公司有关管理制度（略）

第五章　采购清单

1　清单说明

本设备清单应与招标文件中的投标人须知、合同条款、技术标准和要求及图纸等一起阅读和理解。

2　投标报价说明

1）报价表中所有价格以人民币元报价。

2）报价包括了投标人对本项目的设备设计、制造、交货、现场调试和技术服务等为实施合同规定的全部责任的所有费用。

3）除合同另有规定外，为实施合同规定所需要的全部材料（其中包括润滑油、脂等）和外购件，均由投标人自行负责订货、采购、试验检测、验收、运输和保管等，所有费用均计入报价内。

4）报价应包含在招标人指定的地点设备交货前后投标人因合同设备设计及设计审查会、制造、检测、维护、出厂总装和各阶段的试验验收、涂装、包装、运输、合同设备交货（含技术文件和资料的整编与提交）、技术服务及设备工地调试等所产生的全部费用以及利润、风险、保险和税费（含增值税）。本合同适用增值税税率为＿＿＿＿＿（填税率），投标人应按照"价税分离"方式进行报价。

5）报价包括了为合同设备制造和技术文件的完成所需要的分包费用（如有分包），以及分包的质量监督和管理，分包的技术接口和投标人应履行的一切合同责任的费用。

6）报价中无论是否有说明或备注均应包含技术要求成套供货的应有附属件及随机备品备件；移动式启闭机轨道的埋件及撞头均包括在该轨道项目设备中，抓梁（抓斗）需要的液压设备、电力拖动和控制装置以及检测装置均包含在该抓梁（抓斗）项目设备中。

7）对招标文件中规定的或投标人认为需国外进口的部件，按进口价折算成人民币计入报价。上述进口件的报价已考虑了作为合同设备的组成部分，投标人因对外采购、进口的所有税费、运保费，负责技术接口正确的，质量控制和履行合同的一切责任、风险和保险等所需的费用已包括在合同设备报价中。

8）无论工程量是否列明，具有标价的设备制造报价表中的每个项目设备均须填写综合单价和合价。

9）如果综合单价和估算工程量的乘积与合价不一致，以所报的合价为准。

10）报价按每个项目设备合价承包，在合同执行期间不变。

11）报价表中的"代码"是指买方对设备的专用编号，投标人不填写。

12）投标人应将所有报价表文字说明附在报价表中一并提交。

13）对于报价表中单位为"套"的设备、专用工器具、备品备件或部件等，应对每套中所包含的所有组成部分分项列出，并报出各分项所对应的价格。

3　其他说明

......

4　设备采购清单

表5-1　启闭机设备制造报价汇总表

项目编号	名称	总报价（元）	备　注
合　　计			

投标人：＿＿＿＿（盖单位章）＿＿＿

法定代表人（或委托代理人）：＿＿＿（签名）＿＿＿

＿＿＿年＿＿月＿＿日

表5-2　启闭机设备报价表

代码	项目编号	项 目 名 称	单位	数量	估算工程量（t）	报　价		备注
						综合单价（元/t）	项目合价（元）	
		合计					元	

投标人：_____（盖单位章）

法定代表人（或委托代理人）：_____（签名）

_____年____月____日

5　设备采购清单附件

投标附件是投标文件和合同文件的重要组成部分，投标人应按本章规定和格式编制。

5.1　报价表细目

5.1.1　报价表细目编制说明

1）报价表细目中组成设备子项的规格（含材质规格、型号）、型号、参数、数量、计量单位及估算工程量投标人应一一填写，如果最终工程量与第五章报价表不符时，以第五章报价表为准。投标人应根据自己的投标设备设计完整填写设备组成项目、规格、型号、参数、数量。投标人还可对子项的其他栏，填报投标人需要的项目。无论报价细目表中所列的子项、型号、规格、参数、数量是否缺漏或完整，均视为满足合同要求的完整设备的合价。

2）对本细目子项下的细项，由投标人进行分解细化，并填出规格、型号、参数、计量单位、数量及估算工程量。属设备成套所需部件、零件及配套件在细目中未列出的，均包括在对应机构、结构、液压、电气设备的其他栏中，由投标人列出，无论是否列出其费用均包括在合价中。如本细目不能满足投标人对该设备细目分项时，投标人可进一步细化或增加或修改项目列出。

5.1.2　报价说明

投标人应按报价表细目格式报出每个单项设备和子项单价与合价。其中单项设备的单价应为组成子项价的综合单价。有国外进口件要求的在本细目中按进口价计算。

国外进口的部件，按进口价折算成人民币计入报价。上述进口件的报价已考虑了作为合同设备的组成部分，投标人因对外采购，进口的所有税费、运保费、负责技术接口正确，质量控制和履行合同的一切责任、风险和保险等所需的费用已包括在合同设备报价中。所有报价均按人民币计算。表中：

1）表中设备按机械及结构、传感器、液压设备（对液压自动挂脱梁）、电气设备、专用设备分类分部件（包括各部分埋设件）报出，投标人对设备各项目下的部件分类方式因设备构造不同而不合适时，可以修改设备的组成项目进行报价。

投标人还应对所列部件进一步细化报出组成部件的组件、分部件及重要零件的规格、型号、数量、估算工程量及价格、非投标人本厂产品应在备注栏中注明生产厂名称，进口件应注明原产地及厂家名称。对主要结构件及重要零件还需注明材质。

2）表中所列规定的专用工具、（调试）仪器，是电气设备、液压设备在试验调试时合同文件规定提供的工具及仪器。

3）表中所列随机安装、检修（专用）工具，是指合同文件规定及投标人认为必须随机应带的安装、检修（专用）工具，包括通用及专用工具。

4）随机备品备件是指合同文件规定应提供及投标人根据本合同设备特点在使用运行中必须带有随设备提供的备品备件。随机备品备件数量按设备使用至缺陷责任期满所需数量提供。

5）随机材料是指设备在运行中消耗或定期更换的材料，包括减速箱、轴承、联轴器、液压制动器等所需要的润滑油、脂，挂脱梁液压油，设备调试阶段对油脂过滤的滤芯，制动器调试时需更换的摩擦片，液压密封件以及其它消耗材料。上述材料提供至合同设备在缺陷责任期内运行所需用量加20％。

6）液压启闭机在工地安装、调试及运行所需液压油将由招标人统一提供。出厂前试验用油由投标人自备。

7）软件编程及调试费，包括生产厂内编程调试直至现场安装调试完成等所需要的所有费用（包括修改完善）。

8）技术文件费应包括按合同规定编制和整编的文件与工作费用，并且还包含设计联络会议所需的文件及审查提出的补充、修改工作与文件提交等所有费用。

9）设备组装（或总装）费是指在合同设备出厂前，由投标人负责在厂内进行的组装（或总装）和试验检测及拆卸过程、出厂试验与验收等一切费用。

10）本合同规定的启闭机设备涂装，由投标人在设备出厂前完成。涂装费包括材料、厂内涂装施工、检验、临时防锈保护和运输碰损修补等一切费用。涂装范围应符合合同规定，涂装工程量按 m² 计算，由投标人自己估算，并由投标人对其估算负责。涂装所使用的涂料应配套使用，底、中、面漆宜使用同一厂家的产品，最后一道面漆及工地焊缝处底、中、面漆的涂装由安装单位施工。最后一道面漆和工地焊缝处底、中、面漆由安装单位采购，制造投标人应以书面形式提供涂装材料的生产厂家、牌号、色号及所采用的涂装工艺。

11）运输费是指设备出厂验收后，由投标人负责运送到招标人指定的地点交货过程中发生的一切费用，包括按合同要求的设备包装费、运输费、装卸费、各种杂费、保管费和保险费等一切费用，其中施工现场的卸车由买方指定的接货单位负责。

12）技术服务费应包括投标人按合同规定提供的技术服务工作所发生的一切费用。

13）设备工地调试费，是投标人在现场的设备安装过程中，对设备的机械、液压、电气系统的性能调试，技术参数的调整与整定，完善应用软件的调试，以及协助安装完成后的空载、负荷试验，使设备各机构的控制满足运行要求。

14）单项报价细目表中子项下的分类项目工程量为构成该子项设备的部件工程量，其单价应包括人工费、主材费、辅材费、加工设备费、其他费、管理费、利润、税费（含增值税）等。

15）税费指投标人为履行合同责任，按照国家政策法规缴纳的各种税金和所有附加费。投标人应交纳的全部税费均包含在各子项的报价中。

表5-3 单项设备报价表细目（单台设备）

项目编号	子项编号	项目名称	规格、型号参数、数量	单位	估算工程量	报价（元）	备注（说明或推荐分包）

投标人：＿＿＿＿＿（盖单位章）

法定代表人（或委托代理人）：＿＿＿＿＿（签名）

＿＿＿＿年＿＿月＿＿日

表 5－4 报价表细目分类汇总表

项目编号	项目名称	整机估算工程量（t）	机械设备制造费		液压泵站设备制造费		电气设备制造费		专用设备费	专用工具费	随机备品备件费	随机材料费	软件编程调试费	技术文件费	技术服务费	设备工地调试费	设备设计费	合价（元）
			估算工程量（t）	总费用（元）	估算工程量（t）	总费用（元）	估算工程量（t）	总费用（元）										

投标人：＿＿＿＿＿（盖单位章）＿＿＿＿

法定代表人（或委托代理人）：＿＿＿（签名）＿＿＿

＿＿＿年＿＿月＿＿日

表 5-5 投标基础价格及费用标准

序号	项目名称	规格及品版	单位	价格或标准	生产厂	备 注
（1）	人工单价					
①			元/工时			
②			元/工时			
…						
（2）	主材单价					列出材料损耗系数
①						
②						
…						
（3）	辅材单价					
①						
②						
…						
（4）	加工设备工时单价					
①						
②						
…						
（5）	其他费					
①						
②						
…						
（6）	管理费		％			
①						
②						
…						
（7）	利润		％			
①						
②						
…						
（8）	税费		％			
①						
②						
…						

说明：（1）表中人工工资单价系指生产工人工资单价须按不同工种分列；

（2）表中主材单价须按主材名称、规格及品牌、等级分别列报；主材单价包括材料购入价、运输费、装卸费、采购保管费，不应包括材料的加工损耗。主材还包括卷筒、减速器、钢丝绳、齿轮及其他重要毛坯的价格。

（3）表中辅材单价须按各类辅材名称、规格、等级分别列报；

（4）表中加设备工时单价须按各加工设备分别列报；加工设备工时单价中应包括设备折旧、修理费、燃料动力费、润料费、操作工人工资等项费用；

（5）表中管理费标准一栏应填明费率和取费基础；

（6）表中利润标准一栏应填明利润率和计取基础；

（7）表中税费应区分税与费，在标准一栏填明税费率和计取基础。

投标人：_____（盖单位章）_____

法定代表人（或委托代理人）：_____（签名）

_____年___月___日

表 5-6 启闭机设备报价表费用构成表

代码	项目编号	项目名称	单位	数量	人工费（1）	材料费（2）	外协（购）件（3）	加工设备费（4）	其他费（5）	管理费（6）	利润（7）	税费（8）	合计

投标人：＿＿＿＿＿（盖单位章）

法定代表人（或委托代理人）：＿＿＿＿＿（签名）

＿＿＿＿年＿＿月＿＿日

5.2 投标设备分类清单

表 5-7 机械标准件及外购件清单

项目编号	序号	部件（零件）名称	型号规格（标准号）	生产厂及原产地	单位	数量	估重	到厂单价（元）	到厂合价（元）	备注
×××		（单项设备名称）								
	1	（标准件名称）								
	2	（标准件名称）								
	…									
	合　计									
×××		（单项设备名称）								
	1									
	2									
	…									
	合　计									
×××		（单项设备名称）								
	…									
	合　计									
	总　计									

注：（1）每个标段（如果有多个标段）填写一份表；

（2）上述清单价格包括各部件（零件）的购进价，所有税费（含关税）、运输费、保险费、检验费、仓储保管费等一切费用；价格均按人民币列出；

（3）上述清单已计入单项设备报价表细目，并计入合同设备报价表的合价之中；

（4）上述部件（零件）按招标文件规定，完全满足合同设备要求，在中标后，在执行合同过程中发现清单及价格中有漏项、数量不够、或规格、型号不符需要增加或更换时，费用由投标人负担；

（5）紧固件中 6.8 级以下的作为一类填写。

投标人：＿＿＿＿＿（盖单位章）

法定代表人（或委托代理人）：＿＿＿＿＿（签名）

＿＿＿＿年＿＿月＿＿日

表 5-8 国外机械进口件清单

项目编号	序号	部件或材料名称	型号规格（标准）	单位	数量	估重	到厂价（元）		CIF 价		生产厂及原产地	备注
							单价	合价	单价	合价		
×××		（单项设备名称）										
	1											
	2											
	…											
		合计										
×××		（单项设备名称）										
	1											
	2											
	…											
		合计										
		总计										

注：（1）每个标段（如果有多个标段）填写一份表，按表格内容逐项填写；

（2）按招标文件要求逐一填写，所有价格按人民币元列出；

（3）投标人投标文件中推荐采用的，并在价格中已计入的，亦应填写，并在备注中注明；

（4）到厂价已包括了部件或材料价格及所有税费（含关税、费）、运输费、保险费、检验费、仓储管理费等一切费用；

（5）上述价格已计入单项设备报价表细目，并计入合同设备报价表的合价之中；

（6）进口件中有几种可供选择时，投标人除了填写自己报价中已选择的一种外，其它几种产品亦应填出，备注中注明"供招标人参考，未进入合价"；

（7）上述设备按招标文件中规定，完全满足合同设备要求，在中标后，在执行合同过程中发现上述设备的规格、型号、质量不符，或漏项、数量不够，需要增加或更换时，费用由投标人负担。

投标人：＿＿＿＿（盖单位章）

法定代表人（或委托代理人）：＿＿＿＿（签名）

＿＿＿年＿＿月＿＿日

表 5-9　传感器设备（元件）清单

项目编号	序号	部件或材料名称	型号规格（标准）	生产厂及原产地	单位	数量	估重	到厂价（元）		备注
								单价	合价	
×××		（单项设备名称）								
	1									
	2									
	…									
		合计								
×××		（单项设备名称）								
	1									
	2									
	…									
		合计								
		总计								

注：（1）每个标段（如果有多个标段）填写一份，按表格格式逐项填写；

（2）按招标文件要求的传感器逐一填写，所有价格以人民币元列出；

（3）上述价格已计入单项设备报价表细目，并计入合同设备报价表的合价之中；

（4）本表中传感器按招标文件规定，完全满足合同设备要求，在中标后，在执行合同过程中发现表中设备的规格、型号、质量不符，或漏项、数量不够，或不能满足合同设备的安装、运行要求，需要增加或更换时，合同价不变。

投标人：＿＿＿＿（盖单位章）＿＿＿＿

法定代表人（或委托代理人）：＿＿＿（签名）＿＿＿

＿＿＿年＿＿月＿＿日

表 5-10 液压设备液压件清单

项目编号	序号	部件或材料名称	型号规格（标准）	生产厂及原产地	单位	数量	估重	到厂价（元）		备注
								单价	合价	
×××		（单项设备名称）								
	1									
	2									
	...									
		合计								
×××		（单项设备名称）								
	1									
	2									
	...									
		合计								
		总计								

注：（1）每个标段（如果有多个标段）填写一份，按表格格式逐项填写；

（2）上述价格已计入单项设备报价表细目，并计入合同设备报价表的合价之中；

（3）本标段各单项设备所用液压件（表中已填写的油泵电机及液压设备中的机械件）均在本表中列出。

（4）本表所列液压件，完全满足合同设备要求，在中标后，在执行合同过程中发现表中所列液压件的规格、型号、质量不符，或漏项、数量不够，需要增加或更换时，费用由投标人负担。

投标人：_____（盖单位章）_____

法定代表人（或委托代理人）：_____（签名）_____

_____年___月___日

表 5－11　电气设备及电气元件清单（包括全部现地控制设备元、器件）

项目编号	序号	部件或材料名称	型号规格（标准）	生产厂及原产地	单位	数量	估重	到厂价（元）		备注
								单价	合价	
×××		（单项设备名称）								
	1									
	2									
	…									
		合计								
×××		（单项设备名称）								
	1									
	2									
	…									
		合计								
		总计								

注：（1）每个标段（如果有多个标段）填写一份，按表格格式逐项填写；

（2）上述价格已计入单项设备报价表细目，并计入合同设备报价表的合价之中；

（3）按招标文件本标段各单项设备所用电气设备、电气元件（包括所有盘、柜、设备、元件、电线电缆等）均在本表中列出。

（4）本表所列电气设备、电气元件，完全满足合同设备要求，在中标后，在执行合同过程中发现表中所列电气设备、电气元件的规格、型号、质量不符，或漏项、数量不够，需要增加或更换时，费用由投标人负担。

投标人：_____（盖单位章）_____

法定代表人（或委托代理人）：_____（签名）_____

_____年___月___日

表 5－12　规定的专用工具及（调试）仪器清单

项目编号	序号	名　称	型号规格（标准）	生产厂及原产地	单位	数量	估重	交货价（元）		单件购进价	备注
								单价	合价		
×××		（单项设备名称）									
	1										
	2										
	…										
		合计									
×××		（单项设备名称）									
	1										
	2										
	…										
		合计									
		总计									

注：（1）每个标段（如果有多个标段）填写一份，按表格格式逐项填写；

（2）上述价格已计入单项设备报价表细目，并计入合同设备报价表的合价之中；

（3）按招标文件规定本标段各单项设备所用专用工具及（调试）仪器均在本表中列出。

（4）本表所列专用工具及（调试）仪器，完全满足合同设备要求，在中标后，在执行合同过程中发现表中所列专用工具及（调试）仪器的规格、型号、质量不符，或漏项、数量不够，需要增加或更换时，费用由投标人负担。

投标人：＿＿＿＿（盖单位章）＿＿＿＿

法定代表人（或委托代理人）：＿＿＿＿（签名）＿＿＿＿

＿＿＿年＿＿月＿＿日

表 5－13　随机安装、检修（专用）工具清单

项目编号	序号	部件或材料名称	型号规格（标准）	生产厂及原产地	单位	数量	估重	交货价（元）		备注
								单价	合价	
×××		（单项设备名称）								
	1									
	2									
	···									
		合计								
×××		（单项设备名称）								
	1									
	2									
	···									
		合计								
		总计								

注：（1）每个标段（如果有多个标段）填写一份，按表格格式逐项填写；

（2）上述价格已计入单项设备报价表细目，并计入合同设备报价表的合价之中，为交货价；

（3）按招标文件规定本标段各单项设备所用随机安装、检修（专用）工具均在本表中列出；

（4）本表所列随机安装、检修（专用）工具，满足合同设备要求，在中标后，在执行合同过程中发现表中所列随机安装、检修（专用）工具的规格、型号、质量不符，或漏项、数量不够，需要增加或更换时，费用由投标人负担。

投标人：＿＿＿＿＿（盖单位章）＿＿＿＿

法定代表人（或委托代理人）：＿＿＿＿（签名）

＿＿＿＿年＿＿月＿＿日

表 5-14　随机备品备件及材料清单

项目编号	序号	部件或材料名称	型号规格（标准）	生产厂及原产地	单位	数量	估重	交货价（元）		备注
								单价	合价	
×××		（单项设备名称）								
	1									
	2									
	...									
		合计								
×××		（单项设备名称）								
	1									
	2									
	...									
		合计								
		总计								

注：（1）每个标段（如果有多个标段）填写一份，按表格格式内容逐项填写；

（2）上述价格已计入单项设备报价表细目，并计入合同设备报价表的合价之中，为交货价；

（3）按招标文件规定本标段各单项设备所用备品备件及材料均在本表中列出；

（4）本表所列备品备件及材料，满足合同设备运行要求，在中标后，在执行合同过程中发现表中所列备品备件及材料的规格、型号、质量不符，或漏项、数量不够，需要增加或更换时，费用由投标人负担。

投标人：＿＿＿＿（盖单位章）＿＿＿＿

法定代表人（或委托代理人）：＿＿＿＿（签名）＿＿＿＿

＿＿＿＿年＿＿月＿＿日

表 5-15 专用设备清单

项目编号	序号	部件或材料名称	型号规格（标准）	生产厂及原产地	单位	数量	估重	交货价（元）		备注
								单价	合价	
×××		（单项设备名称）								
	1									
	2									
	...									
		合计								
×××		（单项设备名称）								
	1									
	2									
	...									
		合计								
		总计								

注：（1）每个标段（如果有多个标段）填写一份，按表格格式逐项填写；

（2）上述报价已计入单项设备报价表细目，并计入合同设备报价表的合价之中；

（3）按招标文件规定本标段各单项设备所用规定的专用（特种）设备均在本表中列出；

（4）本表所列规定的专用（特种）设备，完全满足合同设备要求，如发现表中所列规定的专用（特种）设备的规格、型号、质量不符，或漏项、数量不够，需要增加或更换时，投标价不变。

投标人：_____（盖单位章）_____

法定代表人（或委托代理人）：_____（签名）_____

_____年___月___日

表 5－16　供招标人选择的备品备件报价表

项目编号	序号	部件或材料名称	型号规格（标准）	生产厂及原产地	单位	数量	估重	交货价（元）		备注
								单价	合价	
×××		（单项设备名称）								
	1									
	2									
	…									
		合计								
×××		（单项设备名称）								
	1									
	2									
	…									
		合计								
		总计								

注：（1）每个标段（如果有多个标段）填写一份表，供招标人另行备用选择采购时参考；

（2）上述报价已包含投标人所有费用，是投标人另行出售给招标人的报价；

（3）上述报价供招标人选择采购。

投标人：＿＿＿＿（盖单位章）＿＿＿＿

法定代表人（或委托代理人）：＿＿＿＿＿（签名）

＿＿＿＿年＿＿月＿＿日

表 5－17　招标人参加设计联络会和设备出厂验收费报价表

1	2	3	4	5	6	7
项目编号	名称（项目）	每次人数	每次工作日	单价（每人日）	合价（3×4×5）	备注
	合计					

说明：（1）设计联络会和出厂验收的会议组织及有关会务费用（包括会议室等）在其他栏内按合价填写；
　　　（2）投标人人员参加设计联络会和出厂验收以及准备工作所需费用已包含在设备费中。

投标人：_____（盖单位章）_____

法定代表人（或委托代理人）：_____（签名）_____

_____年___月___日

第六章　图纸

第七章　技术标准和要求

1　工程概述

1.1　枢纽布置（本段根据具体工程项目编写）
......

1.2　启闭机设备布置（本段根据具体工程项目编写）

1.2.1　导流系统
......

1.2.2　引水发电系统（地面厂房、地下厂房）

1.2.2.1　坝后厂房系统
......

1.2.2　地下厂房系统
......

1.2.3　泄洪系统（表孔、中孔、排沙孔、冲沙孔）
......

1.2.4　冲沙系统
......

1.2.5　其他系统（生态用水、灌溉、鱼道、廊道）
......

1.3　招标范围
（本段根据具体工程项目编写）

1.4　基本条件和资料
（本段根据具体工程项目编写）

主要自然条件和资料

1）海拔高度　　　　m

2）环境温度

极端最高气温　　　　℃

极端最低气温　　　　℃

多年平均气温　　　　　　℃

3）湿度

多年平均相对湿度　　　　％

4）风荷载压

多年最大风速平均值　　　m/s

最大瞬时风速　　　　m/s（SE）（建库前）

5）地震

地震基本烈度　　　　　　　度

设防地震烈度　　　　　　　度

地震加速度　　　　　　　水平　g、垂直　g

6）降雨

多年平均降雨量　　　　　mm

雨水酸碱度：

7）流量

多年平均流量　　　　/s

实测最大流量　　　　/s

实测最小流量　　　　/s

历史最大洪水流量　　/s

8）水质概述

水质泥沙含量：

水质酸碱度：

9）正常蓄水位　　　　　m

设计洪水位　　　　m

校核洪水位　　　　m

10）交通运输条件

2　通用技术条款

2.1　适用范围

本技术条件适用于本合同文件招标采购的全部合同设备项目。

对于本招标文件中标明"＊"的内容，投标人必须满足，如不满足则按废标处理（根据具体项目设置）。

2.2　引用规范和标准

卖方在设备的施工设计、制造、运输、安装、调试、验收等过程中，应遵循本节所列的规范和标准，以及机构、协会和组织的相应标准和规程的相应条款。在合同执行过程中如有新版本颁布，则按新版本执行。

若卖方在引用本节所列的规范和标准发生矛盾时，应优先采用技术、质量要求高的。卖方也可提出相当的规范和标准，但相当的规范和标准至少应等于或高于本节所列的规范和标准，并应经买方认可。如果卖方提出此类规范和标准，应明确指出其差异，并编制详细的索引供买方审核。

● 本招标文件中应用到的中华人民共和国标准和相关的国际标准（不限于）如下：

DL/T 5167	水电水利工程启闭机设计规范
GB/T 3811	起重机设计规范
GB 50017	钢结构设计规范
GB 6067.1	起重机械安全规程
NB/T35051	水电工程启闭机制造安装及验收规范
DL/T 5358	水电水利工程金属结构设备防腐蚀技术规程
SL381	水利水电工程启闭机制造安装及验收规范
GB/T 50205	钢结构工程施工质量验收规范
NB/T35036	卷扬式启闭机通用技术条件
GB/T 10183	桥式和门式起重机制造及轨道安装公差
GB 146.1	标准轨距铁路机车车辆限界
GB 146.2	标准轨距铁路建筑限界
GB 168	桥梁钢板
GB/T 191	包装储运图示标志
GB/T 247	钢板和钢带验收、包装、标志及质量证明书的一般规定
GB/T 324	焊缝符号表示法
GB/T 699	优质碳素结构钢
GB/T 700	碳素结构钢
GB/T 706	热轧型钢
GB 707	热轧槽钢尺寸、外形、重量及允许偏差
GB/T 709	热轧钢板和带钢的尺寸、外形、重量及允许偏差
GB 720	电控设备的正常使用环境条件
GB 755	电机基本技术要求 旋转电机定额和性能
DL/T 679	焊工技术考试规程
GB/T 983	不锈钢焊条
GB/T 984	堆焊焊条

GB/T 985.1	气焊、焊条电弧焊、气体保护焊和高能束焊的推荐坡口
GB/T 985.2	埋弧焊的推荐坡口
GB 998	低压电器基本试验方法
GB1031	表面粗糙度参数及其数值
GB1102	园股钢丝绳
GB/T 1182	产品几何技术规范（GPS）几何公差 形状 方向 位置和跳动公差标注
GB/T 1184	形状和位置公差 未注公差值
GB/T 1228	钢结构用高强度大六角头螺栓
GB/T 1229	钢结构用高强度大六角螺母
GB/T 1230	钢结构用高强度垫圈
GB/T 1231	钢结构用高强度大六角头螺栓、大六角螺母、垫圈技术条件
GB1300	焊接用钢丝
GB1498	电机、低压电器外壳防护等级
GB/T 1591	低合金高强度结构钢
GB/T 1720	漆膜附着力测定法
GB1764	漆膜厚度测定法
GB/T 1800.1－1800.4	极限与配合
GB/T 2101	型钢验收、包装、标志及质量证明书的一般规定
GB 2270	不锈钢无缝钢管的力学性能
GB/T 2346	流体推动系统及元件公称压力系列
GB/T 2348	液压气动系统及元件内径及活塞杆外径
GB/T 2349	液压气动系统及元件活塞行程系列
GB/T 2350	液压气动系统及元件 活塞杆螺纹型式和尺寸系列
GB/T 2877	液压二通盖板式插装阀安装连接尺寸
GB/T 3077	合金结构钢
GB/T 3181	漆膜颜色标准
GB/T 3274	碳素结构钢和低合金结构钢热轧厚钢板和带钢
GB/T 3323	金属熔化焊焊接接头射线照相
GB/T 3480	渐开线园柱齿轮承载能力计算方法
GB/T 3766	液压系统通用技术条件
GB/T 3797	电气控制设备

GB/T 4026	人机界面标志标识的基本方法和安全规则设备端子和特定导体终端标识及字母数字系统的应用通则
GB 4064	电气设备安全设计导则
GB/T 4162	锻轧钢棒超声检测方法
GB/T 4163	不锈钢管超声波探伤方法
GB/T 4237	不锈钢热轧钢板和钢带
GB/T 4315	起重机电控设备
GB 4323	弹性套柱销联轴器
GB 4720	电控设备第一部分：低压电器电控设备
GB/T 4942.1	旋转电机整体结构的防护等级（IP 代码）—分级
GB 4942.2	低压电器外壳防护等分级
GB/T 5117	碳钢焊条
GB/T 5118	低合金钢焊条
GB/T 5272	梅花形弹性联轴器
GB/T 5293	埋弧焊用碳钢焊丝和焊剂
GB/T 5975	钢丝绳用压板
GB/T 5976	钢丝绳夹
GB 6164.1	起重机弹簧缓冲器
GB/T 6402	钢锻件超声检测方法
GB/T 7233	铸钢件超声探伤及质量评级标准
GB/T 7267	电力系统二次回路控制、保护屏及柜基本尺寸系列
GB/T 7260.1—4	不间断电源设备
GB/T 7692	涂装作业安全规程 涂漆前处理工艺安全及其通风净化
GB/T 7934	二通插装式液压阀技术条件
GB/T 7935	液压元件通用技术条件
GB/T 8162	结构用无缝钢管
GB/T 8163	输送流体用无缝钢管
GB 8713	液压和气动缸筒用精密内径无缝钢管
GB 8918	重要用途钢丝绳
GB/T 8923	涂装前钢材表面锈蚀等级和除锈等级
GB/T 8923.2	涂覆涂料前钢材表面处理 表面清洁度的目视评定
GB 9787	热轧等边角钢尺寸、外形、重量及允许偏差
GB 9788	热轧不等边角钢尺寸、外形、重量及允许偏差

GB/T 10095.1—2	园柱齿轮精度制
GB/T 10233	低压成套开关设备和电控设备基本试验方法
GB 10854	钢结构焊缝外形尺寸
GB/T 11345	钢焊缝手工超声波探伤方法和探伤结果分级
GB/T 11352	一般工程用铸造碳钢件
GB/T 12469	焊接质量保证　钢熔化焊接头的要求和缺陷分级
GB/T 12668.1—4	调速电气传动系统
GB/T 13306	产品标牌
GB/T 14406	通用门式起重机
GB/T 18838	涂覆涂料前钢材表面处理喷射清理用金属磨料的技术要求
DL/T 5161	电气装置安装工程　质量检验及评定规程
GB755	旋转电机　定额和性能
GB 4208	外壳防护等级（IP 代码）
GB7251.1—5	低压成套开关设备和控制设备
GB11920	电站电气部分集中控制设备及系统通用技术条件
GB/T 7251.8	低压成套开关设备和控制设备智能型成套设备通用技术要求
GB/T12668.1—4	调速电气传动系统
GB/T14048.1—18	低压开关设备和控制设备
GB19517	国家电气设备安全技术规范
GB50054	低压配电设计规范
GB 50150	电气装置安装工程电气设备交接试验标准
GB50168	电气装置安装工程电缆线路施工及验收规范
GB50169	电气装置安装工程接地装置施工及验收规范
GB 50171	电气装置安装工程盘、柜及二次回路结线施工及验收规范
GB 50217	电力工程电缆设计规范
GB 50254	电气装置安装工程低压电器施工及验收规范
GB 50256	电气装置安装工程起重机电气装置施工及验收规范
GB 50258	电气装置安装工程 1kV 及以下配线工程施工及验收规范
GB 50259	电气装置安装工程电气照明装置施工及验收规范
GB/T 3805	特低电压（ELV）限值
GB/T 4026	人机界面标志标识的基本方法和安全规则—设备端子和特定导体终端标识及字母数字系统的应用通则

GB/T 4205	人机界面（MMI）—操作规则
GB/T 4879	防锈包装
GB/T 7267	电力系统二次回路控制、保护屏及基本尺寸系列
GB/T 10233	低压成套开关设备和电控设备基本试验方法
GB/T 13384	机电产品包装通用技术条件
GB/T21972.1	起重及冶金用变频调速三相异步电动机技术条件第1部分：YZP 系列起重及冶金用变频调速三相异步电动机
GB/T21973YZR3	系列起重及冶金用绕线转子三相异步电动机技术条件
JB/T 834	热带型低压电器 技术要求
JB/T 4315	起重机电控设备
GB/T 23644	电工专用设备通用技术条件
JB/T 8634	湿热带型装有电子器件的电控设备
JB/T 10104	YZ 系列起重及冶金用三相异步电动机技术条件
JB/T 10105YZR	系列起重及冶金用线绕转子三相异步电动机技术条件
JB/T10361	低压成套开关设备和控制设备安全设计导则
GSB G51 001	漆膜颜色标准样卡
JB 3915	液压机安全技术条件
JB/JQ 20301	中高压液压缸质量分等
JB/JQ 20302	中高压液压缸试验方法
JB/JQ 4396	管道沟槽及管子固定
JB/JQ 4397	管子弯曲半径和管子直线段的最小长度
JB 2758	机电产品包装通用技术条件
JB 3092	火焰切割面质量技术要求
JB/T 3223	焊接材料管理规程
JB/T 3818	液压机技术条件
JB/T 4730.1—6	承压设备无损检测
JB/T 6406.3	电力液压块式制动器 推动器
JB/T 7938	液压泵站油箱公称容量系列
JB/T 8905.1—4	起重机用减速器
JB/T 8905.2	起重机用底座式减速器
JB/T 5000	重型机械通用技术条件
JB/T 6395	大型齿轮、齿圈锻件
JB/T 6396	大型合金结构钢锻件技术条件

JB/T 6397	大型碳素结构钢锻件技术条件
JB/T 6402	大型低合金钢铸件
JB/T 6406.3	电力液压块式制动器 推动器
JB/T 9005.1—10	起重机用铸造滑轮
JB/T 9006.1—3	起重机用铸造卷筒
JB/T 10104YZ	系列起重及冶金用三相异步电动机技术条件
JB/ZQ 4382	齿式联轴器技术条件
JB/ZQ 4389	制动轮
SL/T 241	水利水电建设用起重机技术条件
SL 35	水工金属结构焊工考试规则
SL 36	水工金属结构焊接通用技术条件
SL 105	水工金属结构防腐蚀规范
SSPC	美国钢结构油漆协会规范
ASME	美国机械工程师学会规范
DIN	德国国家工业标准
IEC	国际电工委员会标准
ISO	国际标准化组织标准
TSG Q7003	门机起重机型式试验细则

2.3 计量单位及计量器具

除有特殊规定外，设计图样、技术文件以及其他相关资料的计量单位均采用中华人民共和国法定计量单位。

在设备的制造、组装、调试和试验，以及相关的检测工作中所使用的计量器具必须按规定定期经过国家法定计量检测部门的检定。

所用的计量器具的精度应符合规范要求。

2.4 施工设计和制造原则

2.4.1 总则

施工设计是卖方在合同执行过程中为达到合同设备的技术规定和质量要求而进行的技术活动。施工设计应遵循招标文件的规定和监造监理单位的监督，同时还应满足工程设计的总体要求。

招标图样作为招标人图样，仅是卖方对合同设备设计的依据，不能直接用于合同设备的加工制造。

施工设计必须经过招标人组织的设计审查。

1）卖方在设备的设计、制造过程中，除应遵守本标书所提出的规程、规范和技术标准外，经监造监理单位审查并经招标人同意后，还可采用不低于上述规程、规范和技术标准进行设计和制造，并按本标书的相关规定，提出采用的规程、规范和技术标准文本以及相应的对照索引。

2）卖方应严格按照本标书所规定的技术参数、指标和要求，以及规定的或指明的工艺、工艺流程进行设计和制造。卖方对上述技术参数、指标和要求，以及规定或指明的工艺、工艺流程的任何修改，均必须书面提出详细的技术说明和解释、相关的计算和例证，提交招标人审查批准，才能实施。

3）卖方所设计制造的设备，应技术先进、成熟、安全可靠，便于安装、操作、维护和管理。

4）在确保设备安全可靠的前提下，当技术经济指标合理时，卖方应尽可能采用当代新技术、新工艺。但所采用的新技术、新工艺应事先征得监造监理单位批准。

5）设备应造形美观，线型流畅，表面平整光洁，色彩协调。

6）启闭机的结构拼装设计，应符合国家关于铁路、公路及水路运输有关规定，同时满足设备现场最大吊装单元的条件。

7）机械及电气设备应满足向家坝水电站工程的自然条件，特别是应满足防雨、防潮、防腐及防霉的要求，具有抗电磁干扰的能力，计算机产品还应有较强的容错与诊断功能。

8）机械及电气设备的工作条件要考虑长期运行中可能遇到的各种工况，能适应特殊情况下的误操作而避免事故的发生。

2.4.2　设计审查会

设计审查会的时间和地点按商务条款执行。

1）第一次设计审查会的目的、要求、内容及需提交的资料

（1）第一次设计审查会将对卖方提出的启闭机总布置、设计方案及输入输出接口进行审查；对各大部件总成图、装配图、结构图、涂装设计方案等进行审查；对电气控制设计方案、设备配置、总成布置、软件编制原则及输入输出接口进行讨论协调，并对设备所需进口的元器件予以确认。

（2）对于进口设备和元器件，招标人将在第一次设计审查会上对卖方根据启闭机总体布置和功能要求所提出的设计方案、进口设备和元器件的设置以及与电气系统的输入输出接口进行讨论协调，并对进口设备和元器件是否满足合同技术要求予以确认。

（3）第一次设计审查会卖方须提供的设计图样和技术文件。

①门机图纸

总布置图；

小车总图；

起升机构装配图；

大、小车运行机构总图；

回转吊总图；

门架总图；

液压清污抓斗总图（含液压原理图）；

液压自动抓梁总图（含液压原理图）；

平衡吊梁总图（含吊轴）；

电气控制设计方案总图；

电气控制流程图。

②门机技术文件

设计说明书，包括：

采用的规程、规范和标准；

方案说明；

各机构和结构的分析计算成果；

设备最大运输单元；

冲击力、侧向力、轮压值及轮压分布图计算成果；

各机构的用电量及不同机构组合运用时的最大用电量；

电力拖动和控制系统计算；

电动机、变频器容量选择计算；

内部电压降计算；

重要零部件/元器件的选择说明；

整体抗倾覆稳定性校验；

抗滑安全性计算；

外购件、备品备件和进口件清单（含制造厂家、通讯地址）。

③台车图纸

总布置图；

起升机构装配图；

运行机构总图；

液压自动抓梁总图（含液压原理图）；

电气控制设计原理图；

电气控制流程图。

④台车技术文件

设计说明书，包括：

采用的规程、规范和标准；

方案说明；

各机构和结构的分析计算成果；

设备最大运输单元；

冲击力、侧向力、轮压值及轮压分布图计算成果；

各机构的用电量及不同机构组合运用时的最大用电量；

电力拖动和控制系统计算；

各电动机、变频器容量选择计算；

内部电压降计算；

重要零部件/元器件的选择说明；

外购件、备品备件和进口件清单（含制造厂家、通讯地址）。

⑤固定卷扬式启闭机图样

总布置图；

埋件布置及荷载分布图（含开孔尺寸）；

卷筒装置总图；

动滑轮装置（含吊轴）装配图；

机架结构图；

电气控制设计原理图；

电气控制流程图。

⑥固定卷扬式启闭机技术文件

设计说明书，包括：

采用的规程、规范和标准；

方案说明；

主要结构和机构的计算成果；

最大运输单元；

机构的最大用电量；

电力拖动和控制系统计算；

各电动机、变频器容量选择计算；

内部电压降计算；

重要零部件/元器件的选择说明；

主要电气设备清单；

外购件、备品备件和进口件清单（含制造厂家、通讯地址）。

⑦液压启闭机图纸

总布置图；

油缸总图（含吊轴）；

机架结构图；

支铰座结构图；

液压泵站总图；

启闭机埋件布置图；

液压系统原理图；

电气控制设计原理图；

电气控制流程图。

⑧液压启闭机技术文件

设计说明书，包括：

采用的规程、规范和标准；

方案说明；

油缸主要零部件计算；

液压系统计算；

电气控制设计原理图；

重要零部件/元器件的选择说明；

用电量；

设备（含液压系统泵站、电控系统）外购件、备品备件和进口件清单（含制造家厂、通讯地址）。

⑨进口设备和元器件图纸、技术文件和安装使用说明书

2）第二次设计审查会的目的、要求、内容及需提交的资料

（1）第二次设计审查会将对卖方提出的启闭机设计方案及成果进行确认，以及对电气控制系统总成图、接线图、端子图、电缆清单、电气控制设备的软件、设备的安装使用说明以及有关的设计技术文件等进行讨论和审查，并对设备的输入输出接口予以确认，对有关工艺问题进行讨论和审查。

（2）第二次设计审查会卖方须提供的图纸和技术文件。

①门机图纸

总布置图；

外观彩色效果立体图（含液压清污抓斗、液压自动抓梁）；

小车总图；

小车起升机构装配图；

卷筒装置装配图；

动滑轮吊具装配图；

小车荷重检测装配图；

小车架结构图；

小车运行机构装配图；

小车运行机构主、从动台车组装配图；

卷筒装置装配图；

吊具装置；

防撞、测距装置布置图；

门架总图；

大车运行机构总图；

主、从动台车组装配图；

各机构润滑装置布置图；

司机室图；

夹轨器装配图；

门机轨道布置图；

电缆卷筒装配图；

照明设备布置图；

防雷接地装置布置图；

供电接电箱原理图、结构图和安装图；

结构件、机构件吊装、运输、存放示意图；

供电线路图；

接地原理图、布置图；

所有电气设备的工作和控制原理图；

所有电气设备、辅助装置和控制的连接、接线和布线图；

司机室、机房、控制柜、起升、运行、电缆管和柜子的布置详图；

电控柜、联动操作台的接线图；

液压清污抓斗总图以及抓斗与拦污栅和清污导槽的配合关系图；

液压自动抓梁梁体结构图；

液压清污抓斗液压转齿装置装配图；

液压清污抓斗液压系统原理图；

液压清污抓斗导向、支承装置图；

液压自清污抓斗供电及电缆收放装置图；

液压自动抓梁总图以及液压自动抓梁与闸门和门槽的配合关系图；

液压自动抓梁梁体结构图；

液压自动抓梁液压移轴装置装配图；

液压自动抓梁液压系统原理图；

液压自动抓梁导向、支承装置图；

液压自动抓梁供电及电缆收放装置图；

平衡吊梁总图以及平衡吊梁与拦污栅的配合关系图；

平衡吊梁梁体结构图（含吊轴）；

吊耳连接关系图。

②门机技术文件

设计说明书，包括：

采用的规程、规范和标准；

方案说明；

各机构和结构计算成果；

最大运输单元；

冲击力、侧向力、轮压值及轮压分布图计算成果；

重要结构件和机构件吊装、运输、存放说明，以及重要电气部件的存放说明；

各机构的用电量及不同机构组合运用时的最大用电量；

整体抗倾覆稳定性校验；

防风抗滑安全性计算；

电力拖动和控制系统计算；

电动机、变频器容量选择计算；

内部电压降计算；

制造工艺及质量保证措施（包括焊缝和铸锻件的分类）；

结构件焊接工艺和检验标准；

钢丝绳预拉工艺及技术要求；

涂装工艺和检验标准；

备品备件、易损件、外购件、进口件清单（含制造厂家、通讯地址）；

电路图的电气符号和图例；

所有电气设备工作和控制设计说明；

电缆清单；

操作程序和故障检修指南；

试验大纲；

安装使用说明。

③台车式启闭机图纸

总布置图；

外观彩色效果立体图（含液压自动抓梁）；

起升机构装配图；

卷筒装置装配图；

荷重检测装配图；

动滑轮吊具装配图；

台车架总图；

台车架结构图；

运行机构装配图；

运行机构主、从动台车组装配图；

各机构润滑装置布置图；

司机室图；

电缆滑线布置图；

照明设备布置图；

防雷接地装置布置图；

结构件、机构件吊装、运输、存放示意图；

供电接电箱原理图、结构图和安装图；

供电线路图；

接地原理图、布置图；

所有电气设备的工作和控制原理图；

所有电气设备、辅助装置和控制的连接、接线和布线图；

司机室、机房、控制柜、起升、运行、电缆管和柜子的布置详图；

电控柜、联动操作台的接线图；

液压自动抓梁总图，以及液压自动抓梁与闸门和门槽的接口关系；

液压自动抓梁梁体结构图；

液压自动抓梁液压移轴装置装配图；

液压自动抓梁液压系统原理图；

液压自动抓梁导向、支承装置图；

吊耳连接关系图。

④台车式启闭机技术文件

设计说明书，包括：

采用的规程、规范和标准；

方案说明；

各机构和结构计算成果；

最大运输单元；

冲击力、侧向力、轮压值及轮压分布图计算成果；

重要结构件和机构件吊装、运输、存放说明，以及重要电气部件的存放说明；

各机构的用电量及不同机构组合运用时的最大用电量；

电力拖动和控制系统计算；

电动机、变频器容量选择计算；

内部电压降计算；

制造工艺方案及质量保证措施（包括焊缝和铸锻件的分类）；

结构件焊接工艺和检验标准；

涂装工艺和检验标准；

备品备件、易损件、外购件、进口件清单（含制造厂家、通讯地址）；

电路图的电气符号和图例；

所有电气设备工作和控制设计说明；

电缆清单；

操作程序和故障检修指南；

试验大纲；

安装使用说明。

⑤固定卷扬式启闭机图纸

总布置图；

外观彩色效果立体图；

装配总图；

起升机构装配图；

机架装配图；

卷筒装置、动滑轮装置（含吊轴）装配图；

吊耳连接关系图；

荷重检测装配图；

结构件、机构件吊装、运输、存放示意图；

供电接电箱原理图、结构图和安装图；

供电线路图；

接地原理图、布置图；

所有电气设备的工作和控制原理图；

所有电气设备、辅助装置和控制的连接、接线和布线图；

控制柜、电缆管和柜子的布置详图；

电控柜、联动操作台的接线图。

⑥固定卷扬式启闭机技术文件

设计说明书，包括：

采用的规程、规范和标准；

方案说明；

机构和结构计算成果；

最大运输单元；

电力拖动和控制系统计算；

电动机、变频器或电阻器容量选择计算；

内部电压降计算；

制造工艺方案及质量保证措施（包括焊缝和铸锻件的分类）；

结构件焊接工艺和检验标准；

涂装工艺和检验标准；

备品备件、易损件、进口件清单（含制造厂家、通讯地址）；

电路图的电气符号和图例；

所有电气设备工作和控制设计说明；

电缆清单；

操作程序和故障检修指南；

试验大纲；

安装使用说明。

⑦液压启闭机图纸

启闭机总布置图；

油缸总成图（含吊轴）；

油缸缸体、活塞杆、活塞杆吊头零件图；

机架结构图；

支铰座结构图；

支承零件图；

吊耳连接关系图；

液压系统原理图；

液压泵站布置图；

液压管道布置图；

启闭机埋件布置总图；

所有电气设备、辅助装置和控制的连接、接线和布线图；

电气控制设计原理图；

电气控制流程图；

电控柜、操作盘（柜）的布置图；

电气、电子设备内外部接线图（含端子箱）。

⑧液压启闭机技术文件

设计说明书，包括：

采用的规程、规范和标准；

方案说明；

油缸零部件计算；

液压系统计算；

电力拖动和控制系统计算；

重要零部件/元器件的选择说明；

用电量；

控制应用软件及其说明书；

电缆清单；

制造工艺设计及质量保证措施；

各构件焊接工艺和检验标准；

涂装工艺和检验标准；

重要结构件和机构件吊装、运输、存放说明，以及重要电气部件的存放说明；

工作最大用电量（含电动机功率）；

外购件、备品备件、易损件、进口件清单（含制造厂家、通讯地址）；

液压启闭机吊装、运输及存放方案说明；

操作程序和故障检修指南；

试验大纲；

安装使用说明。

2.5 施工设计图样

2.5.1 范围

1）本条款所指图样包括卖方全部施工设计图纸、技术文件、设计计算书和设计说明书。招标图样作为招标人图样，仅是卖方对合同设备进一步设计的依据，不能直接用于合同设备的加工制造。

2）施工设计图纸包括设备布置、总成、装配图、部件和零件图、安装图，出厂竣工图、材料和设备清单以及工厂的各种标准件图、各种说明书、样本、产品和材料的特性及有关试验数据和资料。施工设计图纸必须满足标书文件所规定的各项要求。

2.5.2　一般规定

1）施工设计图样由卖方提出，图样应符合国家制图标准，表达规范、完整。

2）施工设计图样应以招标人的招标图样、合同条款和技术条款为依据。

3）施工设计图样中标注的内容，如引用了国家标准以外的内容，均应提出相关文件。卖方不得以引用或借用卖方的标准文件、图纸为由而不在合同设备的图样上作具体表达。卖方为使图纸表达简便而简化图纸内容须随图样提供相关文件的文本及标准图。

4）启闭机及电气控制设备的施工设计图样（包括进口件）必须满足工程设计单位的总体设计与布置要求。

5）每张施工设计图纸必须留有供监造监理单位审核和盖章用的空白处。

6）施工设计图样，包括技术文件、工厂文献、目录摘要等，每份均应标上工程名称、项目名称和合同编号，并列出详细的图样目录。不同的项目不能在同一张图纸上提交。

7）卖方必须按审查后的施工设计图样进行工艺设计，编制车间工艺及工艺文件，并报监造监理单位批准。

8）卖方应确保提交正确、完整、清晰的技术文件，其技术文件应能满足合同设备的设计、制造、检验、移交、安装、调试、试运行、验收试验、运行和维护的要求。

9）合同设备经制造、出厂验收、安装完毕、试验和初步验收合格后，卖方须对技术文件进一步确认、补充和完善。必要时，应制造监理工程师的要求，卖方应补充提交修改部分的图纸和文件。

10）卖方的技术文件及施工设计图样应叠成标准的 A3 图幅并分册装袋或装订提交。文字文件应按 A4 图幅的尺寸装订成册交付。

11）经审查通过的合同设备施工设计图样，卖方在执行过程中有修改要求时，须以书面形式提出，经监造监理单位审查批准后方可执行。

12）设备布置图、埋件图必须满足相关部位土建施工进度要求。

2.5.3　安装图、出厂竣工图及资料的提交

1）一般要求

在安装图、出厂竣工图中，应标明所有必需的尺寸、配合的公差、材料的型号和级别、安装方式、重量、技术要求。在安装图和出厂竣工图中均须详细地表示出所有的设计细节。另外，出厂竣工图中还须包括根据招标人、监造监理单位和安装单位的要求所做的修改及说明。

2）安装图、出厂竣工图及资料的提交方式

安装图、出厂竣工图及资料按下述方式提交：

设备出厂前 90 天，提交设备安装图、安装使用维护说明书和试验大纲；

产品出厂时，随机提供剩余安装图和有关资料；

不迟于设备出厂后 45 天内，提供其余的图纸和资料，包括图纸的电子文档。

安装图、出厂竣工图及资料提交的份数按照商务条款的规定执行。

3）移动或固定卷扬式启闭机出厂安装图和资料

（1）设备总布置图；

（2）设备总图；

（3）设备的所有部件图、装配图和总成图，吊耳连接关系图；

（4）重要的零件图，包括起升机构中的卷筒体、卷筒轴、高速轴（如果有），运行机构的车轮、车轮轴、平衡架、制动轮；

（5）结构件的分节图；

（6）吊装、运输、存放示意图；

（7）抓斗、抓梁总图、梁体图、支承导向装置部件图、活塞（柱塞）缸部件图；

（8）启闭机中液压装置的液压系统原理图，泵站、阀组、油箱（含附件）总装图、管道布置图；

（9）设备埋件图；

（10）设备完整的电气原理图、电气装置内部接线图和外部接线图、各单元端子接线图、电气设备装配图、电气安装图等；

（11）电气设备布置图、电缆敷设图；

（12）电气设备操作、控制流程图；

（13）电缆统计清册；

（14）技术手册、用户手册、编程手册、硬件及软件手册、运行和维护所需的 PLC 正版应用软件、源程序代码和使用说明；

（15）主要机构和结构厂内组装、安装、调试、试验记录；

（16）进口件产品使用维护说明书（原产厂外文本及中译本）；

（17）设备安装、使用说明书，调试说明书，试验和调试大纲；

（18）专用设备和电气调试专用仪器一览表；

（19）技术培训教材（应包括安装、调试的项目及方法）。

4）液压启闭机出厂安装图和资料

（1）设备总布置图；

（2）设备总图；

（3）设备的所有部件图、装配图和总成图，吊耳连接关系图；

（4）重要的零件图，包括活塞杆、缸体、吊头；

（5）结构件的分节图；

（6）吊装、运输、存放示意图；

（7）液压系统原理图，泵站、阀组、油箱（含附件）总装图；

（8）设备埋件图；

（9）设备完整的电气原理图、系统原理图、电气装置内部接线图和外部接线图、各单元端子接线图、电气设备装配图、电气设备安装图、设备清单等；

（10）电气设备布置图、电缆敷设图；

（11）电气设备操作、控制流程图；

（12）电缆统计清册；

（13）技术手册、用户手册、编程手册、硬件及软件手册、运行和维护所需的 PLC 正版应用软件、源程序代码和使用说明等；

（14）厂内组装、安装、调试、试验记录；

（15）进口件产品使用维护说明书（原产厂外文本及中译本）；

（16）设备安装、使用说明书，调试说明书，试验和调试大纲；

（17）专用设备和电气调试专用仪器一览表；

（18）技术培训教材（应包括安装及调试的项目及方法）。

5）设备竣工图和竣工资料

设备出厂时，至少随机提交一套设备竣工图和有关资料。其余的竣工图和竣工资料应在不迟于设备出厂后 45 天内由卖方向招标人提交，其中产品合格证、外购件合格证、材质证明、检验和试验报告、会议纪要等，至少有一套是原件供存档。对招标人、监造监理单位、工程设计单位提供的技术文件份数按合同规定执行。设备制造和出厂试验过程中的修改应反映在竣工图中。

6）移动或固定卷扬式启闭机竣工图及资料

（1）设备总布置图；

（2）设备总图；

（3）设备的所有部件图、装配图和总成图，吊耳连接关系图；

（4）重要的零件图（包括起升机构中的卷筒体、卷筒轴、高速轴（如果有），运行机构的车轮、车轮轴、平衡架、制动轮，以及其它在设备检修时需拆装与检查的零件图和易损件图）；

（5）抓斗、抓梁液压装置的液压系统原理图，泵站、阀组、油箱（含附件）总装图和管道布置图及零件图；

（6）结构件、机构件的吊装、运输、存放示意图；

（7）电气设备布置图；

（8）电气设备装配图、安装图；

（9）电气设备操作控制流程图；

（10）设备完整的电气原理图、电气设备内部接线图和外部接线图、各单元端子接线图；

（11）电缆敷设图；

（12）电缆统计清册；

（13）图纸及资料清单；

（14）技术手册、用户手册、编程手册、硬件手册、软件手册、运行和维护所需的PLC正版应用软件、源程序代码和使用说明等；

（15）易损件清单（含规格、数量、用途、生产厂家名称、通讯地址）；

（16）主要机构、结构厂内组装记录；

（17）设备主要部件的检验记录及出厂试验报告，设备厂内制造、组装过程中重大质量缺陷及处理记录；

（18）设备的安装、使用和维护说明书；

（19）电气控制设备的安装、调试、使用和维护说明书；

（20）专用设备和电气调试专用仪器一览表；

（21）产品合格证、外购件合格证；

（22）主要零部件和构件材质证明；

（23）备品备件清单（含规格、数量、用途、生产厂家名称、通讯地址）；

（24）进口件清单（含生产厂的使用维护说明书）中、外文本；

（25）技术培训教材；

（26）监造监理单位验收签证。

7）液压启闭机竣工图及资料

（1）设备总布置图；

（2）设备总图；

（3）设备的所有部件图、装配图和总成图，吊耳连接关系图；

（4）重要的零件图（包括活塞杆、缸体、吊头、活塞、端盖以及设备检修时需拆装与检查的零件图和易损件图）；

（5）液压系统原理图；

（6）泵站、阀组、油箱（含附件）总装图；

（7）管道布置图及零件图；

（8）结构件和机构件吊装、运输、存放示意图；

（9）电气设备布置图；

（10）电气设备装配图、安装图；

（11）电气设备操作控制流程图；

（12）设备完整的电气原理图、电气设备内部接线图和外部接线图、各单元端子接线图；

（13）电缆敷设图；

（14）电缆统计清册；

（15）图纸及资料清单；

（16）技术手册、用户手册、编程手册、硬件手册、软件手册、运行和维护所需的PLC 正版应用软件、源程序代码和使用说明等；

（17）易损件清单（含规格、数量、用途、生产厂家名称、通讯地址）；

（18）厂内组装记录；

（19）设备主要部件的检验记录及出厂试验报告，设备厂内制造、组装过程中重大质量缺陷及处理记录；

（20）设备的安装、使用和维护说明书；

（21）电气控制设备的安装、调试、使用和维护说明书；

（22）专用设备和电气调试专用仪器一览表；

（23）产品合格证、外购件合格证；

（24）主要零部件和构件材质证明；

（25）备品备件清单（含规格、数量、用途、生产厂家名称、通讯地址）；

（26）进口件清单（含生产厂的使用维护说明书）中、外文本；

（27）技术培训教材；

（28）监造监理单位验收签证。

8）卖方还须向招标人提供设备竣工图的电子文档，以及缩印成 350mm×550mm的设备竣工图，包括图纸目录和标题索引。

2.6 安装、使用和维护说明书

2.6.1 范围

本节内容规定了卖方关于其设备的安装、使用和维护说明书的编制及提交。卖方必须提交设备的安装、使用和维护说明书。

2.6.2 一般规定

1）卖方的设备安装、使用和维护说明书至少应包括本节所指明的内容。

2）在安装、使用和维护说明书中，卖方应将其它与自己的设备相关的供应商和分包商的有关说明包括在自己编制的安装、使用和维护说明书中。

3）在卖方的设备出厂验收前，卖方应提交安装、使用和维护说明书送审稿给招标人审查。

4）在收到卖方的安装、使用和维护说明书送审稿后，招标人将审查送审稿。在审查中所发现的问题将直接在安装、使用和维护说明书送审稿的相应位置改正或另以书面形式传达给卖方。

5）在收到经审查的安装、使用和维护说明书送审稿后，卖方应根据招标人的要求进行修正，并提交监造监理单位认可。

6）在设备出厂前，如果因任何原因，合同设备进行了改进并因此而改变了安装、使用和维护要求，卖方应相应修改其安装、使用和维护说明书。

2.6.3 安装、使用和维护说明书内容

1）说明书应由扉页、目录、插页和资料组成。资料包括安装、使用、保养、故障检修、大修说明及电气调试说明，部件清单和建议的备品备件清单，以及附录和相关附图。

（1）扉页包括设备的名称、功能、制造商的标志号和标题。

（2）目录应列出说明书所有的章、节和小标题，带有每章节的开始页码和附图清单。

（3）插页应是说明书所描述设备的识别插图。

（4）叙述的资料应由图纸、图表以及设备的性能与功能说明组成，包括总成和部件的组装。

2）对于初始安装和大修后的安装，安装资料应包括预装检查、安装、校准及运行准备。

3）安装与使用资料应包括必要的调试与操作程序，还应包括应用软件及说明书、操作规程和运行限制范围。

4）维护资料应包括卖方产品的正确运行检查、清理、润滑、调节、修理、大修、拆卸和重新装配的方法和程序，备品备件的存放、保养方法，并应包括所需要的专用工具。

5）附录应包括安全保护措施、周期性或计划维护的表格、参考报告或手册、设备中重要元器件使用说明书以及其它未规定要提供的有关资料。

2.7 材料

2.7.1 总则

1）卖方为完成承制的结构、机械及电气设备以及临时设施所需的工程材料均由卖方自行采购和提供。

2）卖方负责采购、验收、运输和保管的机械和电气设备制造所需的全部材料均应

符合设计图纸或本合同有关规定的要求，并符合有关技术规范的要求。

　　3）由于某种原因无法采购到规定的材料时，卖方应提出使用替换材料的申请报告，报招标人批准。代用品的申请报告必须附有替换材料品种、型号、规格和该材料的技术标准、性能和试验资料。只有在证明代用品相当或高于原材料的性能和质量并便于制造时，方能得到批准。由此增加的工程量和费用由卖方承担。

　　4）卖方对其采购的材料、设备负全部责任，监造监理单位有权要求卖方提供材质证明、出厂合格证书、材料样品和试验报告。监造监理单位一旦发现卖方在本工程中使用了不合格的材料时，卖方应按监造监理单位指示立即更换。

　　5）本合同中结构、机械、电气设备的涂装，除有专门规定外由卖方在出厂前完成。

　　6）所有转动或特殊部位出厂前保养、运转所需的润滑材料均由卖方提供。

2.7.2　金属材料及非金属材料

　　制造所用的金属材料和非金属材料必须符合合同及相关规范的要求，且具有出厂质量证书，其机械性能和化学成分必须符合现行的国家标准或部颁标准。所有材料必须报经制造监理工程师审批后才可投入使用。如标号不清、或数据不全、或对数据有疑问者，应逐个进行试验，试验合格的才能使用。

2.7.3　焊接材料

　　1）焊条型号或焊丝代号及其焊剂必须符合合同及施工图纸规定，当施工图纸没有规定时，应选用与母材强度相适应的焊接材料。不锈钢的焊接，应当使用相应的不锈钢焊条。

　　2）焊条应符合 GB/T 5118、GB/T 5117、GB/T 984 或 GB/T 983 的有关规定。

　　3）自动焊用的焊丝和焊剂应符合 GB5293 和 GB12470 中的有关规定。

　　4）埋弧焊用碳钢焊丝和焊剂应符合 GB 5293 的有关规定。

　　5）低合金钢埋弧焊用焊剂应符合 GB/T 12470 的有关规定。

　　6）焊接材料都必须具有产品质量合格证。

　　7）焊条的贮存与保管遵照 JB/T 3223 及 NB/T35051 中的规定执行。

2.7.4　润滑材料和液压油

　　移动或固定卷扬式启闭机出厂前保养、运转所需的各种润滑脂和润滑油（包括齿轮油）由卖方提供，润滑材料的生产厂和牌号应符合国家标准和施工图纸的规定。

　　液压启闭机厂内冲洗及试验用油由卖方提供。工地现场调试及正常运行用油由招标人统一采购。以上所有用油必须兼容。

2.8　下料、加工

　　1）制造零件和单个构件前应制订制造工艺，并应充分考虑到焊接收缩量和机械加工部位的切削余量。

2）钢板和型钢在下料前应进行整平、调直处理。

3）用钢板或型钢下料而成的零件，其未注公差尺寸的极限偏差，应符合 NB/T35051 中的有关规定。

4）切割钢板或型钢，其切断口表面形位公差及表面粗糙度要求应符合 NB/T35051 中的有关规定。

5）钢板下料后，有尺寸公差控制要求的钢板（包括焊接接头），其边缘应进行刨（铣）边加工，其表面粗糙度 $Ra \leqslant 25 \mu m$，加工余量由卖方做工艺时确定；无尺寸公差控制要求的钢板，其切割表面应用砂轮打磨平整。

6）下料后的钢板边棱之间平行度和垂直度公差为相应尺寸公差的一半。

7）经矫正后，钢板的平面度、型钢的直线度、角钢肢的垂直度、工字钢和槽钢翼缘的垂直度和扭曲，应符合 NB/T35051 中的有关规定。

8）单个构件制造的允许公差或偏差应符合 NB/T35051 中的有关规定。

9）零部件的加工和装配按施工图样和 JB/T5000.9、JB/T5000.10 中的有关规定执行。装配后应在转动部位灌注润滑油（脂），润滑油（脂）的规格应符合施工图样和技术文件的要求。

2.9　连接

2.9.1　焊接连接

1）金属结构件的焊接工艺、焊前准备、施焊、焊接矫形、焊后热处理、焊缝质检和焊缝修补等技术要求必须符合 DL/T 678、SL36 和 NB/T35051 的规定。对一、二类焊缝的焊接和新材料的焊接，焊前必须提供焊接工艺文件及焊接工艺评定，经制造工程师批准后方可实施。

2）焊工的考试按 DL/T 679 或 SL 35 的规定执行，如果采用其他标准，必须经制造工程师批准。卖方应将合格焊工名单和有关资料交制造工程师审查备案。持有效合格证书的焊工方能持证上岗参加相应材料一、二类焊缝的焊接；合格焊工所从事的焊接工作必须和其所持有效证书的合格项目内容相符。

3）焊缝坡口的型式与尺寸应符合合同及施工图纸的规定。

4）除非设计图纸另有说明外，所有焊缝均为连续焊缝。

5）钢板的拼接接头应避开构件应力集中断面，应避免十字焊缝，相邻平行焊缝的间距应大于 200mm。

6）除施工图样另有说明外，焊缝按规范 NB/T35051 分类，并按规范进行质量检查和处理。

7）焊缝出现裂纹时，焊工不得擅自处理，应查清原因，订出修补工艺并经制造监理工程师批准后方可处理。焊缝同一部位的返修次数不宜超过两次，一、二类焊缝的返修应在制造工程师监督下进行。

8）对于复杂构件应采用数控切割或按事先制作好的样板下料。各项金属结构和零部件的加工、拼装与焊接，应严格按照事先编制的工艺和焊接规范进行。

9）各项金属结构的加工、焊接与拼装，应按事先编制好的工艺流程和焊接工艺进行。制作过程中应随时进行检测，严格控制焊接变形和焊缝质量，并根据实际情况对工艺流程和焊接工艺进行修正。对于焊接变形超差部位和不合格的焊缝，应逐项进行处理，并详细记录。处理合格后才能进行下一道工序。

10）焊后消除应力

（1）消除应力应在机加工之前进行。

（2）消除应力按施工图样及 NB/T35051 中的有关规定执行。

11）拼接焊缝坡口按施工图样要求在出厂前制备。

2.9.2 螺栓连接

1）螺栓的规格、材料、制孔和连接应符合施工图样及 NB/T35051 规范的规定。

2）螺孔、螺栓制备和螺栓紧固等技术工艺要求，必须符合 GB/T 3098 和 NB/T35051 等相关规范的规定。

3）构件装配时，结合面应平整，拧紧后连接面应紧密接触。

4）钢构件连接用普通螺栓的最终合适紧度为螺栓拧断力矩的 50%—60%，并应使所有螺栓拧紧力矩保持均匀。

5）凡采用不锈钢螺栓的应按国家标准制作，性能等级为 A70。

6）螺栓、螺母和垫圈应分类存放，妥善保管，防止锈蚀和损伤。使用高强度螺栓时应做好专用标记，以防与普通螺栓相互混用。

7）高强度大六角头螺栓连接副，应按出厂批号复验扭矩系数平均值和标准偏差；抗剪型高强度螺栓连接副，应按出厂批号复验紧固轴力平均值和变异系数，复验结果均应符合 JGJ82 中的有关规定。需要复验摩擦面抗滑移系数的，卖方负责提供与代表的构件为同一材质、同一摩擦面处理工艺、同批制作，使用同一性能等级的高强度螺栓连接副，并在相同条件下同批发运的试件。卖方负责按上述要求提供同批号的试验用螺栓。

8）高强度螺栓连接副安装完毕后，扭矩检查应在螺栓终拧 1 小时以后、24 小时以前完成。检查记录应提交制造监理工程师。

9）卖方向招标人提供的紧固件数量应在满足现场扭矩系数、抗滑移系数等复验项目要求的数量外，还比设计图纸规定的数量多至少 5%，当 5%不足 1 副时，至少应提供 1 副。

10）卖方在预组装时所用的紧固件不能作为永久设备使用。

2.10 铸锻件

2.10.1 铸件

1）铸钢件应按设计图纸和JB/T 5000.6的规定铸造，检验参照NB/T35051执行。

2）铸钢件的化学成份和机械性能应符合GB/T 11352或JB/T5000.6的规定，铸件探伤、热处理及硬度应符合设计图纸及合同的要求。铸钢件的尺寸公差应符合GB6414的规定。

3）铸钢件的质量要求和焊补工艺应符合NB/T35051的规定执行。施工图样上另有要求的，按图样要求执行。

4）铸件在加工前应进行人工时效。

5）铸钢件内部探伤应按《铸钢件 超声检验 第1部分：一般用途铸钢件》GB/T7233.1执行，铸钢件表面探伤应按《铸钢件渗透探伤及缺欠显示痕迹的评级方法》GB/T 9443或《铸钢件磁粉探伤及质量评级方法》GB/T 9444进行表面无损检测。检测结果应满足合同规定的要求。

6）卖方对大型铸件如需外协时，合同的技术条件需由制造监理工程师审查批准。

2.10.2 锻件

1）锻件的锻造应符合施工图样和JB/T 5000.8的规定，并制订完整的工艺指导文件、经制造监理工程师认可后，才能成批生产。

2）锻件质量检查应按施工图样、JB/T 5000.8及NB/T35051的规定执行。锻件探伤、热处理及硬度应符合设计图纸的要求，并提供相应工艺措施文件。

3）吊轴、轮轴等有规范不允许的缺陷时必须更换，不得焊补。

4）锻件在加工前应进行时效处理，精加工后提交工作表面硬度值。

5）卖方对锻件如需外协时，合同的技术条件需由制造监理工程师审查批准。

6）钢锻件内部探伤应按《钢锻件超声检验方法》GB/T 6402执行。

2.11 外购件及专业配套件

2.11.1 技术要求

1）外购件和专业配套件系指各种标准组件、零件或专业厂生产的产品及标准设备。

2）所采用的外购件应符合设计图纸的型号、技术参数、性能指标等级等要求，并须随件附有出厂合格证明。外购进口件还需附有产品原产地生产厂家的证明。

3）所采用的专业配套件，应严格按设计图纸指定的，技术文件上规定的要求配套。除非经制造监理人认可，方可对零件和组件进行替换。

4）外购件或专业配套件的采购计划（包括生产厂、牌号、数量、价格、交货期等）以及专业配套件生产厂的资质应经制造监理人审查批准。制造监理人有权进行外购件和专业配套件的合同技术条款审查，参加重要外购件和专业配套件的质量检验。

5）外购件采购时应进行必要的检验及测试，认定合格后才可采购。

6）对招标人专门指定的特殊外购件或专业配套件，卖方应予以满足。

7）外购件到货后，卖方应负责验收入库，并应接受制造监理工程师的检查。每批到货的外购件应附有产品合格证和使用说明书及必要的试验报告。

8）在所购外购件或专业配套件的质保期内，卖方应对其质量负责。

2.11.2　生产过程照片和光盘

2.11.2.1　概述

本条规定了卖方在各生产阶段应提供的影像资料。本条所做工作的费用已包含在合同设备各项单价中，不单独进行计费或付款。

2.11.2.2　生产阶段

卖方应拍摄设备主要部件制造的重要环节或加工的重要阶段的照片和录像，应提供不少于3个有利位置的不同景象，反映工作的重要阶段或重要环节。在此期间的每1张照片和录像应同月进度报告一起提供。照片和录像资料以电子版的形式提供。

2.11.2.3　照片和录像的质量

照片和录像应是彩色，成像清晰，色彩准确、自然。提供的照片和录像等资料上应注明以下的内容：

——工程的名称和合同号；

——表示主题景象及视图方位的标志；

——制造厂的名称和地址；

——拍摄日期；

——买方、卖方的名称。

2.12　电气设备的一般要求

2.12.1　总则

1）卖方的工作范围

（1）完成电气设备的设计、制造、工厂试验、包装运输、交货、安装指导、工地试验及调试、验收、人员培训等全部工作。

（2）提供必要的测试、试验设备和维修设备。

（3）提供设备的原理图、内部接线图、外部接线图、端子接线图、电气设备布置图、安装图、操作控制流程图、电缆敷设图、电缆统计清册、安装调试说明书、操作使用维护说明书、正版应用软件（含源程序代码）及软件程序清单、软件编制说明等全套图纸、技术文件。

（4）卖方提供的图纸和技术文件、计算机软件等必须符合国家有关标准规范。

（5）对外接口协调。

对于现地控制站与远方控制设备之间通信的具体内容和格式，卖方应保证满足合同规定的接口要求，并保证现地控制站与远方控制设备之间数据通信或 I/O 接口成功进行。

2）卖方应采用国内外先进的、经工程实践检验，证明是可靠的产品，以确保启闭机运行安全可靠。

3）设备的制造、系统集成和软件编制等各项工作必须严格按照经审定的工艺方案实施。

4）招标人需对合同设备性能参数、技术条款等进行修改时，卖方应按双方就变更达成的意向对设备提出修改设计，并经制造监理工程师审查和招标人认可后实施。

5）电气元器件

PLC、变频器、软启动器、断路器、接触器等关键部件应优先选用国际知名品牌元件，检测元件和传感器件应尽量采用选用国际知名品牌产品，其余元器件应选用优质产品，以保证运行的安全性与可靠性。卖方应在投标书中详细说明这些器件的生产厂家和原产地。启闭机高度限制器、重量限制器必须有国家型式试验许可证。

液压启闭机液压泵站和缸旁阀块的电气元件及端子箱、仪表箱防护等级应不低于 IP65。

6）元器件的互换性

本工程采用的元器件，虽然不允许采用代用品，但还应尽可能选择通用的具有标准规格尺寸的元器件，增强其互换性，以备急需。

7）电气设备应能满足设备表面结露等恶劣工作环境条件。并考虑泄洪过程中水雾对电气设备的影响，合理提高相应电气设备的防护等级和增加永久防护措施。

8）远程集控（监控）

有远方集控（监控）要求的启闭机电气设备，其现地电控柜内应留有与计算机集控系统或监控系统机组 LCU 连接的开关量和模拟量输入输出接口，同时应具有与监控系统的通信接口。

9）进口电气设备和装置的厂家图纸、说明书、来往联系信函等文件一律使用中文或中外文对照。

2.12.2 变送器和传感器

1）变送器和传感器应能适用于精确测量规定的物理量。输出为 4 mA—20mA（满刻度）直流电流的变送器和传感器，其允许负载电阻应不小于 750 欧姆。

2）在输入、输出、外接电源（如果有的话）和外壳接地之间应有电气隔离。所有的传感器的绝缘耐压试验值应符合 IEEE 472 SWC 的试验要求。

3）元件应完全密封在钢外壳内，钢外壳应适宜于盘面安装，外部电气连接应采用隔板的螺钉型端子板。

4）启闭机除设置闸门开度仪以外，还应设置一套原理不同的行程限位装置。

2.12.3　断路器及接触器

除另有说明外，所有用于仪表、控制器件及动力回路的接触器和自动开关，其触头电流应适用于工作回路的额定电流和启动电流，线圈电压等级应为 AC220V/380V。

2.12.4　按钮

1）所有按钮应为重载防油结构，符号牌的刻制应由卖方选择并经买方批准。

2）接点额定值

最高设计电压：AC500V 和 DC250V

最大持续电流：10A（AC 和 DC）

最大感性开断电流：AC220V，3A 和 DC220V，1.1A

最大感性关合电流：AC220V，30A 和 DC220V，15A

2.12.5　继电器

1）顺序继电器

顺序或监测回路中用于顺控的继电器应为重载型，并具有线圈和可转换接点。接点数量应满足顺控的要求和与计算机监控系统连接的要求。

2）延时继电器

延时继电器应为固态式，带有防尘盖和 2 个单极双掷接点回路并可调延时。如有规定，还应具有瞬时接点回路。

3）保护继电器

保护继电器应按照技术规范详细要求的规定提供。

4）控制或监测回路中用于控制执行机构（输出）的继电器应为重载型，并具有可转换的接点。接点数量应满足控制系统连接的要求。

2.12.6　电气仪表

1）型式和结构

仪表应为开关板型，半嵌入式，盘后接线。仪表应经过校准并适合于所用的场合。另外，仪表应包括调零器（便于在盘前调零）、防尘、黑色外壳和盖板以及游丝悬挂装置。表的显示应为白色表盘、黑色刻度及指针。表计刻度盘盖板应防眩光。双指针表计指标为红、黑两色。

2）模拟量指示仪表

（1）刻度弧度：90°（直角），＞300°（广角）

（2）精度：≤1.5%

（3）指示工作内容的额定值应约为仪表满刻度的 2/3。

3）数字显示仪表（选择方案）

作为模拟量指示仪表的替代方案，卖方可以推荐数字显示仪表。该仪表应有下述特点：

(1) 发光电子二极管显示或液晶显示

(2) 读数至少为四位

(3) 精度：≤1%

(4) 黑色仪表板并带有适于盘前安装的装配件及附件

(5) 抗干扰及耐压性能符合 IEEE 472 SWC 试验的要求。

数字显示仪表的采用应经过买方的审查和批准。

2.12.7 指示灯

1）指示灯应为开关板型，具有合适的有色灯盖和整体安装的电阻，指示灯的发光元件应优先采用 LED。有色灯盖应是透明材料并不会因为灯发热而变软、变色。从屏的前面应能进行灯的更换，所有更换所需的专用工具都应提供。所有有色灯盖应具有互换性，而且所有的灯应为同一类型和额定值。

2）额定值

指示灯的额定值为 AC220V 或与它所工作的电压系统相适应。灯泡发光元件的工作电压应为 24V（交流或直流）。

3）特殊要求

用于其它各种场合的指示灯和光字信号应由卖方选择并提交买方批准。

2.12.8 控制、转换和选择开关

1）型式

开关为重载、旋转式。

2）额定值

(1) 最高设计电压：AC500V 和 DC250V

(2) 持续工作电流：10A（AC 和 DC）

(3) 最大感性开断电流：AC220V，5A 和 DC220V，1.1A

(4) 最大感性关合电流：AC220V，30A 和 DC220V，15A

3）面板

每个开关应有能清楚地显示每一工作位置的面板。面板的标志应由卖方选择并经买方批准。

2.12.9 电气盘、柜

1）盘、柜结构及外形尺寸

所有电气盘、柜壳体应由坚固的自支持的钢板构成，并装有带密封件和铰链的门，且与柜体全长配套。门的位置应能使维修方便接近设备。壳体的每扇门应装有手柄和

安全锁。盘、柜顶部设置吊装耳环。盘、柜底部应留有供电电缆进线的敲落孔。

电气盘、柜面板由薄钢板制成，盘、柜高一般为 2200＋60mm，其中 60mm 为盘、柜顶档板的高度，盘、柜深为 600mm，盘、柜宽为 800mm。排在一起的盘、柜高度应一致。颜色将由买方提供统一色标。电气盘、柜底部应设置安装紧固的地脚螺栓孔，用螺栓固定。

盘面应平整。盘柜内外均经酸洗、镀锌、喷塑，颜色由卖方提出色板，由买方选定。

盘柜内外应清洁、光泽、色泽一致，无气孔砂眼、磨损、剥落、裂纹、锈斑等现象。

盘、柜内元器件安装采用条架结构。板前接线，板前检修。

盘、柜结构及外形尺寸以及地脚螺栓孔布置应满足标准《电力系统二次回路控制、保护屏及柜基本尺寸系列要求》（GB/T 7267）。

室内盘、柜的整体防护等级为 IP54。

2）百页窗

如果需要，应安装百页窗以利通风。百页窗应设计成能防止昆虫进入，或者窗前装有格网。

设有通风机的进风口应设防尘滤网。

3）盘、柜连接

当盘、柜不止一面而排成一列时，壳体间应用螺栓连成整齐的一列。所有壳体内的母线和连接线应由卖方提供和安装。壳体间的母线和连线应由卖方提供并安装。

4）通风除湿装置

为控制湿度，所有装有电气控制和开关设备的盘、柜内应装有电加热器。加热器的放置应确保空气循环流畅，加热器额定电压应为单相交流 220V，并带有温度控制的温控开关，并在过热状态时不会损坏设备，温度控制应具有自动和手动控制二种方式。柜顶或适当位置设置抽风机。

5）电缆管的连接

对墙上安装的电气箱体，其顶部或底部应有可拆卸的带密封垫的板，以利现场为电缆管开孔。对楼板上安装的电气盘柜，其顶部应有可拆卸的带密封垫的板、其底部是开敞的，以利电缆的引入，并有固定电缆的设施。

6）灯和插座

电气盘、柜内应装有一盏照明灯和一个插座，以方便运行和维修。灯应带有护线和电源开关。插座应为双联、10A、两极、三线式。灯和插座的电源为单相交流 220V，电源回路由卖方提供。

7）接地及屏蔽

每个柜内底部应装有接地铜母线，该铜母线截面应不小于 5mm×40mm 并安装在柜的宽度方向上。柜的框架和所有设备的其他不载流金属部件都应和接地母线可靠连接。接地铜母线上不少于 4 个接线柱，并设有明显的接地标志。

应采取有效措施，防止电磁干扰，以确保控制设备长期安全稳定运行。

8）标志——铭牌与标牌

各种电气柜、台等，必须在其易于观察的位置上，设置简明清晰的、意义明确的铭牌和标牌。内容至少应包含：能够分辨其用途的名称，以及代号编号、电压电流等级、设备重量等主要技术参数、生产日期、制造厂商名称及其所在地址等等。

内部元器件、端子等应配有标有其在原理图上的代号和编号的、采用经久耐用的材料制成的标志牌，代（编）号的颜色应鲜艳易辩、耐久，不易退色或模糊。

每一根电缆和电线，均应套有可以识别其用途的编号及回路号的标牌或套管。

9）组件布置

盘、柜组件应接触可靠、互换性好，布置应均匀、整齐、装配平整划一，尽可能对称。应便于检修、操作和监视。不同电压等级的交流回路应分隔。

10）盘、柜内接线

每块盘、柜的左、右两侧应设置端子排，以连接盘、柜内、外的导线。每个端子一般只连接一根导线。

盘、柜内组件应用绝缘铜导线直接连接，不允许在中间搭接或"T"接。盘、柜内导线应整齐排列并适当固定。

强电和弱电布线应分开，以免互相干扰，活动门上器具的连线应是耐伸曲的软线。

组件和电缆应有防止电磁干扰和隔热的措施。所有其它组件与电子元件连接时，若组件的工作电压大于电子元件的开路电压时，应有相应的隔离措施。

面对电气盘、柜正面，交流回路的导体相序从左到右、从上到下、从后到前，应为 U－V－W－N；直流回路的导体极性从左到右、从上到下、从后到前为正－负。

盘、柜内连接导体的颜色，交流回路 U、V、W 分别为黄、绿、红色，中性线 N 为黑色，接地线为黄绿相间颜色，直流正极回路赭色，直流负极回路蓝色。

2.12.10 电线电缆和端子

1）电线和电缆

（1）所有配套的电线和电缆均应满足设备的运行，并适用于其工作环境和工况。应充分考虑线路电压损失，适当加大导线截面，减少线路损耗，保证用电设备的正常电压水平。

（2）除动力电缆外，所有配套的电线和电缆应选用铜芯多股导线。

（3）配套的电线和电缆应采用阻燃、内铠装电缆。用于电子装置、传感元件的连接导线还应选择带抗拉和屏蔽（对绞屏蔽和总屏蔽）电缆。

（4）对于需下水工作，反复收放的电缆，要求能反复收放无断芯及外皮无裂纹，要求采用钢芯法兰盘专用吊挂电缆。

（5）4 芯以上控制电缆应留有 20％的备用芯，最少备用芯数不小于 2 芯。

（6）不同电压等级信号不得共用同一根电缆。

（7）卖方应对本合同供货范围内的全部设备配套电缆编制电缆清册，每根电缆两端应设置与电缆清册上一致的编号标牌。电缆清册应对每根电缆标明电缆型号、长度、起止位置及安装编号。电缆芯线上应按施工设计图制作端子头，其标志应清晰。

2）导线端子和端子排

（1）总则

设备内的电气接线应布置整齐、正确固定并连接至端子，使所有控制、仪表和动力的外部连接只需接在设备内端子排的一侧。每组端子排应至少预留 20％的端子，任何一个端子螺钉只能接入 1 根导线。

（2）端子排

端子排的额定值如下：

最高电压（AC）：不低于 500V

最大电流（AC）：30A

控制和动力回路的端子排应用分隔板完全隔开或位于分开的端子盒内。端子排应有标志带并根据要求或接线图进行标志。电流互感器的二次侧引线应接于具有极性标志和铭牌的短路端子排上。

盘、柜进线电源和盘、柜至电动机动力回路接线应直接连接，不另设端子排。

（3）导线端子

导线应用导线端子与端子排或设备连接。导线端子规定如下：

①16mm^2 以下的导线应为园形舌片或铲形舌片，压接式铜线端子。

②16mm^2 及以上导线应为 1 孔压接式铜线端子。

③所有导线端子应有与要求或接线图一致的标志。

2.12.11　供电电源

1）除非另有说明，卖方所提供的所有电气设备应适用于下列供电电源条件：

AC380V：频率波动范围为±5％，电压波动范围为±10％

AC220V：频率波动范围为±5％，电压波动范围为±10％

DC220V：电压波动范围为 80％～115％

2）电控柜和自动化元件若需要其它形式的电源，则应由卖方自行提供的电源转换装置供给。控制柜控制电源采用双电源装置供电，柜内应安装双电源切换装置。

3）卖方应负责卖方所供设备之间的所有连接至各动力柜的电源电缆，从配电所至动力柜的供电电缆由买方提供。

2.12.12　防雷与接地

1）所有电气设备正常不带电的金属外壳、金属线管、电缆金属外皮等均需可靠接地。模拟量电缆分屏蔽层一端接地、总屏蔽层两端接地，其它通讯、信号电缆屏蔽层单点接地。

2）卖方应充分考虑弱电系统的接地，以确保控制系统的安全可靠运行。

3）严禁用接地线作载流零线。

4）所有交流电源线均应安装防雷器，以防止感应雷形成的电磁场对电子设备的损坏。

5）移动启闭机械应设专用 PE 接地线，所有电气设备均用专用线和 PE 线相接，轨道不得作为接地保护回路，并设防雷措施，严格按照 GB/T 3811 的规范要求接地。

6）门机及液压启闭机均应与工程接地网连接，卖方应提供接地图。

2.12.13　电磁兼容性

本系统设备的浪涌抑制能力、抗无线电干扰能力及抗静电干扰能力应满足《电磁兼容性试验和测试方法》（IEC61000－4）的要求，并保证合同设备能在本工程现场各种干扰环境下正常工作。

2.12.14　插头、插座

所有需下水的电缆所使用的插头、插座，应能承受规定的水下工作压力，其密封性能应能满足 5 年不更换的要求。

2.12.15　控制系统性能要求

控制系统应保证达到下列的主要性能指标：

1）实时性

现地控制站的响应能力应满足对于运行过程的数据采集时间或控制命令执行时间的要求。

2）可靠性

控制系统的 MTBF：$>2\times10^4$h

3）可利用率$>99.9\%$

4）安全性

（1）对每一功能和操作进行校核；

（2）当有误操作时，能自动和手动地被禁止并报警；

（3）任何自动或手动操作可作存储记录或提示指示；

（4）系统应保证报文信息中的一个信息量错误不会导致系统关键性故障；

（5）应有电源故障保护和自动重新启动；

（6）有自检能力，检出故障时自动报警；

（7）设备故障自动解除并能报警；

（8）系统中任何单个元件的故障不应造成生产设备误动作。

2.12.16　安全性

1）当操作有误时，能自动或手动地被禁止并报警。

2）应具有电源故障保护和自动重新启动。具有自检能力，检出故障时自动报警并有效保护。

3）设备故障自动解除并能报警。

4）系统中任何元器件的故障不应造成系统误动作。

2.12.17　控制系统工厂试验项目

控制系统在工厂试验包含以下的项目：

1）检查控制系统和设备的设计资料、操作手册和维护手册；

2）检查质量保证措施及各种检测报告；

3）检查设备缺陷修补处理记录；

4）检查设备外观和工艺质量；

5）检查设备的配置；

6）设备的功能测试；

7）设备的绝缘强度 SWC 试验；

8）电源测试包含电压、频率和工作范围，设备的输入输出特性，在断电后的重新启动的恢复性；

9）设备接口试验（包括电源、I/O 接口设备、通讯通道技术参数等）；

10）模拟控制系统的自动和手动运行工况。

2.12.18　控制系统现场试验

1）设备的功能测试；

2）系统保护功能试验；

3）设备的绝缘强度 SWC 试验；

4）电源测试包含电压、频率和工作范围，设备的输入输出特性，在断电后的重新启动的恢复性；

5）设备接口试验（包括电源、I/O 接口设备、通讯通道技术参数等）；

6）模拟控制系统的自动和手动运行工况；

7）整体设备联调。

2.13　组装与检验、试验

本节规定了本招标文件招标范围内所有启闭机械、电力拖动及控制设备的组装、试验和验收程序，以及有关的文件和资料的编制和提交。

2.13.1　总则

1）启闭机应在卖方制造厂进行预组装和试验，以检查零部件的完整性及尺寸正确性。买方和监造监理单位将在合同规定的时间对合同供货范围的启闭机设备产品进行验收。

2）试验和验收工作将分四个阶段进行，即：

（1）设备的出厂试验与验收；

（2）设备到货的交接验收；

（3）设备的工地安装、调试、试验与初步验收；

（4）设备的最终验收。

3）买方对卖方产品的任何形式验收，均不免除卖方对合同设备的任何责任和义务。

4）各种启闭机械、电力拖动及控制设备的试验和验收细则，详见本标书有关章节。

2.13.2　设备出厂试验与验收

1）卖方应在设备出厂前的 28 天将经过监造监理单位审签的出厂试验及验收大纲报买方组织审查。大纲中至少应包括设备试验验收的依据、设备的组装状态、试验检测项目、检测的手段和方法等，同时应对设备装配的正确性，功能的符合性，技术资料的完整和有效性等方面作出明确的表达。

2）买方在收到卖方的出厂试验及验收大纲后的 14 天内，将对出厂试验及验收大纲审查的意见书面通知卖方。卖方应在其后的 7 天内按买方的审查意见对出厂试验及验收大纲进行修改补充，并将修订后的设备出厂试验和验收大纲各 10 份报买方批准。

3）按买方批准的出厂试验和验收大纲，在制造监理工程师的见证检查下，完成合同设备的自检，并达到合格。

工厂组装及试验前应对启闭机的油进行油化试验。对箱体、阀组、缸体、活塞及活塞杆、缸盖、管路等零部件进行清洗，合格后方准进行组装及试验。清洗工艺应按有关技术文件的规定执行，使清洗的液压油清洁度达到 NAS1638 标准中 8 级或 GB/T14039 中 16/13—18/15 级的要求。在液压缸、液压泵站、电控设备进行单项试验验收合格后，进行机、电、液联动试验，以验证整个液压、电气系统的运行是否正常，并详细记录试验条件及试验结果，只有试验合格后才准予出厂。

4）卖方按买方批准的出厂试验和验收大纲，完成出厂试验和验收的自检合格后，将下列资料整理成册，经监造监理单位审签，供验收时审查。

（1）完整的设备（包括结构件和机构）自检记录；

（2）主要外购件的出厂合格证；

（3）主要外协件的质量检测记录；

（4）主要构件及关键零部件的材质检验证明；

（5）设备出厂前的调试验或检测报告；

（6）设备的预拼装和运动副跑合详细记录；

（7）重要焊缝的焊接检验记录；

（8）设备的外观及涂装质量检测记录；

（9）重大缺陷处理记录和有关的会议纪录；

（10）电气系统的调试报告；

（11）设备的预拼装检验记录；

（12）施工竣工图、设计修改通知单、有关的技术文件和说明；

（13）软件使用说明书；

（14）主要液压元件、电气元件及控制仪表、检测设备的原产厂使用说明书；

（15）产品合格证及外购件合格证；

（16）安装、使用和维护说明书；

（17）以及按本招标文件规定的全套出厂竣工图及资料。

5）在满足以上要求的前提下，卖方向买方提交经监造监理单位审签的出厂验收申请书和自检合格报告。买方收到此报告后的 3 天内将验收人员名单及赴厂验收时间通知卖方。

6）卖方应允许买方派出的检验人员自由接近制造合同设备的任何车间及设施和随时检验合同设备。如果发现合同设备的质量不符合合同标准，买方检验人员有权提出意见，卖方应充分予以考虑，并采取必要措施予以改进。

7）由于卖方的原因致使设备的出厂试验和验收不能按期进行，或由于制造的质量缺陷问题而验收不合格，致使不能签证而延误交货期，其责任由卖方负责。

8）参加出厂检验的买方人员不予会签任何质量检验证书。买方人员参加质量检验既不解除卖方应承担的合同责任，也不代替合同设备的工地验收。

9）设备的出厂试验和验收细则参见本招标文件有关章节。

2.13.3　设备到货的交接验收

1）卖方应在设备发运前 14 天，以《发运申请单》形式书面提交买方同意后方可发运。《发运申请单》应附出厂验收会要求落实情况、漆膜厚度检测及制造监理工程师实测验收情况、设备清单等相关资料。设备清单中应写明合同号，设备项目名称，批次，数量，各件名称、毛重及外形尺寸（长×宽×高）。卖方应在设备发运前 24 小时将车船号、名称和启运时间及预计到达工地的时间通知买方，以便买方准备设备交接验收。设备到货的交接验收在商务部分指定的地点进行。

2）交接验收工作由监造监理单位主持，买方、卖方、安装监理和安装单位共同参加，根据设备清单进行检查验收。交接验收包括合同设备数量的清点、外观检查、买方认定的必要的检测和试验、以及随机资料的验收等。交接验收后发现的经买方和有关各方共同认定的因制造不良，或因运输不当所造成的设备缺陷仍由卖方负责。

3）未经出厂验收及《发运申请单》未经买方同意的设备运到工地，买方不予接收，责任由卖方承担。

4）设备交接验收前，卖方应以传真或邮寄方式，向买方提交经卖方法人签署的下列文件的副本：

（1）设备的出厂合格证；

（2）设备的装箱清单；

（3）设备保管和存放说明或注意事项。

5）设备的制造竣工图和资料，至少一套随设备一起运到交货地点，且应装在第一号货箱内。

6）卖方负责将设备运到工地买方指定地点并由买方负责卸车。合同设备到达交货现场后，双方应按照已商定的时间进度表组织开箱检验（卸货后最长不超过 7 天），检查合同设备的包装、外观、数量、规格和损失与损坏情况。卖方应按时、自费派遣人员参加开箱检验。

7）双方在开箱检验时，若发现由于卖方在质量、数量或规格不符合合同规定而造成的任何损坏、缺陷、短缺、差异，应作开箱记录，并由双方代表签字，一式四份，双方各执两份，作为买方向卖方进行索赔或要求卖方进行修正的依据。即使未发现上述情况，也必须作好开箱记录。开箱记录将作为设备到货交接验收的依据之一。

8）如卖方未能派遣代表参加开箱检验，则应以买方检验结果为准，卖方不得有异议。

9）设备交货期未经买方批准不得提前，否则买方可以拒收，责任由卖方承担。交货期推迟，按相关条款执行。

10）设备交接验收后，经监造监理单位出具证明方可办理付款。

2.13.4　设备的工地安装、调试、试验与初步验收

1）卖方的责任

（1）卖方应及时派出有资质、有经验的技术人员对设备在工地的安装工作进行技术指导和监督，并负责启闭机设备的工地试验、调试。卖方应严格按安装单位制定的

进度计划进行设备工地调试工作，服从安装单位的统一指挥，协调和管理，不得影响工地安装调试的进度。

（2）在设备调试前，卖方应向监造监理单位递交设备调试和试验大纲以及调试方案和计划（含图纸、文字说明、有关数据等）。同时，卖方还应提交 8 份列有全部规定测试检查细节的程序文件，程序文件应分项列出每个调试项目和整定值，并留有空白表格供调试时填写实际测试结果用。买方将组织监造监理单位、卖方、安装监理单位、安装单位、工程设计单位共同对卖方递交的上述文件进行审定。

（3）经批准的调试和试验大纲及计划，如卖方需修改，由卖方在修改后再报监造监理单位审批，但需保证不影响调试总进度。

（4）因递交调试和试验大纲及计划延期，或因修改调试和试验大纲及计划延期，或因调试组织不当而导致工期延期，由此所造成的卖方自身损失和给工程造成的损失，均由卖方承担，买方将视所造成的损失程度，直接追究卖方的责任。

（5）调试过程中，监造监理单位有权根据调试情况要求对某些调试项目进行修改或增减，卖方不得拒绝。

（6）卖方不得以调试和试验大纲及监造监理单位审批或需对调试试验大纲及计划进行修改而推卸责任或要求增加费用。

2）调试内容

（1）工地调试的目的是对安装好的设备进行检查、测试、试验和参数调整，以保证控制系统设备正常运行。主要内容见专用技术条件。

（2）在每台设备安装完毕后，由安装监理单位主持，卖方、监造监理单位、安装单位参加，共同对每台设备的安装状态进行确认后才能进行调试。

（3）当下列条件全部满足时，设备的整体调试和空载试验即被认为完成：

①技术条款规定的所有现场试验全部完成；

②所有技术性能及保证值均能满足；

③设备按照技术条款要求经过操作试验和停机检查，均未发现异常。

（4）设备的整体调试和空载试验时，如卖方提交的合同设备有一项或多项技术性能和/或保证值不能满足合同的要求，双方应共同查明其原因，并作好详细记录。同时设备须重新进行调试和试验，直至最终完成。

3）试验和初步验收

（1）设备的整体调试和空载试验完成后，需在工地对设备进行试验与初步验收。

①试验与初步验收由买方主持，监造监理单位、卖方、安装单位、工程设计单位共同参加。初步试验与验收是设备最终验收的基本依据。

②设备的试验主要按照《起重机试验规范和程序》（GB5905）、《水电工程启闭机

制造安装及验收规范》NB/T35051（代替原 DL/T5019）和经审查的卖方试验大纲进行。设备试验内容见专用技术条款。

③卖方负责设备的试验和初步验收工作。

④买方、安装单位和运行管理单位将提供必要的试验条件。

（2）移动式启闭机现场负荷试验用配重块及其吊笼由买方免费提供。

（3）设备的整体调试和试验完成后，买方和卖方双方应在 7 天内签署初步验收证书一式二份，双方各执一份。

4）调试中的安全与质量控制

在调试工程中，应在调试前做好各项准备工作，对可能出现的技术和安全问题应有充分的估计，在保证人员和设备安全的前提下，对每项调试程序都应严格执行并有详细的调试报告，对未达到质量要求的调试工作应积极检查原因，并采取相应的质量控制措施。

2.13.5 设备的最终验收

在设备的质量保证期结束后，买方将对合同设备作最终验收，如果无卖方责任，买方签证后，且全部合同款付清后本合同终止。

2.14 涂装

2.14.1 保护年限

保护年限系指在确定的防腐设计方案下应当达到的设计保护年限，是选定涂装材料及供货厂家，确定防腐涂装工艺及施工单位等需考虑的综合因素。

各项目设备具体保护年限的设计要求见下表：

表 7-1 启闭机设备涂装保护年限

序号	名　　　　　称	型号	保护年限	备　　注
液压、移动或固定卷扬式启闭机				

说明：各设备的防腐面积、单价及每套设备的防腐合价由卖方报列。

对外观质量，外观颜色要与邻近建筑物协调外，更重要的是要求能耐光照、雨水等的侵蚀，要求在 8 年—10 年内颜色、光泽不会出现明显变化，其失光不低于 3 级，变色、粉化等级不低于 2 级。

2.14.2 涂装施工

2.14.2.1 涂装工艺

1）涂装施工的技术要求应满足本合同及施工图纸的规定。

2）卖方（分包人）应根据合同项目的技术要求，制定具体涂装施工工艺并报制造监理工程师批准后，方能进行涂装施工。

3）金属喷涂应采用电弧喷涂或火焰喷涂，优先采用电弧喷涂。涂料喷涂应采用高压无气喷涂。

4）金属表面喷射除锈经检查合格后，应尽快进行涂覆，其间隔时间可根据环境条件确定，一般不超过 4 小时—8 小时。金属热喷涂宜在尚有余温时，涂装封闭材料。各层涂料涂装间隔时间，应在前一道漆膜达到表干后方能涂装下一道涂料，具体间隔时间应按涂料生产厂的规定进行。

5）金属喷涂分数次喷成，各层之间的喷涂移动方向应互相垂直，且每一行喷涂宽度有 1/3 与前一次喷涂宽度重迭覆盖。

2.14.2.2　涂装材料

1）用于招标所有项目设备的涂装材料，应选用符合本标书和施工图样规定的经过工程实践证明其综合性能优良的产品。

2）使用的涂料质量，必须符合国家标准的规定，严禁使用不合格或过期涂料。

3）涂料应配套使用，底、中、面漆应选用同一厂家的产品。

4）对采用金属喷涂的金属成份、纯度、直径应符合国家有关规范规定。

5）卖方采用任何一种涂料都应具备下列资料并报制造监理工程师审查：

（1）产品说明书、产品批号、生产日期、防伪标志、合格证及检验资料。

（2）涂料工艺参数：包括闪点、比重；固体含量；表干、实干时间；涂覆间隔时间；理论涂覆率；规定温度下的粘度范围；规定稀释剂稀释比例降低的粘度及对各种涂覆方法的适应性等。

（3）涂料主要机械性能指标及组成涂料的原料性能指标。

（4）涂料厂对表面预处理、涂装施工设备及环境的要求等。

6）在评标及合同谈判中由卖方提出并报经买方认可的涂装材料生产厂家，是双方初选的材料供应厂家。涂装材料生产厂家的最终确定，还要根据其质量水平、经济指标、管理水平等综合因素由卖方择优选择，并报买方批准。必要时，买方有权要求卖方在合同总价不变的前提下，重新选择更换涂料生产厂家，对此卖方不得拒绝。

7）当确有必要更改涂装设计时，买方将在备料前通知卖方，并对价格变更给予调整，卖方不得要求索赔。

8）卖方应按施工图纸要求采购涂装材料，应按涂料生产厂提供的使用说明书中写明的涂层材料性能和化学成份、配比、施涂方法、作业规则、施涂环境要求等进行涂层材料的运输、存放和养护。涂装材料应符合现行国家标准。

9）涂装材料及其辅助材料应贮于 5～35℃ 通风良好的库房内，按原包装密封保管

（在有效期内使用）。

2.14.2.3　涂装作业

1）涂装施工由卖方总负责，涂装施工单位可由卖方投标时推荐具有一级资质的专业施工单位，并经买方审批后方能成为涂装施工分包单位，但涂装材料必须由卖方提供。

2）人员资质条件

（1）质检人员应具有国家有关部门颁发的资质证书。

（2）施工人员应经过培训、考试合格并持证上岗。

（3）合格质检人员及考试合格的操作人员名单应报制造监理工程师确认备案，其数量应满足涂装施工的要求。制造监理工程师有权要求撤换无资质的不合格的质检人员和操作人员。

2.14.3　涂装检验

1）涂料涂装

（1）卖方涂装前首先要对涂料的外观质量及产品合格证进行检查。

（2）卖方涂装前应对环境情况（温度、湿度、天气状况及工件表面温度）进行检测记录。

（3）卖方涂装前应对表面预处理的质量、清洁度、粗糙度等进行检查，得到制造监理工程师的确认合格后方能进行涂装。

（4）涂装过程中对每一道涂层均应进行湿膜厚度检测及湿膜、干膜的外观检查，并应符合规范 DL/T5358 中的有关规定要求。

（5）涂装结束漆膜固化后，应进行干膜厚度的测定、附着性能检查等，检查方法按规范 DL/T5358 及《色漆和清漆划格试验》（GB9286）进行，面漆颜色符合 GSB G51001 漆膜颜色标准样卡要求。

2）热喷金属涂装

（1）涂装前要对外观质量及产品合格证进行检查。

（2）涂装施工时应对环境情况（温度、湿度、天气状况及工件表面温度）进行检测记录。

（3）卖方涂装前应对表面预处理的质量（清洁度、粗糙度等）进行检查，得到制造监理工程师确认后方能进行涂装。

（4）热喷金属后，应对金属涂层外观进行检查，并应符合规范《热喷涂锌及锌合金涂层》（GB9793）的规定要求。

（5）金属涂层的厚度及结合性能检验应符合规范 DL/T5358 中的有关规定，耐蚀性及密度等检验应符合规范 GB9793 中的有关规定。

（6）只有在进行金属涂层的检验并确认合格后，才能进行封闭涂料的涂装，面漆颜色符合 GSB G51001 漆膜颜色标准样卡要求。

3）涂装检验的各项数据以表格形式记录，交制造监理工程师签字认可后，留作设备出厂验收资料。

2.14.4　涂装监理

在卖方选定的涂装施工单位质量自检和卖方严格监督的基础上，由制造监理人或委托专业人员进行涂装施工全过程监理，涂装监理除监督质量外，还将监督涂装资金的使用情况，确保卖方投标时所列的涂装费用全部用在涂装施工上。

2.15　代用品及其选择权

在合同履行过程中，未经买方的书面同意，卖方不得采用任何不同于本合同规定的设备、部件及材料等。若确需采用代用品时，则卖方应向买方提出完整齐全的代用申请（其中应包括完整的代用品清单、代用品的全套技术资料、代用品的比较说明资料、代用品采用涉及的费用变化说明、代用品的质量及性能符合合同要求的证明资料等），经买方审查认可后才可允许卖方代用。因卖方原因采用代用品所增加的有关费用和造成的一切责任均由卖方承担。

2.16　运输

卖方应在设备发运前 14 天，以《发运申请单》形式书面提交买方同意后方可发运。《发运申请单》应附出厂验收会要求落实情况、涂装质量检测及监造监理对涂装质量的实测验收情况、设备清单等相关资料。设备清单中应写明合同号、设备项目名称、批次、数量、各件名称、毛重及外形尺寸（长×宽×高）。卖方应在设备发运前 24 小时将车船号、名称和启运时间及预计到达工地的时间通知买方，以便买方准备设备交接验收。设备到货的交接验收在商务部分指定的地点进行。

1）卖方应根据招标文件要求并结合发运设备自身特性提交设备运输方案，并保证方案的合理性、可靠性。若运输实施过程中有任何变化，投标报价不得改变。

2）由卖方负责运到买方指定的交货地点。

3）运输设备需办理的一切手续和费用由卖方负责。

4）运输途中对道路产生的损坏，应由卖方出面谈判并支付全部索赔费用。

5）当采用水上运输时，上述 4）中"道路"解释包括"水道、码头、船闸、升船机、靠船设施"等同等用。

6）运输途中应遵守国家有关法规，不应对公众和其他单位造成不便。

2.17　供货状态

各设备的供货状态相关要求见专用技术条件。

2.18 包装

1）合同设备必须经过出厂验收合格，核对装箱清单后，经制造监理工程师签证，才具备包装条件。卖方应按合同规定对其提供的设备进行妥善包装和正确标记，所需费用均已含在合同总价中。

2）卖方应根据竣工设备的技术性能和分组状态，提出包装设计。包装设计须取得制造监理人的批准后方可实施。由于包装设计或实施的包装不良所发生的设备损坏或损失，无论这种设计或实施是否经制造监理人同意，也无论这种设计是否已在技术条款中所明确，均由卖方承担由此产生的一切责任和费用。

3）包装具体要求

（1）大型结构件在分解成运输单元后，必须对每个运输单元进行切实的加固，避免吊运中产生变形。若在吊运中产生变形，卖方应负全部责任。

（2）小型结构件按最大运输吊装单元分类装箱或捆扎供货。

（3）大型零部件应包装后整体装箱供货，小部件、备品备件、各类标准件等应分类装箱供货。

（4）配合、加工工作面必须采取有效的保护措施，防止损伤及锈蚀，应贴防锈纸或涂黄油保护。

（5）供货的同时必须提供货物清单，货物清单上设备、构件的名称和货号应与设备、构件上涂装、标识的名称和货号一致。

（6）有防雨防潮要求的设备，发运前应做好相应的防护措施。

4）卖方必须在每件发运的设备（或部分裸装件）上标明设备合同号、名称、数量、毛重、净重、尺寸（长×宽×高）、构件重心以及"小心轻放"、"切勿受潮"、"此端向上"等标记。对放置有要求的设备（包装或裸装）应标明支承（支撑）位置、放置要求及其他搬运标记。运输单元刚度不足的部位应采取措施加强，防止构件损坏和变形。卖方在每件设备（包装或裸装）上应标明吊装点，设置必要的吊耳。对分节制造及在工地组装成整体的设备，还应在组合处有明显的组装编号、定位块或导向卡。

2.19 设备的供货范围及接口关系

1）各设备供货范围及接口关系的具体要求参照各设备的专用技术条件执行。

2）专用技术条件中所列设备的供货范围及接口关系为至少包括的内容。在合同执行过程中买方有权对供货范围及接口关系作局部修改，卖方不得拒绝。

3 移动和固定卷扬式启闭机设备专用技术条件

3.1 一般规定

本章适用于<u>XXX</u>水电站移动和固定卷扬式启闭机、清污抓斗、自动挂脱梁等的设计、制造、安装、调试和验收。

3.1.1　自然条件

<u>由工程设计单位编写</u>

3.1.2　出厂试验和验收

出厂试验和验收主要包括各钢结构件、重要总成部件、自动挂脱梁、电气设备。

3.1.2.1　移动卷扬式启闭机：

1）卖方除应按国家有关规程、规范和标准对启闭机进行试验外，启闭机出厂试验应至少包括：

（1）各机构、总成装配的正确性及完整性检验，至少包括：

①小车预组装（包括车架、起升机构、小车运行机构）；

②门架整体预拼装（包括大车行走机构）；

③大车运行机构预组装；

④自动挂脱梁预组装；

⑤清污抓斗预组装。

（2）各机构及总成动作的正确性（包括夹轨器）；

（3）各机构试运转和各运动副的跑合；

（4）重要受力构件的焊缝质量检测；

（5）自动挂脱梁的静平衡试验和水密试验；

（6）清污抓斗的静平衡试验和水密试验；

（7）门机外观和涂装质量检测（如在出厂验收合格后进行涂装，设备发运前提交涂装检测资料）；

（8）电气试验。

①电气设备外观、盘柜内器件、配线检查；

②电气参数与绝缘性能检测；

③设备配置和接口检验；

④电源测试、电压降测试；

⑤PLC、变频调速装置性能和参数设置试验；

⑥操作控制功能试验；

⑦自动挂脱梁、自动抓斗控制功能试验；

⑧电气传动控制系统性能试验；

⑨保护功能试验；

⑩显示面板功能试验；

⑪检测装置性能试验；

⑫其他试验。

电气设备在出厂试验前，应将设备配置的元器件、屏、柜等在设计实际安装位置安装完毕（除必须在工地安装的以外），不允许用非合同设备替代。

2）门架预拼装

门架应在卖方的制造厂内整体预拼装。拼装状态包括门架上部结构、门腿、中横梁、下横梁、大车行走机构、回转吊以及梯子等。

门架预拼装技术要求：

（1）门架预拼装前，卖方应按规程、规范和有关标准，以及设计图纸提出组装的施工工艺，提交制造监理工程师审批后方能实施。

（2）沿门机跨度方向门腿垂直中心线与门机跨度一致，单侧两门腿垂直中心线与门机跨度之差不大于±3mm，两侧门腿垂直中心线相对差不大于±3mm。

（3）门腿安装后，其垂直中心线沿门机跨度方向的偏斜不大于门腿自身高度的1/2000，且门腿下部宜向内偏斜。

（4）门架安装后，测量上部结构四个对角顶点，其标高相对差不大于5mm，各点标高绝对差值不大于±10mm。四个对角顶点对角线之差不大于5mm。

3）出厂试验的合格性判定规则：

（1）出厂试验的各项指标必须全部达到要求后方为合格；

（2）出厂试验必须符合国家有关的规程、规范、标准和本招标文件第2.13.2条的规定。国际知名品牌件还应满足生产国的规程、规范和标准规定。

3.1.2.2　固定卷扬式启闭机：

1）卖方除应按国家有关规程、规范和标准对启闭机进行试验外，启闭机出厂试验应至少包括：

（1）各机构、总成装配的正确性及完整性检验，至少包括：

①机架预拼装；

②起升机构预组装；

③动滑轮装置预组装。

（2）各机构及总成动作的正确性；

（3）各机构试运转和各运动副的跑合；

（4）重要受力构件的焊缝质量检测；

（5）外观和涂装质量检测（如在出厂验收合格后进行涂装，设备发运前提交涂装检测资料）；

（6）电气试验。

①电气设备外观、盘柜内器件、配线检查；

②电气参数与绝缘性能检测；

③设备配置和接口检验；

④电源测试、电压降测试；

⑤PLC 性能和参数设置试验；

⑥操作控制功能试验；

⑦电气传动控制系统性能试验；

⑧保护功能试验；

⑨显示面板功能试验；

⑩检测装置性能试验等。

电气设备在出厂试验前，应将设备配置的元器件、屏、柜等在设计实际安装位置安装完毕（除必须在工地安装的以外），不允许用非合同设备替代。

2）出厂试验的合格性判定规则

（1）出厂试验的各项指标必须全部达到要求后方为合格；

（2）出厂试验必须符合国家有关的规程、规范、标准和本招标文件第 XX 条的规定。进口件还应满足生产国的规程、规范和标准规定。

3.1.3　工地试验与验收

启闭机工地试验和验收应在设备工地安装完成后进行。

1）移动式启闭机至少应经过如下试验：

（1）各机构运行性能调试和机构间联动调试；

（2）各机构空载全行程运行试验；

（3）各机构、结构的静负荷试验；

（4）各机构、结构的动负荷试验；

（5）电气绝缘性能试验；

（6）PLC、变频调速装置性能试验；

（7）操作控制功能试验（包括自动挂脱梁）；

（8）电气传动控制系统性能试验；

（9）保护功能试验，显示面板功能试验

（10）检测装置性能试验。

（11）项目需要的型式试验

2）固定式启闭机至少应经过如下试验：

（1）机构运行性能调试；

（2）机构空载全行程运行试验；

（3）与闸门连接后的联动试验；

（4）电气绝缘性能试验；

（5）PLC 性能试验；

（6）操作控制功能试验；

（7）电气传动控制系统性能试验；

（8）保护功能试验，显示面板功能试验；

（9）检测装置性能试验。

有关试验主要按照 GB/T5905 和 NB/T35051（原 DL/T5019），以及经审定的卖方的试验大纲进行。

3.1.4　运输、吊装控制条件

1）启闭机运输单元尺寸根据自定的运输线路按照运输限界尺寸控制。因工地现场起重设备的起吊能力限制，启闭机吊装单元重量应不大于 XXt。

3.1.5　供货状态

1）结构件运输应满足运输道路通行的相关要求，高强螺栓连接面应贴胶纸防护，并确保在安装前不发生脱落。

2）大件设备运输应进行必要的防雨、防风、防尘等防护，应绑扎牢固。

3）小件设备、电气和液压等设备应在厂内测试后，装箱供货。

4）油泵、液压阀组、液压缸、管路、油箱等液压设备在厂内清洗、试验完毕后，整体装箱供货。

5）其余零部件进行相应的厂内测试后，分类妥善装箱供货。

3.1.6　随机文件

随机文件应用塑料袋封装后，放置在第一号箱中，随机文件包括：

1）产品合格证；

2）产品安装、使用和维护说明书；

3）随机安装图；

4）装箱清单。

3.1.7　产品标志

1）启闭机应在显著的位置设置产品标志牌，标志牌应符合 GB/T13306 的规定。

2）标志牌内容包括

（1）产品名称、型号；

（2）主要的技术参数；

（3）出厂日期；

（4）制造厂名称。

3.1.8 涂装技术条件（按照项目具体条件进行修改）

1）卷扬式启闭机采用涂料防腐，范围包括移动和固定卷扬式启闭机及附属设备等。

2）埋设件的涂装

（1）外露表面部分

采用涂料防腐：

底漆为环氧富锌防锈漆 2 道，干膜厚 $100\mu m$；

中间漆为环氧云铁防锈漆 1 道，干膜厚 $60\mu m$；

面漆为环氧耐磨面漆 2 道，干膜厚 $100\mu m$；

漆膜总厚度不低于 $260\mu m$；

面漆颜色为中灰色（B02）。

（2）埋入部分

涂无机改性水泥砂浆，干膜厚 $300\mu m\sim500\mu m$。

3）启闭机设备涂装

底漆为环氧富锌防锈漆 2 道，干膜厚 $100\mu m$；

中间漆为环氧云铁防锈漆 2 道，干膜厚 $100\mu m$；

面漆为脂肪族丙烯酸聚氨酯漆 2 道，干膜厚 $100\mu m$；

漆膜总厚不低于 $300\mu m$。

4）梯子、栏杆和走台，应采用热浸锌防腐。

5）面漆颜色要求

卷筒端壁和所有旋转部件端壁部的两侧为大红色（R03）；

自动挂脱梁与主机颜色一致；

面漆颜色在第 x 次设计联络会上由买方最终确定。

6）涂装一般要求按第 XX 节执行。

7）启闭机及附属设备的涂装尚可根据工厂实际情况优化调整，但须将优化后的涂装方案提交设计联络会讨论，并经买方和监造监理单位审查确认。

以上涂装方案如有修改，则可根据修改后的技术措施与单价，经买方同意后进行调整。

3.1.9 高强螺栓连接

1）螺栓连接性能应符合国家有关标准和规范的规定。

2）卖方必须在厂内进行连接性能试验，工地试板由卖方在启闭机制造时按与启闭机结构接头同种钢号、同批材料、同样处理方式制作，试板应与启闭机接头相同的运输和保存方式随设备发往工地。

3）厂内高强螺栓及高强螺栓抗滑移试板试验费用计入投标报价。

4）卖方必须向买方提供厂内试验报告。

3.1.10　焊缝检测要求

1）焊缝分类按 NB/T35051（原 DL/T5019）执行。

2）一类焊缝 100％超声波探伤，达到 GB/T11345BⅠ级要求。必要时还要进行射线探伤，达到 GB/T3323BⅡ级要求，探伤长度不小于全长的 20％，且不小于 300mm。

3）二类焊缝 50％超声波探伤，达到 GB/T11345BⅡ级要求；必要时还要进行射线探伤（或 TOFT），达到 GB/T3323BⅢ级要求。

4）对设计未要求焊透的 T 形接头组合焊缝，应进行 20％磁粉探伤，达到 GB/T11345BⅡ级要求，未焊透深度应小于设计图样的规定值，并按三峡工程标准 TGPS.J69《T 形接头对接与角接组合焊缝未焊透深度超声波探伤导则（试行）》进行 10％验证性抽探。

5）其它焊缝的探伤要求按 NB/T35051（原 DL/T5019）执行。

3.2　固定卷扬式启闭机设备专用技术条件

3.2.1　设备布置和用途

由工程设计单位编写

3.2.2　设计计算依据

启闭机设计计算应符合 DL/T5167《水电水利工程启闭机设计规范》（本章简称《规范》）的规定。

门机计算风压应按工作状态×× N/m²、非工作状态×× N/m²、最大风压×× N/m²确定。

门机抗震设计应符合《规范》第 7.6.0.11 条规定。大坝金属结构设备按 8 度抗震设防，抗震概率水准采用基准期 100 年超越概率 2％，基岩水平峰值加速度采用 0.229g，垂直峰值加速度采用 0.153g；校核地震标准采用基准期 100 年超越概率 1％，相应基岩水平峰值加速度为 0.27g，垂直峰值加速度为 0.18g。

卖方应以最完善、最先进的方案进行产品设计、制造。

启闭机、自动抓梁、清污抓斗的电气元件设计和使用应满足当地的气象和环境要求，并应符合《规范》的规定。

3.2.3　组成

固定卷扬式启闭机主要组成如下：

1）启闭机主要由起升机构、机架、防雨机罩、爬梯、栏杆、电控设备、以及由招标文件相关章节指明或未指明但按一般规定是必要的附属设备组成。

2）起升机构组成：包括卷筒装置，减速器（含润滑油）、电动机、制动器、联轴器、动滑轮组、定滑轮组、平衡滑轮装置、荷载限制器、高度指示器、行程限制器、钢丝绳、小齿轮（开式传动）等组成。

3.2.4 工作级别和主要技术参数

1）工作寿命和工作级别

根据工程需要由工程设计单位制定。

2）主要技术参数

表 7-2

根据工程需要由工程设计单位制定。

3.2.5 运行工况

根据工程需要由工程设计单位制定。

3.2.6 起升机构技术要求

1）一般性技术要求

（1）计算荷载

①起升机构零件的疲劳计算基本荷载：0.7 倍的额定起重量。

②第二类基本荷载取额定起重量的 1.1 倍。

③起升机构短时尖峰载荷按 2.5 倍电动机额定转矩计算。

④起升机构启、制动加速度的绝对值不大于 $0.1 m/s^2$。

⑤设计计算时，还应考虑地震荷载、风载、安装荷载和试验荷载。

（2）起升机构要求

①采用全封闭齿轮传动。

②减速器采用中、硬齿面齿轮传动；电动机采用国际知名品牌。

③起升机构不允许采用排绳机构。多层缠绕层间返回角≤1.5°，但应大于 0.5°。

④起升高度指示器在全行程限位范围内允许误差≤10mm。

⑤起升荷载电子称量系统采用国际知名品牌产品（由负荷传感器、二次仪表及相应附件组成）。

（3）起升机构各润滑点采用分散润滑方式，通过手动方式加注润滑油脂。

2）卷筒

（1）优先采用钢板焊接卷筒，钢板材料不低于 GB/T1591 中 Q345B，100％超声波探伤，达到 JB/T4730 Ⅱ 级质量要求。卷筒对接焊缝属 Ⅰ 类焊缝，焊接技术要求见本标书相关条款的规定，焊后必须进行热处理消除应力。当卷筒采用铸钢时，材质不应低于 ZG230-450，如需焊接时其焊缝的要求，探伤和消应处理仍按上述要求执行。

（2）卷筒采用折线卷筒，卷筒绳槽底径制造公差不低于 h8（GB1802），跳动公差不低于 9 级（GB/T 1184），左、右卷筒绳槽底径相对差≤0.5h8。

（3）钢丝绳缠绕层数：≤3 层。

（4）卷筒主轴材料不低于 45 钢（GB/T699）。采用锻件时，质量标准达到第 2.9.2 款规定的要求。采用轧制件时，100％超声波探伤，达到 GB/T4162B 级质量要求。当采用钢板焊接卷筒时，卷筒与短轴的焊缝为 II 类焊缝。卷筒主轴挠度不大于 L/3000（L—主轴支承跨度）。

（5）主轴支承采用调心轴承，静负荷安全系数 S0≥2.5。

（6）主轴疲劳安全系数 S≥2.5。

3）减速器

（1）减速器采用中、硬齿面齿轮传动。

（2）减速器齿轮弯曲疲劳安全系数 S_{fmin}≥1.5，接触疲劳安全系数 S_{hmin}≥1.25。

（3）所有齿轮必须通过静强度校核，校核力矩为电动机传至各级齿轮力矩的 2.5 倍。

（4）齿轮加工精度不低于 8－8－7 级。

（5）减速器装配后必须在厂内跑合。

（6）距减速器前后左右 1m 处测量的噪声，不得大于 85dB（A）。

（7）减速器采用喷油强制润滑。

（8）非标减速器必须逐台在厂内进行负荷试验。标准减速器则可提交经国家权威质量检测部门认定的型式试验报告及应用实例（或用户证明）替代负荷试验。

（9）减速器振动测定参照 GB/T 8543 执行。

4）钢丝绳及其紧固

（1）钢丝绳应进行预拉处理，并提供预张拉的技术方案。钢丝绳结构型式应能满足启闭机使用环境和起升工况的要求，并采用镀锌、交互捻（或防扭转钢丝绳）、线接触（或面接触）钢丝绳。

（2）钢丝绳设计安全系数n≥5.5（按工作级别确定）。

（3）钢丝绳禁止接长使用，并禁止火焰切割。

（4）钢丝绳套环、压板、绳夹和接头应分别符合 GB5974.1、GB5974.2、GB5975、GB5976、GB5973 中的有关规定。

5）制动器

（1）起升机构应在减速器高速端安装工作制动器，在卷筒的一侧安装安全制动器。制动力矩的计算以及安全系数的确定应符合设计规范的要求。

（2）起升机构制动器支架采用钢板焊接结构，附加手动松闸机构、上闸闭合和松闸释放限位开关及相应的信号显示。

（3）工作制动器性能不低于 YWZ5 系列电力液压制动器。

6）滑轮

（1）按钢丝绳中心计算的滑轮直径应满足 DL/T5167 规范第 2.6.2 条的要求。

（2）采用焊接滑轮时，其材料应不低于 GB700 中 Q235B 或 GB1591 中 Q345B 钢，焊后进行消除内应力处理。

（3）滑轮上任何部位出现裂纹均应报废。

（4）滑轮轴的材料不低于 GB699 中的 45 钢。

（5）装配好的滑轮应能用手灵活转动，侧向摆动不大于滑轮直径的 1/1000。

（6）定滑轮轴的支承应采用滚动轴承。

（7）对于浸入水中的动滑轮组，宜采用铜基镶嵌式自润滑滑动轴承，并对轴表面采取镀铬防腐措施。如采用滚动轴承，应设密封装置。

（8）动滑轮组的一吊板外侧应设置手动移轴装置。

7）起升负荷电子称量系统及荷载限制器

（1）起升机构应设置电子称量系统（由荷载传感器、二次仪表及相应附件组成）。电子称量系统综合误差不大于 5％，均应具有国家有关部门颁发的特种设备安全保护装置型式试验合格证并符合 NB/T35036 的规定。

（2）当起升荷载达到额定起升荷载的 90％时，电子称量系统应给出声光报警讯号。当达到 110％额定起升荷载时，电子称量系统应发出报警信号，同时自动切除拖动电机电源、制动器上闸，对起升机构实施自动保护。

（3）采用压式荷重传感器的，荷载检测电子秤的模拟信号（4—20mA）送控制柜显示，同时引出多个电接点。电接点分别指示≤20％（可调节）额定载荷（下降卡阻检测）、100％额定载荷、110％额定载荷（提升卡阻和超载检测）。

（4）启门力：必须反映卷扬机系统上升过程的荷载变化情况，以百分比进行表达，卷扬机的系统荷载显示更新在 0.5—1 秒范围。

（5）持住力：必须反映卷扬机系统下降过程的荷载变化情况，以百分比进行表达，卷扬机的系统荷载显示更新在 0.5—1 秒范围。

（6）欠载保护：在闸门下降至全关位时，若卷扬机未停机，连续三秒卷扬机系统荷载仅为吊具与钢丝绳重量时，卷扬机自动停机。

8）起升高度指示器及极限位置限制器

（1）起升机构应装设高度指示器并符合 NB/T35036 规定。

（2）起升机构应装设一套上、下起升极限位置限位开关，同时另设一套原理不同的起升上极限位置限位开关。当起升高度达到上极限位置时，由极限位置限位开关控制发出报警信号，同时切除拖动电机电源并制动器上闸，对起升机构实施自动保护。

（3）其传感器采用进口绝对值型优质编码器及通信电缆，通信电缆长度应满足工程需要，输出为格雷码信号。传感器精度必须根据行程限位配置，行程限位指示在电控柜上以数字直接显示。

（4）上下限位：卷扬机在自动运行过程中，在设置的电子上、下极限位置应当保证自动停机进行保护。

（5）卷扬机高度指示器读数精度为2mm。高度实际误差100m范围≤±5mm；高度实际误差50m范围≤±3mm；相对误差10m范围≤±1.0mm。

3.2.7 结构部分技术要求

1）启闭机整体外形尺寸满足工程设计要求。

2）机架构造应力求简单，便于运输和安装。

3）机架必须在厂内预拼装。预拼装合格后，在各连接处作出明显和不易去除的标记。

4）机架各分块单元采用高强螺栓连接。

5）机架主材料不低于Q345B，且板厚≥8mm。

6）机架的设计、制造、组装与安装要求参照NB/T35051（原：DL/T5019）和DL/T5167执行。

7）机架制造和组装偏差应符合本标书所指定的有关规程、规范和标准的相应规定。

8）高强螺栓接头技术条件按第3.1.6条执行。

9）焊接技术条件按第3.1.7条执行。

3.2.8 涂装

涂装一般要求见第2.14节。技术要求按第3.1.8条相应规定执行。

3.2.9 电力拖动和控制设备技术要求

1）控制设备组成（根据项目实际情况进行调整）

本项目共设有x扇闸门，每扇工作闸门采用1台固定卷扬启闭机驱动，要求动水启闭。驱动电机采用绕线电机。

每台启闭机配置1套现地控制设备，共设有2套现地控制设备，每套闸门控制设备均由1套电控柜（包括动力柜、控制柜、电阻柜，具体盘柜数量在设计联络会上确定）以及相应检测装置组成，完成闸门现地控制。电控柜布置在相应启闭机房内。

现地控制设备以PLC为核心控制器，配置常规继电器应急控制回路，以及相应的检测、执行器件、电源装置、控制电器、操作开关、保护报警显示器件和连接电缆等，形成功能完善的控制系统。

现地控制设备除配置PLC硬件设备外，还应具有PLC通用系统软件以及根据控制功能要求编制的实时控制应用软件。

2）控制系统功能

（1）现地控制设备作为控制和操作执行机构，能对工作闸门进行单机控制和操作。

现地控制设备应具有可靠性高和抗干扰能力强以及完善的操作、控制、监视、检测、通讯及系统保护等功能。

（2）常规继电器应急控制回路应能在 PLC 故障时现地手动控制启闭闸门。

（3）可实现闸门的现地控制、现地调试单步手动控制。两种操作控制方式相互联锁。系统能动水启闭闸门。

（4）可实现闸门的任意开度的启、闭、停运行控制。

（5）保护、报警及显示

①设置过流、过压、过负荷和堵转报警及保护，并设置电压表和电流表。

②设置动力电源和控制电源监视信号。

③设置行程限位保护和开终、关终保护，以及制动器上闸和松闸保护。

④设置闸门开度显示及报警；

⑤控制柜上应设有各种操作控制方式和设备的工作状态及故障报警显示器，以简洁、明确的方式指示设备的各种操作和运行状况。

⑥控制系统自诊断报警及保护。当控制系统某一功能块发生故障或操作错误时，控制装置应能自动保护，不发生事故，保证控制系统的可靠性。

3）控制设备硬件要求

（1）电控柜、端子箱

①电控柜、端子箱等应满足本招标文件第 2.13 款和相关规程规范的规定。

②盘面颜色由卖方提出色板，由买方选定。

③盘内元器件安装采用条架结构。板前（后）接线，板前（后）检修。

④防护等级不低于 IP54。

⑤动力柜内装设供电电源开关、动力主回路器件、控制回路器件和运行保护装置等。

动力柜内驱动油泵电机的动力电源采用三相 380V 交流电源（AC380V±15％，50Hz±2Hz）。

动力柜内除设有满足本控制站用电设备的供电回路外，还应提供 380V 交流备用回路一回。动力柜内电源开关接线端子的设计应满足上述连接多根电缆的要求。

⑥控制柜中设有可编程控制器（PLC），操作面板，控制继电器、稳压电源装置、测量仪表、控制开关、按钮、信号指示灯等设备和元器件。

控制柜内除设有满足本泵站用电设备的控制电源回路外，还应提供 1.5kw 交流 220V 备用回路一回。

⑦电阻柜中设有电机启动电阻。（根据具体项目调整）

⑧现地控制设备还根据需要配置若干个端子箱。

（2）可编程序控制器（PLC）

控制系统的核心部件是可编程序控制器（PLC）。PLC应具有网络通讯功能，其结构形式为模块化结构。PLC根据需要配置CPU模块、模拟量输入模块（AI）、数字量输入/输出模块（DI/DO）等。

具体配置要求如下：

CPU运行速度　　　　　　≤0.3ms/k

CPU负载率≤　　　　　　　≤50％

程序/数据存储器容量不小于实际程序长度的2倍，I/O可扩展至1024点，设计I/O点数按实际需要配置并留有20％的裕量。

（3）操作面板

通过设在控制柜面的操作面板，实现现地闸门开度设置，启闭机运行监视等。CPU：32位；显示分辩率：≥640×480；尺寸：≥7.0英寸。

（4）信号检测装置

现地控制设备的信号检测包括电源电压、电机过流、启闭机过负荷检测、闸门开度、位置检测等。

每扇闸门配置1套开度检测装置，完成闸门开度检测。每套开度检测装置测量范围：____m　允许误差：____mm。

开度检测装置防护等级IP65，位置开关防护等级IP67。

位置开关信号、行程开度信号应与PLC系统设备配套。

位置开关和行程开度检测装置中关键元器件采用国际知名品牌产品。

（5）直流稳压电源

根据检测装置及控制设备的需要每套控制设备配置2台24V直流稳压电源，互为备用。此开关电源输入电压为交流220V。

直流开关电源的输出电压为：DC24V±0.5％。

各电源装置的容量按实际负荷的1.5倍确定。

（6）设备配套电缆

启闭机供电电缆，电控柜至所有电气设备（含电动机）和元器件之间的连接电缆以及PLC系统设备所使用的电缆均由卖方配套提供。配套电缆应满足第2.13款要求。投标书上应标明电缆型号、线芯截面及芯数、外径及电气性能等参数。

（7）其它组成器件

现地控制设备除上述硬件外，还有为驱动执行机构动作的动力开关和继电器、接触器，操作转换开关，控制按钮，显示及声光报警器件和仪表等。这些低压电器、仪表应满足长期工作稳定、安全可靠、动作灵活、维护检修方便，快速更换及防潮防腐等要求，并适应安装工作环境。同时应符合有关规程、规范及标准的要求。

4）控制系统软件要求

控制单元的软件应采用通用化、标准化的系统软件以及在此系统软件支持下开发的应用软件。应用软件应满足启闭机和闸门的各种控制工况要求，并能保证系统运行的安全性和可靠性。

卖方应提供随机的全套系统支持软件及启闭机运行工艺流程控制应用软件及其说明、注释。

以上系统软件和应用软件应满足 IEEE 标准或中华人民共和国的相关标准，并具有较好的实时性、开放性和通用性。

现地控制设备应根据本标书技术要求和技术参数严格按照 GB3811《起重机设计规范》、DL/T5167《水利水电工程启闭机设计规范》进行电气配套设计。

5）安全监测、视频监控和安全管理系统

安全监测、视频监控和安全管理系统设计应符合《起重机械 安全监控管理系统》GB/T28264—2012 的有关规定。

6）供电装置的技术条件

（1）供电电源为三相交流 AC380V 电源，50Hz±2.5Hz。启闭机用电电压应为 380V/220V，内部电压降限定在 3%—5%。

（2）在启闭机室设一个动力分电箱给启闭机供电。

37 各电源装置的容量由实际负荷确定并留有 30% 的余量。

7）接地及防雷

按第 2.12.12 条执行，卖方应采取适当措施，防止雷击造成的人身和电子设备的伤害。

8）电气试验与验收。

按第 3.1.2 条、第 3.1.3 条，第 2.13.2 条和第 2.13.4 条执行。

3.2.10　其他技术要求（可按此条执行，具体项目如有特殊要求另行完善）

1）设置钢丝绳涂油器，提高钢丝绳使用寿命。

2）必须按照国家有关要求的规定，设置足够的消防设施。

3）所有电气元器件均应考虑工作环境在 95% 最大相对湿度及冷表面结露的特点。

4）电控柜采用螺栓连接的方式布置在机架上，并同时布置在防雨机罩内（但需方便人员操作启闭机电控柜）。

5）防雨机罩采用可拆卸、螺栓连接的方式连接成整体。

6）卖方应在合同开始执行后 30 天内，向买方提供基础荷载及作用示意图，最大电气容量，买方将对这些参数进行审查。卖方不得拒绝买方提出的修改意见。

7）卖方施工设计图的审查，制造竣工图、使用和维护说明书的提交见本标书的通用技术条款的有关规定。

3.2.11 供货范围（根据项目实际情况编写）

表 7－2 ＿＿＿＿＿＿固定卷扬式启闭机供货范围

序号	名　　称	数量	备　　注
1	固定卷扬式启闭机		全套供货，包括电力拖动和控制设备、埋件
2	控制设备		
3	临时活动机罩		防雨机罩（如有）
4	电气专用工具和仪器	1 套	
5	通用及专用检修工具	1 套	含高强螺栓力矩搬手
6	启闭机供电电缆		单根长度满足工程需要（接外部电源用）
7	润滑油、润滑脂、减速器齿轮油		按最大用油量的 1.1 倍；减速器齿轮油按最大用油量的 1.2 倍
8	润滑脂手动加油器	1	
9	钢丝绳涂油器		
10	消防设备		按国家有关标准的规定配置
11	其他		由卖方列出，含备品备件

注：电力拖动和控制设备应提供全套系统支持软件、应用控制软件及用户开发工具软件。

卖方应根据本招标文件技术条件在投标文件中列出下列所需设备数量。

表 7－3 ＿＿＿＿＿＿固定卷扬式启闭机电气设备清单

序号	设备名称	规格型号	单位	数量	备注
1	动力柜		套		含断路器、接触器、继电器等
2	控制柜		套		含 PLC、操作面板、直流稳压电源等
3	电阻柜		套		含启动电阻等
4	开度传感器		套		
5	行程开关		套		
6	动力电缆		米		卖方确定并计入报价
7	控制电缆		米		卖方确定并计入报价
8	其他				卖方认为有必要列明的电气元器件

3.2.12 备品备件

本启闭机应备有适量备品备件以满足启闭机质保期后的正常运行。设备调试期间需要的备品备件由卖方自备。

卖方按表报价，并随机供货，所有的备品备件必须能够随时更换上机工作，并必须与设备相应的部件具有相同的材料和相同的工艺标准。

所有的备品备件应分类单独装箱保存。所有的包装箱应打上适当的记号以供识别。

在合同签订后的 2 年中，卖方有义务以优惠的价格及时提供正常运行所需的全部备件。

卖方可根据自己的经验，在标书所提备品备件清单的基础上，另向买方推荐能满足启闭机质保期后正常运行备品备件清单，并列表报价，价格不计入合同总价。

表 7-4　指定备品备件清单

序号	名　称	数量	备　注
1	制动器液压推动器		
2	制动器摩擦片		
3	各种行程开关		
4	行程检测装置		
5	荷重检测装置		
6	行程开关		
7	其他电气元器件		由卖方根据需要列出
8	其余易损件		由卖方根据需要列出

3.2.13　电气专用工具和仪器

表 7-5　电气专用工具和仪器

序号	名　称	型号规格	数量	备　注
2	用于设备组装、调试的各种专用试验工具		1 套	在卖方的投标书中列出详细清单

3.2.14　关于国际知名品牌件

卖方应至少按下表所列的指定项目采购原产地国际知名品牌元器件，应是世界知名品牌的优质产品。在投标时，卖方还应根据设备的功能和使用要求，提出所需采购的其他国际知名品牌元器件。所有国际知名品牌件应在卖方的投标书中明确和单独报价。

表 7-6　指定国际知名品牌件清单（单台设备）

序号	名　称		规　格	使用部位	备　注
1	起升电子称量系统	二次仪表	数码显示	起升机构	
		压式荷重传感器	灵敏度≥2mv/v（F.S） 非线性≤0.05（F.S） 允许过载能力 150%（R.L）		
2	轴角编码器		绝对型、金属光栅 DC24V，IP65	开度传感器	
3	行程开关		坚固型		
4	PLC				
5	其他				卖方所需国际知名品牌件自列

3.2.15 供货界定及接口关系

1）启闭机基础载荷、二期埋件及布置图由卖方提供；一期埋设的埋件（一期插筋）由卖方负责提供设计及技术要求，买方根据卖方提供的设计及技术要求负责制造和工地安装，接口关系在设计联络会上确认；

2）买方供电至卖方启闭机附近的动力分电箱；动力分电箱开关柜由卖方提供；动力分电箱开关柜之前的供电电源电缆由卖方负责及提供（见表7-2供货范围），卖方负责提供供电电源电缆接线端子；接口关系在设计联络会上确认；

3）卖方提供的材料是指启闭机在安装调试中需要的消耗性材料，如润滑油、脂、纸垫等等，提供的数量应能使用至设备完成安装验收；

4）动滑轮吊板与闸门吊耳接口关系在设计联络会上确认；

3.3 台车式启闭机设备专用技术条件

3.3.1 设备布置和用途

由工程设计单位编写

3.3.2 设计计算依据

启闭机设计计算应符合 DL/T5167《水电水利工程启闭机设计规范》（本章简称《规范》）的规定。

计算风压应按工作状态XX N/m²、非工作状态XX N/m²、最大风压XX N/m²确定。

抗震设计应符合《规范》第7.6.0.11条规定。大坝金属结构设备按8度抗震设防，抗震概率水准采用基准期100年超越概率2%，基岩水平峰值加速度采用0.229g，垂直峰值加速度采用0.153g；校核地震标准采用基准期100年超越概率1%，相应基岩水平峰值加速度为0.27g，垂直峰值加速度为0.18g。

启闭机、自动抓梁的电气元件设计和使用应满足当地的气象和环境要求，并应符合《规范》的规定。

3.3.3 组成

台车式启闭机主要组成如下：

1）启闭机主要由起升机构、台车架、走行机构、机房、爬梯、栏杆、电控设备、以及由招标文件相关章节指明或未指明但按一般规定是必要的附属设备组成。

2）起升机构组成：包括卷筒装置，减速器（含润滑油）、电动机、制动器、联轴器、动滑轮组、定滑轮组、平衡滑轮装置、荷载限制器、高度指示器、行程限制器、钢丝绳、小齿轮（开式传动）等组成。

3）走行机构组成：包括电动机、制动器、减速器、联轴器、台车架和车轮组等组成。

3.3.4 工作级别和主要技术参数

1) 工作寿命和工作级别

根据工程需要由工程设计单位制定。

2) 主要技术参数

表 7-7

根据工程需要由工程设计单位制定。

3.3.5 运行工况

根据工程需要由工程设计单位制定。

3.3.6 起升机构技术要求

1) 一般性技术要求

（1）计算荷载

①起升机构零件的疲劳计算基本荷载：0.7 倍的额定起重量。

②第二类基本荷载取额定起重量的 1.1 倍。

③起升机构短时尖峰载荷按 2.5 倍电动机额定转矩计算。

④起升机构启、制动加速度的绝对值不大于 $0.1m/s^2$。

⑤设计计算时，还应考虑地震荷载、风载、安装荷载和试验荷载。

（2）起升机构要求

①采用全封闭齿轮传动。

②减速器采用中、硬齿面齿轮传动；电动机采用国际知名品牌。

③起升机构不允许采用排绳机构。多层缠绕层间返回角≤1.5°，但应大于 0.5°。

④起升高度指示器在全行程限位范围内允许误差≤10mm。

⑤起升荷载电子称量系统采用国际知名品牌产品（由负荷传感器、二次仪表及相应附件组成）。

（3）起升机构各润滑点采用分散润滑方式，通过手动方式加注润滑油脂。

2) 卷筒

（1）优先采用钢板焊接卷筒，钢板材料不低于 GB/T1591 中 Q345B，100%超声波探伤，达到 JB/T4730 II 级质量要求。卷筒对接焊缝属 I 类焊缝，焊接技术要求见本标书相关条款的规定，焊后必须进行热处理消除应力。当卷筒采用铸钢时，材质不应低于 ZG230－450，如需焊接时其焊缝的要求，探伤和消应处理仍按上述要求执行。

（2）卷筒采用折线卷筒，卷筒绳槽底径制造公差不低于 h8（GB1802），跳动公差不低于 9 级（GB/T1184），左、右卷筒绳槽底径相对差≤0.5h8。

（3）钢丝绳缠绕层数：≤3 层。

（4）卷筒主轴材料不低于 45 钢（GB/T699）。采用锻件时，质量标准达到第 2.7.3.2 款规定的要求。采用轧制件时，100％超声波探伤，达到 GB/T4162B 级质量要求。当采用钢板焊接卷筒时，卷筒与短轴的焊缝为Ⅱ类焊缝。卷筒主轴挠度不大于 L/3000（L－主轴支承跨度）。

（5）主轴支承采用调心轴承，静负荷安全系数 $S0 \geqslant 2.5$。

（6）主轴疲劳安全系数 $S \geqslant 2.5$。

3）减速器

（1）减速器采用中、硬齿面齿轮传动。

（2）减速器齿轮弯曲疲劳安全系数 $S_{fmin} \geqslant 1.5$，接触疲劳安全系数 $S_{hmin} \geqslant 1.25$。

（3）所有齿轮必须通过静强度校核，校核力矩为电动机传至各级齿轮力矩的 2.5 倍。

（4）齿轮加工精度不低于 8－8－7 级。

（5）减速器装配后必须在厂内跑合。

（6）距减速器前后左右 1m 处测量的噪声，不得大于 85dB（A）。

（7）减速器采用喷油强制润滑。

（8）非标减速器必须逐台在厂内进行负荷试验。标准减速器则可提交经国家权威质量检测部门认定的型式试验报告及应用实例（或用户证明）替代负荷试验。

（9）减速器振动测定参照 GB/T8543 执行。

4）钢丝绳及其紧固

（1）钢丝绳应进行预拉处理，并提供预张拉的技术方案。钢丝绳结构型式应能满足启闭机使用环境和起升工况的要求，并采用镀锌、交互捻（或防扭转钢丝绳）、线接触（或面接触）钢丝绳。

（2）钢丝绳设计安全系数n $\geqslant 5.5$（按工作级别确定）。

（3）钢丝绳禁止接长使用，并禁止火焰切割。

（4）钢丝绳套环、压板、绳夹和接头应分别符合 GB5974.1、GB5974.2、GB5975、GB5976、GB5973 中的有关规定。

5）制动器

（1）起升机构应在减速器高速端安装工作制动器，在卷筒的一侧安装安全制动器。制动力矩的计算以及安全系数的确定应符合设计规范的要求。

（2）起升机构制动器支架采用钢板焊接结构，附加手动松闸机构、上闸闭合和松闸释放限位开关及相应的信号显示。

（3）工作制动器性能不低于 YWZ5 系列电力液压制动器。

6）滑轮

（1）按钢丝绳中心计算的滑轮直径应满足 DL/T5167 规范第 2.6.2 条的要求。

（2）采用焊接滑轮时，其材料应不低于 GB700 中 Q235B 或 GB1591 中 Q345B 钢，焊后进行消除内应力处理。

（3）滑轮上任何部位出现裂纹均应报废。

（4）滑轮轴的材料不低于 GB699 中的 45 钢。

（5）装配好的滑轮应能用手灵活转动，侧向摆动不大于滑轮直径的 1/1000。

（6）定滑轮轴的支承应采用滚动轴承。

（7）对于浸入水中的动滑轮组，宜采用铜基镶嵌式自润滑滑动轴承，并对轴表面采取镀铬防腐措施。如采用滚动轴承，应设密封装置。

（8）动滑轮组的一吊板外侧应设置手动移轴装置。

7）起升负荷电子称量系统及荷载限制器

（1）起升机构应设置电子称量系统（由荷载传感器、二次仪表及相应附件组成）。电子称量系统综合误差不大于 5％，均应具有国家有关部门颁发的特种设备安全保护装置型式试验合格证并符合 NB/T35036 的规定。

（2）当起升荷载达到额定起升荷载的 90％时，电子称量系统应给出声光报警讯号。当达到 110％额定起升荷载时，电子称量系统应发出报警信号，同时自动切除拖动电机电源、制动器上闸，对起升机构实施自动保护。

（3）采用压式荷重传感器的，荷载检测电子秤的模拟信号（4—20mA）送控制柜显示，同时引出多个电接点。电接点分别指示≤20％（可调节）额定载荷（下降卡阻检测）、100％额定载荷、110％额定载荷（提升卡阻和超载检测）。

（4）启门力：必须反映卷扬机系统上升过程的荷载变化情况，以百分比进行表达，卷扬机的系统荷载显示更新在 0.5—1 秒范围。

（5）持住力：必须反映卷扬机系统下降过程的荷载变化情况，以百分比进行表达，卷扬机的系统荷载显示更新在 0.5—1 秒范围。

（6）欠载保护：在闸门下降至全关位时，若卷扬机未停机，连续三秒卷扬机系统荷载仅为吊具与钢丝绳重量时，卷扬机自动停机。

8）起升高度指示器及极限位置限制器

（1）起升机构应装设高度指示器并符合 NB/T35036 规定。

（2）起升机构应装设一套上、下起升极限位置限位开关，同时另设一套原理不同的起升上极限位置限位开关。当起升高度达到上极限位置时，由极限位置限位开关控制发出报警信号，同时切除拖动电机电源并制动器上闸，对起升机构实施自动保护。

（3）其传感器采用进口绝对值型优质编码器及通信电缆，通信电缆长度应满足工程需要，输出为格雷码信号。传感器精度必须根据行程限位配置，行程限位指示在电控柜上以数字直接显示。

（4）上下限位：卷扬机在自动运行过程中，在设置的电子上、下极限位置应当保证自动停机进行保护。

（5）卷扬机高度指示器读数精度为2mm。高度实际误差100m 范围≤±5mm；高度实际误差50m 范围≤±3mm；相对误差10m 范围≤±1.0mm。（根据具体工程调整）

3.3.7 结构部分技术要求

1）启闭机整体外形尺寸满足工程设计要求。

2）台车架构造应力求简单，便于运输和安装。

3）台车架必须在厂内预拼装。预拼装合格后，在各连接处作出明显和不易去除的标记。

4）台车架各分块单元采用高强螺栓连接。

5）台车架主材料不低于 Q345B，且板厚≥8mm。

6）台车架的设计、制造、组装与安装要求参照 NB/T35051（原：DL/T5019）和DL/T5167 执行。

7）台车架制造和组装偏差应符合本标书所指定的有关规程、规范和标准的相应规定。

8）高强螺栓接头技术条件按第 3.1.9 条执行。

9）焊接技术条件按第 3.1.10 条执行。

3.3.8 走行机构技术要求

1）分别驱动，电动机与车轮组之间采用全封闭传动，交流变频调速，满载恒转矩调速比 1：10；电气同步，同步精度由卖方提出，并应经监造监理单位审核批准。

2）走行机构承载能力按 1.6 倍的电动机额定功率设计，短时尖峰负荷按 3.1 倍的电动机额定功率计算。

3）小车起、制动加速度的绝对值不大于 $0.05m/s^2$。

4）车轮轴承座采用 45°剖分式结构整体加工，车轮组平衡架采用剖分式套环铰轴支承连接。

5）台车架整体加工。

6）减速器

（1）减速器采用硬齿面"三合一"立式减速器。齿轮弯曲疲劳安全系数 Sfmin≥1.5，接触疲劳安全系数 Shmin≥1.25。

（2）齿轮必须通过静强度校核，校核力矩为电动机额定力矩传至各级齿轮力矩的2.5 倍。

（3）齿面加工精度不低于 7 级（GB/T10095）。

（4）齿面减速器装配后，应根据齿轮副接触状态对齿面进行修磨或调整处理。

（5）距减速器前后左右 1m 处测量的噪声，不得大于 85dB（A）。

（6）非标减速器必须逐台在厂内进行负荷试验。标准减速器则可提交经国家权威质量检测部门认定的型式试验报告及应用实例（或用户证明）替代负荷试验。

7）开式齿轮副

（1）车轮组的车轮之间可以装设开式齿轮作为中间惰轮。

（2）开式齿轮副大齿轮材料不低于 ZG35CrMo，小齿轮材料不低于 40Cr。

（3）齿轮弯曲疲劳安全系数 Sfmin≥1.5。

（4）齿轮必须通过静强度校核，校核力矩为电动机额定力矩传至该级齿轮力矩的 2.5 倍。

（5）开式齿轮加工精度不低于 9－8－8 级（GB/T10095）。

8）走行机构组装

（1）走行机构与台车架组装后，组装偏差应符合本标书所引用的有关标准的相应规定。

（2）组装后，车轮只允许下轮缘向内偏斜。

9）走行机构各润滑点采用集中润滑方式。润滑方式采用递进式分配原理，润滑系统设置超压报警和油位报警，同时将润滑系统工作状态送监控系统并在操作室内显示。

3.3.8　涂装

涂装一般要求见第 2.14 节。技术要求按第 3.1.8 条相应规定执行。

3.3.9　电力拖动和控制设备技术要求

1）控制设备组成（根据项目实际情况进行调整）

本项目共设有 x 扇闸门，每扇闸门采用 1 台台车式启闭机启闭，要求动水启闭。

台车式启闭机控制设备包括：动力柜、控制柜、（电阻柜），具体盘柜数量在设计联络会上确定，以及相应检测装置组成，完成闸门现地控制。电控柜布置在相应启闭机房内。

电气控制设备以 PLC 为核心控制器，配置常规继电器应急控制回路，以及相应的检测、执行器件、电源装置、控制电器、操作开关、保护报警显示器件和连接电缆等，形成功能完善的控制系统。

电气控制设备除配置 PLC 硬件设备外，还应具有 PLC 通用系统软件以及根据控制功能要求编制的实时控制应用软件。

2）控制系统功能

（1）电气控制设备作为控制和操作执行机构，能对闸门进行单机控制和操作。控制设备应具有可靠性高和抗干扰能力强以及完善的操作、控制、监视、检测、通讯及系统保护等功能。

（2）常规继电器应急控制回路应能在 PLC 故障时现地手动控制启闭闸门。

（3）可实现闸门的任意开度的启、闭运行控制。

（4）保护、报警及显示

①设置过流、过压、过负荷和堵转报警及保护，并设置电压表和电流表。

②设置动力电源和控制电源监视信号。

③设置行程限位保护和开终、关终保护，以及制动器上闸和松闸保护。

④设置闸门开度显示及报警；

⑤控制柜上应设有各种操作控制方式和设备的工作状态及故障报警显示器，以简洁、明确的方式指示设备的各种操作和运行状况。

⑥控制系统自诊断报警及保护。当控制系统某一功能块发生故障或操作错误时，控制装置应能自动保护，不发生事故，保证控制系统的可靠性。

3）控制设备硬件要求

（1）电控柜、端子箱

①电控柜、端子箱等应满足本招标文件第 2.13 款和相关规程规范的规定。

②盘面颜色由卖方提出色板，由买方选定。

③盘内元器件安装采用条架结构。板前（后）接线，板前（后）检修。

④防护等级不低于 IP54。

⑤动力柜内装设供电电源开关、动力主回路器件、控制回路器件和运行保护装置等。

动力柜内除设有满足本控制站用电设备的供电回路外，还应提供 380V 交流备用回路一回。动力柜内电源开关接线端子的设计应满足上述连接多根电缆的要求。

⑥控制柜中设有可编程控制器（PLC），操作面板，控制继电器、稳压电源装置、测量仪表、控制开关、按钮、信号指示灯等设备和元器件。

⑦控制设备还根据需要配置若干个端子箱。

（2）可编程序控制器（PLC）

控制系统的核心部件是可编程序控制器（PLC）。PLC 应具有网络通讯功能，其结构形式为模块化结构。PLC 根据需要配置 CPU 模块、模拟量输入模块（AI）、数字量输入/输出模块（DI/DO）等。

具体配置要求如下：

CPU 运行速度 $\leqslant 0.3\text{ms/k}$

CPU 负载率$\leqslant$ $\leqslant 50\%$

程序/数据存储器容量不小于实际程序长度的 2 倍，I/O 可扩展至 1024 点，设计 I/O 点数按实际需要配置并留有 20% 的裕量。

（3）操作面板

通过设在控制柜面的操作面板，实现闸门开度设置，启闭机运行监视等。CPU：32 位；显示分辩率：$\geqslant 640 \times 480$；尺寸：$\geqslant 7.0$ 英寸。

（4）信号检测装置

控制设备的信号检测包括电源电压、电机过流、启闭机过负荷检测、闸门开度、位置检测等。

位置开关信号、行程开度信号应与 PLC 系统设备配套。

位置开关和行程开度检测装置中关键元器件采用国际知名品牌产品。

（5）直流稳压电源

根据检测装置及控制设备的需要每套控制设备配置 2 台 24V 直流稳压电源，互为备用。此开关电源输入电压为交流 220V。

直流开关电源的输出电压为：DC24V±0.5％。

各电源装置的容量按实际负荷的 1.5 倍确定。

（6）滑触线及电缆

启闭机供电滑触线，电控柜至所有电气设备（含电动机）和元器件之间的连接电缆以及 PLC 系统设备所使用的电缆均由卖方配套提供。配套滑触线及电缆应满足第 2.13 款要求。投标书上应标明滑触线型式，电缆型号、线芯截面及芯数、外径及电气性能等参数。

（7）其它组成器件

控制设备除上述硬件外，还有为驱动执行机构动作的动力开关和继电器、接触器、操作转换开关，控制按钮，显示及声光报警器件和仪表等。这些低压电器、仪表应满足长期工作稳定、安全可靠、动作灵活、维护检修方便，快速更换及防潮防腐等要求，并适应安装工作环境。同时应符合有关规程、规范及标准的要求。

4）控制系统软件要求

控制单元的软件应采用通用化、标准化的系统软件以及在此系统软件支持下开发的应用软件。应用软件应满足启闭机和闸门的各种控制工况要求，并能保证系统运行的安全性和可靠性。

卖方应提供随机的全套系统支持软件及启闭机运行工艺流程控制应用软件及其说明、注释。

以上系统软件和应用软件应满足 IEEE 标准或中华人民共和国的相关标准，并具有较好的实时性、开放性和通用性。

控制设备应根据本标书技术要求和技术参数严格按照 GB3811《起重机设计规范》、DL/T5167《水利水电工程启闭机设计规范》进行电气配套设计。

5）安全监测、视频监控和安全管理系统

安全监测、视频监控和安全管理系统设计应符合《起重机械 安全监控管理系统》GB/T28264—2012 的有关规定。

6）供电装置的技术条件

（1）供电电源为三相交流 <u>AC380V</u> 电源，$50Hz \pm 2.5Hz$。台车用电电压应为 380V/220V，内部电压降限定在 3%～5%。

（2）在机房设一个动力分电箱给启闭机供电。

（3）各电源装置的容量由实际负荷确定并留有 30% 的余量。

7）接地及防雷

按第 2.12.12 条执行，卖方应采取适当措施，防止雷击造成的人身和电子设备的伤害。

8）电气试验与验收

按第 3.1.2 条、第 3.1.3 条，第 2.13.2 条和第 2.13.4 条执行。

3.3.10 其它技术要求（可按此条执行，具体项目如有特殊要求另行完善）

1）设置钢丝绳涂油器，提高钢丝绳使用寿命。

2）必须按照国家有关要求的规定，设置足够的消防设施。

3）所有电气元器件均应考虑工作环境在 95% 最大相对湿度及冷表面结露的特点。

4）电控柜采用螺栓连接的方式布置在台车架上，并同时布置在防雨机罩内（但需方便人员操作启闭机电控柜）。

5）防雨机罩采用可拆卸、螺栓连接的方式连接成整体。

6）卖方应在合同开始执行后 30 天内，向买方提供基础荷载及作用示意图，最大电气容量，买方将对这些参数进行审查。卖方不得拒绝买方提出的修改意见。

7）卖方施工设计图的审查，制造竣工图、使用和维护说明书的提交见本标书的通用技术条款的有关规定。

3.3.11 供货范围（根据项目实际情况编写）

表 7-8 _____ 台车式启闭机供货范围

序号	名　称	数量	备　注
1	台车式启闭机		全套供货，包括电力拖动和控制设备、埋件
2	控制设备		
3	临时活动机罩		防雨机罩（如有）
4	电气专用工具和仪器	1 套	
5	通用及专用检修工具	1 套	含高强螺栓力矩搬手
6	启闭机供电电缆		单根长度满足工程需要（接外部电源用）
7	润滑油、润滑脂、减速器齿轮油		按最大用油量的 1.1 倍；减速器齿轮油按最大用油量的 1.2 倍
8	润滑脂手动加油器	1	
9	钢丝绳涂油器		
10	消防设备		按国家有关标准的规定配置
11	其他		由卖方列出，含备品备件

注：电力拖动和控制设备应提供全套系统支持软件、应用控制软件及用户开发工具软件。

卖方应根据本招标文件技术条件在投标文件中列出下列所需设备数量。

表 7-9 _____台车式启闭机电气设备清单

序号	设备名称	规格型号	单位	数量	备注
1	动力柜		套		含断路器、接触器、继电器等
2	控制柜		套		含 PLC、操作面板、直流稳压电源等
3	电阻柜		套		含启动电阻等
4	开度传感器		套		
5	行程开关		套		
6	动力电缆		米		卖方确定并计入报价
7	控制电缆		米		卖方确定并计入报价
8	滑触线		米		
9	其他				卖方认为有必要列明的电气元器件

3.3.12 备品备件

本启闭机应备有适量备品备件以满足启闭机质保期后的正常运行。设备调试期间需要的备品备件由卖方自备。

卖方按表报价，并随机供货，所有的备品备件必须能够随时更换上机工作，并必须与设备相应的部件具有相同的材料和相同的工艺标准。

所有的备品备件应分类单独装箱保存。所有的包装箱应打上适当的记号以供识别。

在合同签订后的2年中，卖方有义务以优惠的价格及时提供正常运行所需的全部备件。

卖方可根据自己的经验，在标书所提备品备件清单的基础上，另向买方推荐能满足启闭机质保期后正常运行备品备件清单，并列表报价，价格不计入合同总价。

表 7-10 指定备品备件清单

序号	名 称	数量	备 注
1	制动器液压推动器		
2	制动器摩擦片		
3	各种行程开关		
4	行程检测装置		
5	荷重检测装置		
6	其他电气元器件		由卖方根据需要列出
7	其余易损件		由卖方根据需要列出

3.3.13 电气专用工具和仪器

表7-11 电气专用工具和仪器

序号	名　　　称	型号规格	数量	备　　　注
1	用于设备组装、调试的各种专用试验工具		1套	在卖方的投标书中列出详细清单

3.3.14 关于国际知名品牌件

　　卖方应至少按下表所列的指定项目采购原产地国际知名品牌元器件，应是世界知名品牌的优质产品。在投标时，卖方还应根据设备的功能和使用要求，提出所需采购的其它国际知名品牌元器件。所有国际知名品牌件应在卖方的投标书中明确和单独报价。

表7-12 指定国际知名品牌件清单（单台设备）

序号	名　　称		规　　格	使用部位	备　　注
1	起升电子称量系统	二次仪表	数码显示	起升机构	
		压式荷重传感器	灵敏度≥2mv/v（F.S） 非线性≤0.05（F.S） 允许过载能力150%（R.L）		
2	轴角编码器		绝对型、金属光栅 DC24V，IP65	开度传感器	
3	行程开关		坚固型		
4	PLC				
5	其他				卖方所需国际知名品牌件自列

3.3.15 供货界定及接口关系

　　1）启闭机基础载荷、二期埋件及布置图由卖方提供；一期埋设的埋件（一期插筋）由卖方负责提供设计及技术要求，买方根据卖方提供的设计及技术要求负责制造和工地安装，接口关系在设计联络会上确认；

　　2）买方供电至卖方启闭机附近的动力分电箱；动力分电箱开关柜由卖方提供；动力分电箱开关柜之前的供电电源电缆由卖方负责及提供（见表7-9供货范围），卖方负责提供供电电源电缆接线端子；接口关系在设计联络会上确认；

　　3）卖方提供的材料是指启闭机在安装调试中需要的消耗性材料，如润滑油、脂、纸垫等等，提供的数量应能使用至设备完成安装验收；

　　4）动滑轮吊板与闸门吊耳接口关系在设计联络会上确认。

3.4 门式启闭机设备专用技术条件

3.4.1 设备布置和用途

　　由工程设计单位编写

1）设备装设地点

＿＿＿＿＿＿＿＿＿＿门式启闭机（以下简称门机）共＿＿台安装在厂房坝段＿＿m高程坝顶上。门机设有独立运行的主、副小车，在＿＿门机＿＿侧各设＿＿台＿＿回转吊。门机布置详见附图。

＿＿＿＿＿＿＿清污双向门机共＿＿台，装设在坝后厂房进水口坝前＿＿m高程平台上。

＿＿＿＿＿＿＿尾水单向门机装在尾水＿＿m高程平台上。

2）门机主要附属设备包括：电站进水口检修门液压自动抓梁1套，进水口检修门专用吊具（回转吊专用）、拦污栅专用吊具（回转吊专用）各1件，尾水检修门液压自动抓梁1套

3）设备用途

进水口坝顶门机用于进水口检修门的启闭与吊运，尾水单向门机用于尾水检修门的启闭与吊运，进水口清污门机用于进水口拦污栅栅前清污、拦污栅的启闭与吊运。清污操作时，小车行至拦污栅前方进行清污，抓斗提出孔口后，行至清污平台进行卸污。门机进行清污操作和拦污栅启闭时需分别进行抓斗与平衡吊梁的切换。

4）型式及布置

进水口坝顶门机大车沿左右方向走行，其轨距为15.0m，走行距离约为＿＿m；＿＿kN起升机构布置在小车上，小车在门机跨内沿上下游方向走行，走行距离约为10.0m，在门架一侧的主梁边通长布置工字型导轨，其上悬挂5t电动葫芦，可沿上下游方向通长走行。

门机布置要求应与招标附图"＿＿＿＿＿＿＿＿＿＿＿＿＿＿"相符。

＿＿尾水单向门机大车沿左右方向走行，其轨距为8.0m，走行距离约为＿＿m；在门架一侧的主梁边通长布置工字型导轨，其上悬挂5t电动葫芦，可沿上下游方向通长走行。

门机布置要求应与招标附图"＿＿＿＿＿＿＿＿＿＿＿＿＿＿"相符。

进水口清污门机大车沿左右方向走行，其轨距为12.0m，走行距离约为＿＿m；＿＿kN起升机构布置在小车上，小车在门架跨内沿上下游方向走行，走行距离约为8.0m，在门架一侧的主梁边通长布置工字型导轨，其上悬挂5t电动葫芦，可沿上下游方向通长走行。

门机布置要求应与招标附图"坝后厂房进水口闸门及启闭机总体布置（图号：＿＿＿＿＿＿＿＿＿）"相符。所清除的污物直接装入汽车运至指定地点集中处理。

3.4.2　设计计算依据

启闭机设计计算应符合 DL/T5167《水电水利工程启闭机设计规范》（本章简称《规范》）的规定。

门机计算风压应按工作状态<u>XX</u> N/m²、非工作状态<u>XX</u> N/m²、最大风压<u>XX</u> N/m²确定。

门机抗震设计应符合《规范》第 6.0.11 条规定。大坝金属结构设备按<u>8</u>度抗震设防，抗震概率水准采用基准期<u>100</u>年超越概率<u>2％</u>，基岩水平峰值加速度采用<u>0.229g</u>，垂直峰值加速度采用<u>0.153g</u>；校核地震标准采用基准期<u>100</u>年超越概率<u>1％</u>，相应基岩水平峰值加速度为<u>0.27g</u>，垂直峰值加速度为<u>0.18g</u>。

卖方应以最完善、最先进的方案进行产品设计、制造。

启闭机、自动抓梁、清污抓斗的电气元件设计和使用应满足当地的气象和环境要求，并应符合《规范》的规定。

3.4.3　组成

门式启闭机主要组成如下：

3.4.3.1 　　　　进水口坝顶门机的组成

门机由主小车、副小车、回转吊、门架结构、大车运行机构、门机轨道和阻进器及埋件、夹轨器、防风锚定装置及埋件、液压自动挂钩梁、电力拖动和控制设备、以及由本标书相关章节指明，或未指明但按一般规定是必要的附属设备组成。其中：

1）主小车的组成

主小车由主起升机构、小车架、小车运行机构、小车机房罩、机房内检修吊、电力拖动和控制设备等组成。

2）副小车的组成

副小车由付起升机构、小车架、小车运行机构、小车机房罩、机房内检修吊、电力拖动和控制设备等组成。

3）回转吊的组成

回转吊由回转吊起升机构、回转机构、回转构架结构总成，电力拖动和控制设备等组成。

4）大车运行机构的组成

大车运行机构由电动机、制动器、减速器、联轴器、台车架和车轮组、电力拖动和控制设备等组成。

尾水门机的组成

　　　门机由主小车、回转吊、门架结构、大车运行机构、夹轨器、门机轨道和阻进器及埋件、防风锚定装置及埋件、液压自动挂钩梁、电力拖动和控制设备、以及必要的附属设备组成。其中：

1）主小车的组成

主小车由主起升机构、小车架、小车运行机构、小车机房罩、机房内检修吊、电力拖动和控制设备等组成。

2）回转吊的组成

回转吊由回转吊起升机构、回转机构、回转构架结构总成、电力拖动和控制设备等组成。

3）大车运行机构的组成

大车运行机构由电动机、制动器、减速器、联轴器、台车架和车轮组、电力拖动和控制设备等组成。

3.4.3.2　清污门机的组成

____门机由小车、门架结构、大车运行机构、防撞测距报警装置、门机轨道和阻进器及二期埋件、夹轨器、防风锚定装置及埋件、液压清污抓斗及存放支架、平衡吊梁及存放支架、电力拖动和控制设备以及由本招标文件相关章节指明，或未指明但按一般规定是必要的附属设备组成，其中：

1）小车的组成

小车由起升机构、小车架、液压清污抓斗、电缆收放机构、平衡吊梁、小车运行机构、小车机房罩、机房内检修吊、电力拖动和控制设备等组成。

2）大车运行机构的组成

大车运行机构由电动机、制动器、减速器、台车架和车轮组、电力拖动和控制设备等组成。

3.4.4　工作级别和主要技术参数

1）工作寿命和工作级别

根据工程需要由工程设计单位制定。

2）主要技术参数

表 7－13

根据工程需要由工程设计单位制定。

3.4.5　运行工况

根据工程需要由工程设计单位制定。

3.4.6　起升机构技术要求

1）一般性技术要求

（1）计算荷载

①起升机构零件的疲劳计算基本荷载：

主小车起升机构：0.7 倍的额定起重量

副小车和回转吊起升机构：1.0 倍的额定起重量

②第二类基本荷载取额定起重量的 1.1 倍。

③起升机构短时尖峰载荷按2.5倍电动机额定转矩计算。

④起升机构启、制动加速度的绝对值不大于0.1m/s2。特别地，当闸门接近门槽底坎时，应按安全可靠的减速运行方式运行，以避免闸门撞击门槽底坎。

⑤设计计算时，还应考虑地震荷载、安装荷载和试验荷载。

（2）主小车起升机构

①起升机构采用交流变频调速，满载恒转矩调速范围1：10，总调速范围1：20。

②全封闭齿轮传动，不允许在传动链的末级采用开式齿轮传动。

③减速器采用中硬齿面齿轮传动。

④起升机构不允许采用排绳机构。多层缠绕层间返回角≤1.5°，但应大于0.5°。

⑤起升高度指示器在全行程限位范围内允许误差≤10mm。

⑥进口起升负荷电子称量系统（由负荷传感器、二次仪表及相应附件组成）。

（3）副小车起升机构

①起升机构采用交流变频调速，满载恒转矩调速范围1：10，总调速范围1：20。

②全封闭齿轮传动，不允许在传动链的末级采用开式齿轮传动。

③减速器采用中硬齿面齿轮传动。

④起升机构不允许采用排绳机构。多层缠绕层间返回角≤1.5°，但应大于0.5°。

⑤起升高度指示器在全行程限位范围内允许误差≤10mm。

⑥进口起升负荷电子称量系统（由负荷传感器、二次仪表及相应附件组成）。

（4）起升机构各润滑点采用集中润滑方式。润滑方式采用递进式分配原理，润滑系统设置超压报警和油位报警，同时将润滑系统工作状态送门机监控系统并在司机室内显示。

（5）回转吊起升机构

①全封闭齿轮传动，不允许在传动链的末级采用开式齿轮传动。

②起升机构不允许采用排绳机构。

③起升高度指示器在全行程限位范围内允许综合误差≤20mm。

④进口起升负荷电子称量系统（由荷重传感器、二次仪表及相应附件组成）。

⑤起升机构各润滑点采用集中润滑方式。

2）卷筒

（1）优先采用钢板焊接卷筒，钢板材料不低于GB/T1591中Q345B，100％超声波探伤，达到JB/T 4730Ⅱ级质量要求。卷筒对接焊缝属Ⅰ类焊缝，焊接技术要求见本标书第＿＿款的规定，焊后必须进行热处理消除应力。当卷筒采用铸钢时，材质不应低于ZG230－450，如需焊接时其焊缝的要求，探伤和消应处理仍按上述要求执行。

（2）卷筒采用折线卷筒，卷筒绳槽底径制造公差不低于h9（GB1802），跳动公差不低于 9 级（GB/T1184）。

（3）钢丝绳缠绕层数：主起升机构卷筒≤3 层，副起升机构卷筒≤3 层。

（4）卷筒主轴材料不低于 45 钢（GB/T699）。采用锻件时，质量标准达到第____款规定的要求。采用轧制件时，100％超声波探伤，达到 GB/T4162B 级质量要求。当采用钢板焊接卷筒时，卷筒与短轴的焊缝为Ⅱ类焊缝。卷筒主轴挠度不大于 L/3000（L—主轴支承跨度）。

（5）主轴支承采用调心轴承，静负荷安全系数 S0≥2.5。

（6）主轴疲劳安全系数 S≥2.5。

3）减速器

（1）减速器采用中硬齿面齿轮传动。

（2）减速器齿轮弯曲疲劳安全系数 Sfmin≥1.5，接触疲劳安全系数 Shmin≥1.25。

（3）所有齿轮必须通过静强度校核，校核力矩为电动机传至各级齿轮力矩的 2.5 倍。

（4）齿轮加工精度不低于 8－8－7 级。

（5）减速器装配后必须在厂内跑合。

（6）距减速器前后左右 1m 处测量的噪声，不得大于 85dB（A）。

（7）减速器采用喷油强制润滑。

（8）非标减速器必须逐台在厂内进行负荷试验。标准减速器则可提交经国家权威质量检测部门认定的型式试验报告及应用实例（或用户证明）替代负荷试验。

（9）减速器振动测定参照 GB/T8543 执行。

4）钢丝绳及其紧固件

（1）钢丝绳应进行预拉处理，并提供预张拉的技术方案。钢丝绳结构型式应能满足启闭机使用环境和起升工况的要求，并采用镀锌、交互捻、线接触钢丝绳。

（2）钢丝绳设计安全系数 n≥5.5。

（3）钢丝绳禁止接长使用，并禁止火焰切割。

（4）钢丝绳套环、压板、绳夹和接头应分别符合 GB5974.1、GB5974.2、GB5975、GB5976、GB5973 中的有关规定。

5）制动器

起升机构应在传动的高速级安装一套制动器作为工作制动器，在卷筒的一端安装一套盘式制动器作为安全制动器。按总制动力矩计算，工作制动器制动安全系数不小于 1.25，安全制动器制动安全系数不小于 1.7。安全制动器延时上闸。

起升机构工作制动器支架采用钢板焊接结构，附加手动松闸机构、上闸闭合和松闸释放限位开关及相应的信号显示、制动衬垫磨损自动补偿装置及磨损极限开关。

盘式制动器应满足 DIN15430 标准的要求，其工作方式为弹簧上闸、液压松闸，并附加手动松闸机构、上闸闭合和松闸释放限位开关及相应的信号显示。应保证制动力不传递在活塞密封件上，液压泄露不影响摩擦片和制动盘。

6）滑轮

（1）按钢丝绳中心计算的滑轮直径应满足 DL/T5167－2002 规范第 2.6.2 条的要求。

（2）采用焊接滑轮时，其材料应不低于 GB700 中 Q235B 或 GB1591 中 Q345B 钢，焊后进行消除内应力处理。

（3）滑轮上任何部位出现裂纹均应报废。

（4）滑轮轴的材料不低于 GB699 中的 45 钢。

（5）装配好的滑轮应能用手灵活转动，侧向摆动不大于滑轮直径的 1/1000。

（6）定滑轮轴的支承应采用滚动轴承。

（7）对于浸入水中的动滑轮组，宜采用自润滑滑动轴承，并对轴表面采取镀铬防腐措施。如采用滚动轴承，应设密封装置。

（8）动滑轮组的一吊板外侧应设置手动移轴装置，另一吊板外侧上设平衡重。

7）起升负荷电子称量系统及荷载限制器

（1）起升机构应设置电子称量系统（由荷载传感器、二次仪表及相应附件组成）。电子称量系统综合误差不大于 2%。

（2）当起升荷载达到额定起升荷载时，电子称量系统应给出声光报警讯号。当达到 110% 额定起升荷载时，电子称量系统应发出报警信号，同时自动切除拖动电机电源、制动器上闸，对起升机构实施自动保护。

（3）防止液压抓斗入槽卡阻，应设置欠载限制器。

8）起升高度指示器及极限位置限制器

起升机构应装设一套上、下起升极限位置限位开关，同时另设一套原理不同的起升上极限位置限位开关。当起升高度达到上极限位置时，由极限位置限位开关控制发出报警信号，同时切除拖动电机电源并制动器上闸，对起升机构实施自动保护。

3.4.7　运行机构技术要求

3.4.7.1　小车运行机构技术要求

1）分别驱动，电动机与车轮组之间采用全封闭传动，交流变频调速，满载恒转矩调速比 1：10；电气同步，同步精度由卖方提出，并应经监造监理单位审核批准。

2）运行机构承载能力按 1.6 倍的电动机额定功率设计，短时尖峰负荷按 3.1 倍的电动机额定功率计算。

3）小车起、制动加速度的绝对值不大于 0.05m/s²。

4）车轮轴承座采用 45°剖分式结构整体加工，车轮组平衡架采用剖分式套环铰轴支承连接。

5）台车架整体加工。

6）减速器

（1）减速器采用硬齿面"三合一"立式减速器。齿轮弯曲疲劳安全系数 Sfmin≥1.5，接触疲劳安全系数 Shmin≥1.25。

（2）齿轮必须通过静强度校核，校核力矩为电动机额定力矩传至各级齿轮力矩的2.5倍。

（3）齿面加工精度不低于 7 级（GB/T 10095）。

（4）齿面减速器装配后，应根据齿轮副接触状态对齿面进行修磨或调整处理。

（5）距减速器前后左右 1m 处测量的噪声，不得大于 85dB（A）。

（6）非标减速器必须逐台在厂内进行负荷试验。标准减速器则可提交经国家权威质量检测部门认定的型式试验报告及应用实例（或用户证明）替代负荷试验。

7）开式齿轮副

（1）车轮组的车轮之间可以装设开式齿轮作为中间惰轮。

（2）开式齿轮副大齿轮材料不低于 ZG35CrMo，小齿轮材料不低于 40Cr。

（3）齿轮弯曲疲劳安全系数 Sfmin≥1.5。

（4）齿轮必须通过静强度校核，校核力矩为电动机额定力矩传至该级齿轮力矩的2.5倍。

（5）开式齿轮加工精度不低于 9－8－8 级（GB/T 10095）。

8）运行机构组装

（1）运行机构与小车架组装后，组装偏差应符合本标书所引用的有关标准的相应规定。

（2）组装后，小车车轮只允许下轮缘向内偏斜。

9）运行机构各润滑点采用集中润滑方式。润滑方式采用递进式分配原理，润滑系统设置超压报警和油位报警，同时将润滑系统工作状态送门机监控系统并在司机室内显示。

3.4.7.2　大车运行机构技术要求

1）分别驱动，电动机与车轮组之间全封闭传动，交流变频调速，满载调速比 1：10；电气位置同步，同步精度由卖方提出，并应经监造监理单位审核批准。

2）运行机构承载能力按 1.6 倍的电动机额定功率设计，短时尖峰负荷按 3.1 倍的电动机额定功率计算。

3）车轮轴承座采用 45°剖分式结构整体加工，车轮组平衡架采用剖分式套环铰轴支承连接。

4）台车架整体加工。

5）大车起、制动加速度绝对值不大于 $0.1m/s^2$。

6）减速器

（1）减速器采用硬齿面"三合一"立式减速器。齿轮弯曲疲劳安全系数 Sfmin≥1.5，接触疲劳安全系数 Shmin≥1.25。

（2）齿轮必须通过静强度校核，校核力矩为电动机额定力矩传至各级齿轮力矩的 2.5 倍。

（3）齿面加工精度不低于 7 级（GB/T10095）。

（4）齿面减速器装配后，应根据齿轮副接触状态对齿面进行修磨或调整处理。

（5）距减速器前后左右 1m 处测量的噪声，不得大于 85dB（A）。

（6）非标减速器必须逐台在厂内进行负荷试验。标准减速器则可提交经国家权威质量检测部门认定的型式试验报告及应用实例（或用户证明）替代负荷试验。

7）开式齿轮副

（1）车轮组的车轮之间可以装设开式齿轮作为中间惰轮。

（2）开式齿轮副大齿轮材料不低于 ZG35CrMo，小齿轮材料不低于 40Cr。

（3）齿轮弯曲疲劳安全系数 Sfmin≥1.5。

（4）齿轮必须通过静强度校核，校核力矩为电动机额定力矩传至各级齿轮力矩的 2.5 倍。

（5）开式齿轮加工精度不低于 9－8－8 级（GB/T10095）。

8）大车运行机构组装

（1）大车运行机构与门架组装后，组装偏差应符合本标书所规定的有关标准的相应规定。

（2）组装后，大车车轮只允许下轮缘向内偏斜。

9）运行机构各润滑点采用集中润滑方式。润滑方式采用递进式分配原理，润滑系统设置超压报警和油位报警，同时将润滑系统工作状态送门机监控系统并在司机室内显示。

3.4.7.3　回转吊回转机构技术要求

1）回转吊回转幅度 180°—200°，以不与相关结构干涉为限。

2）回转机构必须设置回转力矩限制联轴器。

3）回转机构必须设置回转极限位置限位开关。

3.4.7.4　轨道技术要求

1）轨道设计、制造、安装符合规范 DL/T5167 和 NB/T35051（原 DL/T5019）的要求。

2）严禁采用加热方法矫正轨道。

3）轨道布置满足门机运行工况和水工建筑物布置特点，并满足门机在门槽、门库和安装场作业的条件。

4）门机轨道铺设长度约—_____m。

5）轨道两端设阻进器。阻进器、附件及埋件应按门机大车运行可能出现的最大速度发生的碰撞条件进行计算。

6）钢轨固定压板沿轨道长度方向的布置间距≤600mm，同一根钢轨上固定的压板应对称（沿钢轨中心线）布置。

7）钢轨垫板厚度≥10mm，压板厚度≥20mm。

8）固定钢轨采用的螺栓及埋件的直径≥22mm。

9）轨道布置在_____m高程。

3.4.7.5　液压自动抓梁技术要求

1）用途

用于启闭、吊运地下厂房进水口检修门、右岸排沙洞进口检修门、右岸灌溉孔进口检修门和右岸灌溉孔进口事故门。

液压自动抓梁采用液压自动穿销方式，并具有相应的检测抓梁到位、穿退销/挂脱钩极限位置和行程以及充水阀开启的信号装置。

2）设备组成

液压自动抓梁主要由梁体、吊耳、柱塞缸装置、液压系统、各种信号装置、水下快速电缆插头、支承导向装置和就位支承等部件组成。

3）主要技术要求

（1）液压自动抓梁按 1.1 倍的门机额定起重量进行设计。

（2）抓梁梁体为焊接件，对接焊缝、腹板与翼板间的组合焊缝、以及吊耳板与梁体的组合焊缝为Ⅰ类焊缝。焊接技术要求见本招标文件第 3.1.10 条的规定。

（3）抓梁吊耳孔在吊耳板与梁体焊接后整体加工。

（4）为确保液压自动抓梁安全可靠运行，液压系统阀件、密封件应选择合适的进口元件。

（5）在液压自动抓梁的合适位置设置检测抓梁就位、穿销、退销以及充水阀开启等信号装置。同时，抓梁的穿销和退销应采用行程检测装置。相应元件应采用进口件。

（6）液压油清洁度不低于 NAS 9 级。

（7）液压自动抓梁水下电缆插头应能防水。

（8）液压自动抓梁水下操作深度为____m。

（9）支承导向装置应满足液压自动抓梁在门槽内升、降运行要求。支承导向装置设计荷载不小于主钩额定荷载的 5％。

（10）液压自动抓梁供电和控制电缆的收放采用变频调速装置，并与液压自动抓梁同步运行。供电和控制电缆应以钢芯增强，电缆的收放装置应设卷绕力矩限制器。

（11）液压自动抓梁应操作灵活可靠，就位准确，在水下工作性能良好。

（12）抓梁必须在卖方的制造厂内进行水密试验和静平衡试验。

3.4.7.6 平衡吊梁技术要求

1）用途

用于启闭、吊运地下厂房进水口拦污栅和右岸灌溉孔进口拦污栅。

2）设备组成

平衡吊梁主要由梁体、吊耳、吊轴等部件组成。

3）主要技术要求

（1）平衡吊梁吊点间距、吊耳直径应能满足操作地下厂房进水口拦污栅的需要。

（2）平衡吊梁按 1.1 倍的门机额定起重量进行设计。

（3）平衡吊梁为焊接件，对接焊缝、腹板与翼板间的组合焊缝、以及吊耳板与梁体的组合焊缝为Ⅰ类焊缝。焊接技术要求见本招标文件第 3.1.7 条的规定。

（4）平衡吊梁吊耳孔在吊耳板与梁体焊接后整体加工。

（5）平衡吊梁必须在卖方的制造厂内进行静平衡试验。

3.4.8 结构部分技术要求

1）小车架

（1）小车架构造应力求简单，便于运输和安装。

（2）小车架必须在厂内预拼装。预拼装合格后，在各连接处作出明显和不易去除的标记。

（3）小车架各分块单元采用高强螺栓连接。

（4）小车架安装起吊单元最大外形尺寸及最大重量见第 3.1.4 条。

（5）小车架应整体加工。

（6）小车架主材料不低于 Q345B，板厚≥6mm。

（7）小车架及运行机构的设计、制造、组装与安装要求参照 NB/T35051（原 DL/T501 及 DL/T5167 执行。

（8）小车架制造偏差应符合本标书所规定的有关规程、规范和标准的相应规定。

（9）小车架应开设吊物孔。机房内检修吊能从坝面起吊物品至机房内。

2）门架

（1）门架构造应力求简单，便于运输和安装。

（2）门架必须在厂内整体预拼装。预拼装合格后，在各连接处作出明显和不易去除的标记。

（3）门架上部结构与门腿之间采用单法兰焊接连接，由门机安装单位施焊，卖方提出焊接工艺要求。其他各分块单元采用高强螺栓连接。

（4）门架安装起吊单元最大外形尺寸及最大重量见第 3.1.4 条。

（5）门架主梁、横梁、门腿主材料不低于 Q345B，板厚≥6mm。

（6）当门架主梁采用偏轨箱形梁结构时，应在轨道侧采用丁字钢结构。

（7）门架的设计、制造、组装及安装要求参照 NB/T35051（原 DL/T5019）和 DL/T5167 执行，并应进行动刚度校核。

（8）门架制造和组装偏差应符合本标书所指定的有关规程、规范和标准的相应规定。

3）回转架

（1）回转架构造应力求简单，便于运输和安装。

（2）回转架必须在厂内预拼装。预拼装合格后，在各连接处作出明显和不易去除的标记。

（3）回转架主材料不低于 Q345B，板厚≥6mm。

（4）回转架安装起吊单元最大外形尺寸及最大重量见第 3.1.4 条。

（5）回转架应整体加工。

（6）回转架及回转机构的设计、制造、组装与安装要求参照 NB/T35051（原 DL/T5019）及 DL/T5167 执行。

（7）回转架制造偏差应符合本标书所规定的有关规程、规范和标准的相应规定。

4）高强螺栓接头技术条件按第 3.1.9 条执行。

5）焊接技术条件按第 3.1.10 条执行。

3.4.9　安全防护装置

门机应设有下列安全保护装置

3.4.9.1　荷载限制装置

（1）主起升荷载限制装置安装在定滑轮装置上，回装起升荷载限制装置安装在平衡滑轮装置上，均采用进口优质压式传感器，综合误差小于 5%，并配套显示仪表。当吊具的载荷达到额定值的 90% 时，发出预警信号；当达到 110% 时，具有红灯显示、蜂鸣音响信号并及时切断电极控制回路。

（2）具有两对独立的预警接点。

3.4.9.2　开度显示及位置限制器

（1）主起升开度显示及位置限制器应安装在减速器低速轴非传动端，回装起升开度仪显示及位置限制器安装在转筒轴承座旁，能连续显示闸门开度，当闸门到达上、下两个极限位置和预定开度位置时，开度仪和位置限制器均可动作切断电动机控制回路，使主钩小车起升机构停止运行。

（2）闸门开度传感器采用进口编码器，检测精度＜1mm。

（3）位置限制器型号采用：GDK－2，除控制上下极限位置和充水阀开度位置外，应还预留有两个控制位置接点。

3.4.9.3 风速仪和夹轨器

（1）门机上部不挡风处应装设风速仪，当风速大于工作极限风速时，应发出停止作业信号，并自动切断走行机构的电源、驱动风力支轨器工作。

（2）小车走行机构应装设自动刹车定位器（电动铁鞋），符合 DL/T5167 第 5.7.6 条的规定，并与有关电气部分联锁

（3）大车走行机构应装设风力支轨器，并符合 DL/T5167 第 5.7.6 条的规定，并与有关电气部分联锁。门机非工作状态设防风锚定装置。

3.4.9.4 避雷装置和高空障碍警示灯

避雷装置应设置在门机小车机房顶平台上，由避雷针、高空障碍警示灯等组成，避雷针能有效地将雷击引入地下，避免对设备及人员造成伤害；高空障碍警示灯用于对飞行器的障碍警示。

3.4.10 涂装

（1）涂装一般要求见第 2.14 节。

（2）技术要求按第 3.1.8 条相应规定执行。

3.4.11 电力拖动和控制设备技术要求

主要机构有：主起升机构（双吊点）、回转吊起升机构、液压抓梁电缆收放机构、回转吊回转机构、大车走行机构等部分。

门机的电气控制由主起升机构电气传动系统、回转吊起升机构电气传动系统、液压抓梁电缆收放机构电气传动系统、回转吊回转机构电气传动系统、大车走行机构电气传动系统、门机操作控制系统、门机信号检测装置及门机供电、照明、接地、通讯等部分组成。

1）主起升机构电气传动系统

主起升机构电气传动采用交流变频带速度反馈的调速系统。

（1）电气传动系统的组成及控制方式

①变频调速装置的结构形式为：交－直－交变频。功率部分由整流/回馈－中间直流回路－逆变器及其辅件组成，并能实现重载下降的再生制动。

电气传动系统应具有避免因电网断电或紧急停机而烧坏逆变器和整流回馈单元的措施。

②变频传动控制采用矢量控制或直接力矩控制技术。

③起升机构的起升速度为 0.25m/min—5.0m/min，电机额定功率按额定速度 2.5m/min 及满载选择。应能实现电动机的恒转矩和恒功率调速控制。

（2）电动机

①起升电动机应选用知名品牌的交流变频调速电动机。电动机应能在 2 倍的额定转速下可靠运行，能适应变频所产生的高次谐波的影响。

②电动机应能在可变频率电源供电条件下正常工作，电源频率变化范围为 5Hz—100Hz，额定频率 50Hz。电机在高频（100Hz）运行时，其输出转矩应不小于 1/2 额定转矩。

③电动机应为双轴伸的，并装有测速及角度检测装置和轻载、满载 2 个速度的离心过速保护开关。

④电动机应装有绕组温度传感器，实现电机绕组过热保护和补偿电机参数变化。

⑤电动机应设置独立的冷却风机，满足各种工况的运行。

⑥电动机防护等级为 IP55，绝缘等级为 F。

（3）系统特性

①本系统应具有高度的安全可靠性，MTBF＞2×104h，MTTR＜0.5h，可利用率＞99.9％。同时，控制系统应设置完善的故障检测、诊断、报警功能。

②本系统（含软、硬件）应满足两吊点的机械同步使用工况的要求。

③本系统应能在其机械特性的四个象限内运行。

④本系统应采用全数字微机控制技术，以保证系统控制性能和精度。

⑤本系统应具有电机参数自检测自适应功能。具有较强的电磁兼容性、防机构谐振功能。

⑥系统静特性

恒转矩调速范围：静差率 S≤0.1％时，D＝10（额定转速下）。

恒功率调速范围：D＝2（额定转速以上）。

总调速范围：D＝20。

⑦系统动特性

对五阶段速度图给定信号无超调，对阶跃给定信号的调节时间＜0.5s。

对负载扰动的响应：动态速降＜15％（相对于额定转速），恢复时间＜1.0s。

启、制动的加、减速度绝对值≤0.1m/s²，具有足够的启动转矩和过载能力。

⑧2 台电动机特性差应＜2％，且拖动系统应具有均衡负荷的功能，实时出力差＜10％的实时平均负荷。

⑨具有完善的各种自动保护功能和各种故障自诊断及显示报警功能，包括：瞬时过电流保护，过热及 I2t 过载保护，再生电压保护，瞬时断电失压保护，接地过电流保

护，冷却风机异常，超频（超速）保护，失速过电流保护，失速再生过电压保护，电机堵转、欠载、超载、瞬时掉电、接触器粘结、缺相，行程限位，主令控制器零位保护等。

故障分为"指示"、"报警"、"延时跳闸"、"跳闸"等方式。

2）回转吊起升、回转机构电气传动系统

（1）电动机

电动机采用 YZR、YZ 系列起重用三相异步电动机，电压 380V，频率 50Hz。电动机应根据其运行工况、启动要求、容量和通电次数等条件进行选定，防护等级 IP44，绝缘等级 F 级。

（2）系统特性

①本系统应具有高度的安全可靠性，MTBF＞2×104h，MTTR＜0.5h，可利用率＞99.9％，工作寿命 10 年。同时，控制系统应设置完善的故障检测、报警功能。

②具有完善的各种自动保护功能和各种故障自诊断及显示报警功能，包括：瞬时过电流保护，过热及过载保护，瞬时断电失压保护，接地保护，冷却风机异常，过电压保护，电机堵转、欠载、超载、瞬时掉电、接触器粘结、缺相，行程限位保护等。

故障分为"指示"、"报警"、"延时跳闸"、"跳闸"等方式。

3）大车走行机构电气传动系统

大车走行电气传动采用交流变频调速方式。

（1）大车走行机构电气传动采用变频调速的方式，电气同步。

（2）电气传动系统的结构形式为：交－直－交变频调速；整流部分采用三相全控桥式整流器，并设有能耗制动环节及电容滤波环节。

（3）传动控制部分采用 Mmax＝C 开环调节，但需要分别检测各电机的运行电流并进行过载保护。

（4）系统静特性静差率：0.5％。

调速范围：D＝10（额定转速以下）。

（5）系统动特性：对五阶段速度图给定信号无超调，对阶跃给定信号的调节时间小于 0.5s。

对负载扰动的响应：动态速降＜15％（相对于额定转速），恢复时间＜0.1 s。

（6）大车走行同步精度：由卖方提出，并应经监造监理单位审核批准，保证大车走行无卡阻，避免啃轨。

（7）具有各种自动保护、故障自诊断及显示报警功能。

故障保护分为："指示"、"报警"、"延时跳闸"、"跳闸"等方式。

（8）电动机

电动机应选用知名品牌的交流变频调速电动机。电动机应能在 5Hz—50Hz 可变频率电源供电条件下正常工作，并能适应变频所产生的高次谐波的影响，电动机特性差≤1%。电动机应为双轴伸，并装有测速及角度检测装置。电动机应装有绕组温度传感器，实现电机绕组过热保护和补偿电机参数变化。电动机应设置独立的冷却风机，满足各种工况的运行。防护等级 IP55，绝缘等级 F。

4）液压自动抓梁电控系统

液压自动抓梁的电控系统作为门机操作系统的一个组成部分，分别布置在液压自动抓梁上，对自动抓梁就位、穿销、退销、充水阀开启等机构进行自动控制和手动控制，在司机室设置对自动抓梁就位、穿销、退销机构进行手动控制的操作开关及配套的电缆。自动抓梁电控系统与门机操作系统的信号联系方式由卖方提出，买方审查确认。

在液压自动抓梁的合适部位设置自动抓梁就位、穿销、退销、充水阀开启等机构的位置检测和行程检测装置，在门机司机室内设置自动抓梁就位、穿销、退销、充水阀开启信号模拟显示。这些信号检测装置的动作应可靠、准确。

液压自动抓梁液压系统供电电缆及屏蔽通讯电缆的收放应与抓梁的升降同步运行，并设有防止电缆拉断的安全装置。

供电及屏蔽电缆应选用钢芯法兰盘专用吊挂电缆。电缆应能反复收放，并承受水压作用。

液压自动抓梁电控系统和检测装置等电气设备、元器件以及电控设备外壳及接插头应具有密封性及防潮性，保证能在其停机后及在 45m 水深下可靠运行。

5）门机的操作控制系统

门机操作控制由司机操纵台（联动台手柄操作方式）、PLC 无触点控制装置、总电源箱、司机室运行显示面板以及相应的监控系统和应用软件组成。门机操作控制系统选用单台可编程控制器（PLC）作为控制核心。I/O 点数按实际需要配置，并留有 20% 的裕量。指令和数据存储器容量应不小于程序容量的 2 倍，并不小于 128K 字节。同时按实际工程需要配置相应的其他必需模块。

PLC 采用国际知名品牌。PLC 的选型要与变频器配套，应选用同一公司的产品。门机的变频器与 PLC 之间的通信采用总线通信方式，通信电缆采用专用光缆。

PLC 的防护等级不低于 IP20，并必须安装在控制柜内。

该系统应具有以下主要功能及特点：

（1）门机运行状态的监视、诊断与故障报警。

（2）起升、走行机构传动系统监控、诊断。

（3）门机运行操作与控制。

（4）实现液压自动抓梁的信号采集、处理和控制。

（5）各种信号数据采集与处理。

（6）各种运行信号、保护信号的显示。

（7）各机构点动控制。

（8）联动操纵台、监视表盘、显示面板等安装在司机室内，布置应便于司机操作及监视。

6）电气室

门机设置专门的电气室，起升传动装置、走行传动装置、总电源箱、门机操作控制装置布置在电气室内。电气室内具应备良好的防潮防尘通风条件，并设置隔热保温层和空调设备，以保证电气室温度和湿度在设备和器件允许的工作范围内。

7）控制柜、盘、箱、台的结构形式及技术条件

门机电气控制柜、盘、箱、台的结构设计、制造，以及柜内电气元件布置、配线严格按照第 2.2 节的规程规范和第 2.12 节要求执行。

8）检测装置的技术条件

门机设置但不限于本节所列的检测装置，其技术性能必须达到或超过本节所提技术要求，检测装置的设置参数以达到本招标文件对门机综合性能的要求为准。行程检测装置、限位检测装置、承重检测装置的防护等级不低于 IP65。

（1）主起升机构、回转吊起升机构行程、速度、位置检测

①起升行程检测：在每一卷筒轴端上设置一套行程检测装置，检测吊点行程，信号送入门机 PLC 再送主司机室显示高度值。

行程检测装置应准确反映多层缠绕钢丝绳高度函数与角编码器的关系，在断电情况下应能跟踪位置。

测量范围：主起升机构＿＿＿m，允许误差：±10mm，分辨率：≤2mm

回转吊＿＿＿m，允许误差：±10mm，分辨率：≤2mm。

行程检测装置应设置上、下限位开关。

②起升速度检测：在每一台电动机非传动轴端设置一套测速及角度检测装置，检测电动机转速及加速度信号，信号反馈到各自的主传动装置，测速装置的技术参数应满足传动系统的要求。

③起升上、下极限位检测：选用二个瞬动型接近开关，检测吊点上、下极限位。

④设置制动器上闸、松闸及闸皮磨损位置检测开关。

（2）回转吊回转机构极限位置检测

在回转吊回转机构的回转极限位置处设置瞬动型接近开关，实现主小车、回转吊

极限位置保护

（3）大车机构位置检测

在大车的合适部位布置两个瞬动型接近开关，一个为减速行程开关、一个为准确停位行程开关。在大车轨道旁的若干位置布置撞块，实现大车的准确停位控制。另外，大车设置走行极限限位开关及撞块。

（4）自动抓梁检测

液压自动抓梁检测主要包括：自动抓梁到位及行程检测，穿销、退销、充水阀开启到位及行程检测。所有到位检测装置都采用瞬时动作的屏蔽型接近开关。

（5）主起升机构、回转吊起升机构荷重检测

承重检测电子秤的模拟信号（4—20mA）送主司机室显示，同时引出多个电接点。电接点分别指示≤20％（可调节）额定载荷（下降卡阻检测）、90％额定载荷、110％额定载荷（提升卡阻和超载检测）。电子秤采用进口件，综合精度2％。

荷载必须真实反映卷扬机系统的荷载，不允许进行数学修正，并以数字（数值或百分比）显示卷扬机系统启闭过程的荷载变化情况。

（6）其它检测装置

在门机顶部设风速仪。风速仪与门机夹轨器联动，当风速达到20m/s时，自动发出停止作业的声光警报并提示夹紧夹轨器。当风速达到25m/s时，自动对门机实施保护动作并夹紧夹轨器，实现门机的自动防风停车，自动夹轨。

门机设置大车夹轨器位置检测，设置起升机构制动器位置检测。

其它检测装置的技术要求和数量见本招标文件相关章节。

9）供电装置的技术条件

（1）门机供电电源为三相交流AC380V（±10％）电源，50Hz±2.5Hz，采用电缆卷筒供电。门机用电电压应为380V/220V，内部电压降限定在3％以内。

（2）大车供电电缆通过电缆卷筒进行收放，电缆收放速度与门机大车走行速度同步。当大车走行时，电缆受力应控制在允许范围内，并有一定的安全系数。卷筒上电缆的压降不得超过3％。

（3）坝后电站尾水____m高程平台下游轨道中部设有动力分电箱，给门机供电。

（4）门机电缆卷筒上电缆由卖方提供，其长度应满足门机走行行程要求。卖方应选用耐磨、易弯曲并配有金属丝保护层（带、绳）高抗拉强度的电缆，电缆的重量和形状应适应于电缆卷筒收放。

（5）各电源装置的容量由实际负荷确定并留有30％的余量。

10）照明

本门机机房、电气室、走道和司机室都应有足够照明及可携式安全照明设备，特

别地，应设置至少一个能对最大行程限位处的作业进行照明的探照灯，并应设置对作业面的照明，同时还应考虑照明设备的防震措施。各类照明采用安全电压等级并应遵循国标 GB/T3805 的规定。

11）信号指示

（1）门机总电源开合状态在司机室内应有明显的信号指示。起升高度指示、起升高度极限位置限制器、起升载荷、液压自动抓梁的定位、穿退销行程及到位、过载保护信号及其它运行操作信号和运行检测信号都应在司机室显示面板上明显显示。故障信号应进行声光报警。

（2）在门机两端（沿大车轨道方向）各设置两台信号发生器，在大车走行机构开动时，发出声光信号。

12）通信

每台门机配备无线对讲机 4 只（并附带耳机）作为通信设备，有效距离 2km。无线对讲机应采用经有关部门批准的满足向家坝坝区的通信频道，频道申请由买方负责。

13）接地及防雷

在门机上部装设避雷器。避雷器设置必须能保护人身及门机电子设备免受雷击的损害。

接地及防雷应按第 2.12.12 条执行。卖方应根据人员及电子设备安全，采取适当措施防止雷击造成的危害。

14）电线及电缆

（1）门机电线及电缆采用防潮、耐高温及阻燃的铜芯绝缘导线及电缆。用于变频装置的电缆和各类信号线均应有屏蔽层。

（2）不同机构、不同电压等级、交流与直流的电线，在敷设和穿管时应分开。

（3）与门机连接的自动抓梁上的信号电缆和动力电缆应采用具有可靠密封性能的水下使用的活动接插头。

（4）其它要求见第 ____ 条。

15）电气试验与验收

按第 3.1.2 条、第 3.1.3 条，第 2.13.2 条和第 2.13.4 条执行

3.4.12 其他技术要求（可按此条执行，具体项目如有特殊要求另行完善）

1）司机室和电气室

（1）司机室

①门机上游侧设司机室。

②司机室应按人体工程学的要求进行布置，并具有良好的操作环境、宽阔的视野，

并有足够的高度和空间，墙板应采用双层彩塑钢板夹装保温隔热防火材料制造。

③司机室内设双制式空调。

④司机室窗户采用钢化玻璃。

（2）门机电气室应加装保温隔热防火材料，并安装双制式空调。

2）机房及检修吊

（1）机房罩应采用双层彩塑钢板夹装保温隔热防火材料制造，机房内装设排风扇，并具有良好的防雨条件。

（2）机房内设5t检修吊，起升高度应能使吊物从机房内吊至坝面。

3）门机电气控制系统应具有完善门机运行状态的监测、故障诊断和报警功能。

4）设置钢丝绳涂油器，提高钢丝绳使用寿命。

5）夹轨器和锚定装置

（1）门机设置手动和电动两用的夹轨器。

（2）夹轨器应与风速仪联动。当风速达到20m/s时，自动发出停止作业的声、光警报并提示夹紧夹轨器。当风速达到25m/s时，电控系统自动对门机实施保护动作并夹紧夹轨器。

（3）夹轨器与拖动系统互锁，门机走行前，应先松开夹轨器，然后才能开机。司机下班关断门机总电源前，电控系统应自动控制夹紧夹轨器。

（4）为使门机大修时，避免风力作用而影响维修安全性，须在大车走行区间内适当位置处设置锚定装置。

（5）门机必须按照国家有关要求的规定，设置足够的消防设施。

（6）指示灯

门机应设置明确和符合规定的轮廓、航空标高指示灯。

（7）门机供电电缆卷筒可自动换向，正、反向走行。电缆卷筒上可收、放电缆长度应满足全行程运行要求，并留有10%的余量，且有防止电缆拉断的安全措施。

（8）门机各机房、司机室和运行机构的相应部位应设置足够的检修电源。

（9）所有电气元器件均应考虑工作环境在95%最大相对湿度及冷表面结露的特点。

（10）卖方应在合同开始执行后30天内，向买方和工程设计单位提供门机在各种工况下的最大轮压和运行轮压值及轮压分布图、缓冲器布置图及单个缓冲器冲击力、门机大车歪斜侧向力及作用示意图、最大电气容量，买方和工程设计单位将对这些参数进行审查。卖方不得拒绝买方提出的修改意见。

（11）卖方施工设计图的审查，制造竣工图、使用和维护说明书的提交见本标书的通用技术条款的有关规定。

3.4.13 供货范围（根据项目实际情况编写）

表 7－14 ＿＿＿＿＿＿＿＿＿门式启闭机供货范围

序号	名　称	数量	备　注
1	门式启闭机		全套供货，包括电力拖动和控制设备、埋件
2	控制设备		
3	临时活动机罩		防雨机罩（如有）
4	电气专用工具和仪器	1 套	
5	通用及专用检修工具	1 套	含高强螺栓力矩搬手
6	启闭机供电电缆		单根长度满足工程需要（接外部电源用）
7	润滑油、润滑脂、减速器齿轮油		按最大用油量的 1.1 倍；减速器齿轮油按最大用油量的 1.2 倍
8	润滑脂手动加油器	1	
9	钢丝绳涂油器		
10	消防设备		按国家有关标准的规定配置
11	其他		由卖方列出，含备品备件

注：电力拖动和控制设备应提供全套系统支持软件、应用控制软件及用户开发工具软件。

卖方应根据本招标文件技术条件在投标文件中列出下列所需设备数量。

表 7－15 ＿＿＿＿＿＿＿＿＿门式启闭机电气设备清单

序号	设备名称	规格型号	单位	数量	备注
1	动力柜		套		含断路器、接触器、继电器等
2	控制柜		套		含 PLC、操作面板、直流稳压电源等
3	电阻柜		套		含启动电阻等
4	开度传感器		套		
5	行程开关		套		
6	动力电缆		米		卖方确定并计入报价
7	控制电缆		米		卖方确定并计入报价
8	其他				卖方认为有必要列明的电气元器件

3.4.14 备品备件

本启闭机应备有适量备品备件以满足启闭机质保期后的正常运行。设备调试期间需要的备品备件由卖方自备。

卖方按表报价，并随机供货，所有的备品备件必须能够随时更换上机工作，并必须与设备相应的部件具有相同的材料和相同的工艺标准。

所有的备品备件应分类单独装箱保存。所有的包装箱应打上适当的记号以供识别。

在合同签订后的 2 年中，卖方有义务以优惠的价格及时提供正常运行所需的全部备件。

卖方可根据自己的经验，在标书所提备品备件清单的基础上，另向买方推荐能满足启闭机质保期后正常运行备品备件清单，并列表报价，价格不计入合同总价。

表 7-16　指定备品备件清单

序号	名　称	数量	备　注
1	制动器液压推动器		
2	制动器摩擦片		
3	各种行程开关		
4	行程检测装置		
5	荷重检测装置		
6	其他电气元器件		由卖方根据需要列出
7	其余易损件		由卖方根据需要列出

3.4.15　电气专用工具和仪器

专用工具和仪器的名称、型号、规格及数量由产品设计单位确定，并随机供货，其费用计入合同价格中。

表 7-17　专用工具和仪器

序号	名　称	型号规格	数量	备　注
1	用于单元控制器的完整编程设备及相关软件		1 台	
2	数字存储示波器		1 台	
3	用于设备组装、调试、维护的各种专用试验工具		1 套	在卖方的投标书中列出详细清单

3.4.16　关于国际知名品牌件

卖方应至少按下表所列的指定项目采购原产地国际知名品牌元器件，应是世界知名品牌的优质产品。在投标时，卖方还应根据设备的功能和使用要求，提出所需采购的其它国际知名品牌元器件。所有国际知名品牌件应在卖方的投标书中明确和单独报价。

表 7－18　指定国际知名品牌件清单（单台设备）

序号	名　称	规　格		使用部位	备　注
1	起升电子称量系统	二次仪表	数码显示	起升机构	
		压式荷重传感器	灵敏度≥2mv/v（F.S）非线性≤0.05（F.S）允许过载能力150%（R.L）		
2	轴角编码器	绝对型、金属光栅DC24V，IP65		开度传感器	
3	行程开关	坚固型			
4	PLC				
5	其他				卖方所需国际知名品牌件自列

3.4.17　供货界定及接口关系

1）启闭机基础载荷、二期埋件及布置图由卖方提供；一期埋设的埋件（一期插筋）由卖方负责提供设计及技术要求，买方根据卖方提供的设计及技术要求负责制造和工地安装，接口关系在设计联络会上确认；

2）买方供电至卖方启闭机附近的动力分电箱；动力分电箱开关柜由卖方提供；动力分电箱开关柜之前的供电电源电缆由卖方负责及提供（见表 7－14 供货范围），卖方负责提供供电电源电缆接线端子；接口关系在设计联络会上确认；

3）卖方提供的材料是指启闭机在安装调试中需要的消耗性材料，如润滑油、脂、纸垫等等，提供的数量应能使用至设备完成安装验收；

4）动滑轮吊板与闸门吊耳接口关系在设计联络会上确认。

4　液压启闭机设备专用技术条件

4.1　一般规定

本章适用于×××水电站启闭机设备招标项目中液压启闭机及电气设备的设计、制造、安装、调试和验收。

4.1.1　自然条件

表 7－19　＿＿＿＿＿＿水电站工程自然条件

1	气温	
	极端最高气温	
	极端最低气温	
	多年平均气温	
2	多年平均相对湿度	
3	基本地震烈度	
4	设防地震烈度	
5	地震加速度	

4.1.2 出厂试验和工地调试试验

所有液压启闭机必须经过油缸出厂试验、液压泵站出厂试验、电气出厂试验，各类型第一台套液压启闭机须经过机、电、液联调试验。出厂试验未完成项目应在工地调试试验中完成。

1）液压泵出厂应提供产品合格证书等资料

2）油缸出厂试验

卖方应根据有关的国家、行业标准制定油缸出厂试验大纲，并报监造监理单位审查，买方认可。

油缸出厂前，至少应进行如下试验：

（1）空载试运行试验；

（2）最低启动压力试验；

（3）内泄漏试验；

（4）外泄漏试验；

（5）耐压试验；

（6）试验后油液清洁度检测。

液压启闭机设备出厂验收前，卖方应向监造监理单位提交上述各项试验报告。

3）液压泵站出厂试验

卖方应根据有关的国家、行业标准制定液压泵站出厂试验大纲，并报监造监理单位审查，买方认可。液压泵站出厂前至少应经如下试验：

（1）泵站试验前，关键阀件应单独通过出厂试验；

（2）空载试运行；

（3）模拟启闭动作试验；

（4）耐压试验；

（5）泄漏试验；

（6）试验后油液清洁度检测。

液压启闭机设备出厂验收前，卖方应向监造监理单位提交上述各项试验报告。

4）电气试验

卖方应根据有关的国家、行业标准制定电气系统出厂试验大纲，并报监造监理单位审查，买方认可。电气系统出厂前至少应经如下试验

（1）电气设备外观、盘柜内器件、配线检查；

（2）电气参数与绝缘性能检测；

（3）设备配置和接口检测；

（4）PLC 性能检测；

（5）操作功能试验；

（6）保护功能试验；

（7）信息采集功能试验；

（8）检测装置性能试验；

（9）其它试验。

液压启闭机设备出厂验收前，卖方应向监造监理单位提交上述各项试验报告。

5）机、电、液联调试验。

（1）每种型号的液压启闭机首台套在进行完出厂验收后必须做一次机、电、液联调试验，以验证电、液及其执行元件接口关系正常。机、电、液联调试验必须在液压启闭机油缸出厂试验、液压泵站出厂试验、电气试验验收合格的基础上进行。

（2）试验大纲应以工程项目实际要求和招标文件有关规定由卖方制定，并报监造监理单位审查，买方认可。

6）工地调试试验

工地试验在启闭机安装完毕后由卖方指导安装单位完成。卖方应根据有关的国家、行业标准制定工地调试试验大纲，报监理单位和买方共同审查批准。工地试验至少应包括如下内容：

（1）各种检测和传感装置的调试和整定；

（2）各级溢流阀的压力整定；

（3）空载试运行；

（4）启闭动作试验（含局部开启）；

（5）耐压试验；

（6）泄漏试验；

（7）电力拖动和控制系统调试和整定；

（8）联门试验；

（9）有水调试试验（在条件具备时）。

工地调试试验报告应报安装监理和买方。

4.1.3 运输和吊装控制条件

液压启闭机运输尺寸以铁路限界（或公路运输）尺寸控制，运输和吊装重量不大于____t。

4.1.4 供货状态

1）油缸经厂内试验后，封堵油口，整体装箱供货。

2）油管在厂内清洗后，封堵油口，分类装箱供货。

3）机架在厂内涂装后，装箱供货。

4）油泵－电动机组在厂内试验完毕后，整体装箱供货。

5）液压阀组在厂内试验完毕后，整体装箱供货。

6）油箱及附件在厂内清洗完毕后，整体装箱供货。

7）各种检测、传感元器件或装置（含极限位置开关、开度检测装置等）厂内试验完毕后，整体装箱供货。

8）电力拖动和控制系统设备厂内试验完毕后，整体装箱供货。

9）其余零部件进行相应的厂内测试后，分类妥善装箱供货。

4.1.5 随机文件

随机文件应用塑料袋封装后，放置在第一号箱中，随机文件包括：

1）产品合格证；

2）产品安装、使用和维护说明书；

3）随机图纸；

4）装箱清单。

4.1.6 产品标志

1）启闭机应在显著的位置设置产品标志牌，标志牌应符合 GB/T 13306 的规定。

2）标志牌内容包括

（1）产品名称、型号；

（2）主要的技术参数；

（3）出厂日期；

（4）制造厂名称。

4.1.7 验收

卖方的质量检验部门应按照招标文件有关技术条款、产品的施工设计图纸和国家有关技术规范、标准的规定，对启闭机逐台进行出厂检验，并按本招标文件的要求通过工地试验。只有当启闭机的各项试验均达到有关指标要求后方准予验收。具体验收程序和要求按通用技术条件中的第 2.13.2 节及第 2.13.4 节执行。

4.1.8 涂装技术条件

启闭机设备涂装技术要求

1）油缸和机架经喷射除锈处理后，采用涂料防腐。

底漆为无机富锌防锈漆 2 道，干膜厚 $100\mu m$。

中间漆为环氧云铁漆 2 道，干膜厚 $100\mu m$。

面漆为脂肪族可复涂聚氨酯漆 2 道，干膜厚 $100\mu m$。

漆膜总厚度 $300\mu m$。

2）油箱和油管等不锈钢件涂装。

底漆为无机富锌漆一道，干膜厚 $40\mu m$。

面漆为脂肪族可复涂聚氨酯漆二道，干膜厚 $100\mu m$。

油管两端及中段色环，标志漆二道，干膜厚 $80\mu m$，宽 $3\times30\times10mm$（色环数×色环宽度×色环间隔）。

3）启闭机面漆颜色要求（暂定，具体项目可作调整）：

露出坝面的油缸、机架等部分面漆为橘红色（R05）；

系统及油箱面漆为艳绿色（G03）；

高压油管：大红色（R03）等间距色环；

低压油管：深黄色（Y08）等间距色环。

4）涂装一般要求按第 2.14 节款执行。

4.1.9 液压管道加工和清洗

1）液压管道的加工、配管、酸洗、清洗和焊接主要由卖方在厂内完成。工地配管留凑合段，凑合段的加工切割、法兰的焊接和清洗由安装单位在工地完成。

2）管路的加工

（1）所有管路的切割与弯制均应采用机械方法进行并按总布置图中序号编管号；

（2）管端的切割表面必须平整，不得有重皮、裂纹。管端的切屑、毛刺等必须清理干净；

（3）管端切口平面与管轴线垂直度误差不大于管子外径的 1‰；

（4）管子弯制后的外径椭圆度相对误差不大于 8%，管端中心的偏差量与弯曲长度之比不大于 1.5mm/m；

（5）管道与法兰间的焊接采用氩弧焊，焊后管端与法兰间不得形成易纳污物的沟槽。

4.1.10 焊缝检测要求

1）焊缝分类按 NB/T35051 执行。

2）一类焊缝 100% 超声波探伤，达到 GB/T11345BⅠ级要求。必要时还要进行射线探伤，达到 GB/T3323BⅡ级要求，探伤长度不小于全长的 20%，且不小于 300mm。

3）二类焊缝 50% 超声波探伤，达到 GB/T11345BⅡ级要求；必要时还要进行射线探伤，达到 GB/T 3323BⅢ级要求。

4）对设计未要求焊透的 T 形接头组合焊缝，应进行 20% 磁粉探伤，达到 GB/T 11345BⅡ级要求，未焊透深度应小于设计图样的规定值，并按三峡工程标准 TGPS. J69《T 形接头对接与角接组合焊缝未焊透深度超声波探伤导则（试行）》进行 10% 验证性抽探。

5）其他焊缝的探伤要求按 NB/T35051 执行。

4.2 液压启闭机专用技术条件

4.2.1 启闭机名称

1）装设地点（根据项目具体情况填写，以下为示例）

坝后厂房进水口快速事故门 3200kN/6000kN 液压启闭机油缸安装在进水口快速事故门槽井顶部 384.00m 高程，液压泵站安装在 384.00m 高程的机房内。启闭机总体布置形式为单吊点，缸体中部球面和锥面法兰支承，垂直单作用油缸，现地控制和远方集中控制。

启闭机布置要求应与招标附图"坝后厂房进水口闸门及启闭机总体布置相符。

2）数量

坝后厂房进水口快速事故门液压启闭机每孔布置一台，共 4 台，液压泵站按"一机一泵"方式驱动和控制。

3）用途

用于启闭坝后厂房进水口快速事故闸门。

4.2.2 主要技术参数（本表按快速门示例）

表 7-20

序号	名　　　称	参　　　数	备　　　注
1	额定启门力		
2	额定持住力		
3	工作行程		
4	最大行程		
5	启门速度		
6	检修闭门速度		
7	快速闭门时间		
8	操作条件		
9	启闭机形式		

4.2.3 组成和结构要求（根据项目具体情况填写，以下为示例）

1）启闭机组成

每台启闭机的组成包括：油缸总成（包括油缸、球面支承、联门轴及相应附件、重力补油箱等）、机架（含锥面支座）、相应埋件、行程检测和指示装置、行程限位装置、液压泵站、液压管路系统、电气控制系统以及专用检修工具。

2）启闭机主要结构要求

（1）启闭机油缸竖式安装，中部球面和锥面支承，以消除启闭机和闸门的制造和安装误差对油缸运行的不利影响。

（2）启闭机安装高程<u>XX</u>m。

（3）当电站机组运行时，进水口快速事故闸门全开过水，启闭机油缸处于全开工作位。电站机组或引水钢管事故状态下，闸门利用水柱快速关闭，启闭机油缸有杆腔作用有持住压力，持住闸门快速关闭截断水流，保护电站机组或引水钢管。

（4）机架上安装有支承油缸的锥面支座。

（5）活塞杆吊头采用自润滑球面滑动轴承与闸门吊耳连接，轴承设置可靠的密封装置。

（6）与油缸连接的液压管路应满足油缸微小摆动的要求。

（7）液压启闭机所有受力结构件按 1.1 倍的额定荷载进行强度和稳定性校核。

4.2.4 运行和操作要求（本段根据具体工程项目编写）

1）每一套液压泵站设二台手动变量油泵－电动机组，同时工作，互为热备用，分别启动。

2）启闭机除采用一套内置式闸门开度仪外，还应设置一套外置式行程限位装置。开度仪综合检测精度≤2mm（油缸行程），检测数据应在现地和远方控制室以数码方式显示。

3）闸门动水关闭，静水开启，充水阀充水平压，充水阀行程为约 300mm。

4）液压启闭机工作方式：全程启闭。

5）在闸门的全开位上，因油缸泄漏而使闸门在 48 小时内下滑量不得大于 200mm。当闸门下滑量大于 200mm 时，电气控制系统自动启动液压启闭机将闸门重新开启至全开位。当闸门下滑量大于 300mm 时，电气控制系统应给出声、光讯号，并自动启动液压启闭机将闸门重新开启至全开位。当闸门下滑量达到 600mm 时，电气控制系统应给出紧急事故状态声、光讯号，通知电站集中控制系统采取紧急处理措施。

6）液压启闭机电气控制方式

（1）远方控制；

（2）现地单机控制；

（3）现地检修调试单步手动控制。

三种控制方式相互联锁。

7）启闭机液压传动控制方式

（1）电控快速关闭闸门；

（2）（现地）手动快速关闭闸门；

（3）（现地）手动闭门动作；

（4）（现地）手动启门动作；

（5）电控启门动作。

快闭操作一旦执行，液压系统和电控系统均有应防止操作终止要求。

8）每个泵站的电气控制系统应具有完善的启闭机运行状态实时监测、故障报警显示功能，并具有与电站计算机监控系统接口功能。

9）闸门快速关闭时采用节流孔板限速，油缸内行程末端设缓冲装置，缓冲行程约700mm（含充水阀行程）。

4.2.5　液压系统技术要求

1）液压系统公称压力按 GB/T2346 选取，管接头及其附件公称压力按 GB7937 选取，油箱公称容积按 JB/T7938 选取。

2）液压系统在满足运行要求的条件下，应尽量简单可靠，便于安装和维护。

3）液压系统应具有完善的监测和保护元器件。

4）液压系统采用插装集成。插装式主阀或先导方向阀应设置感应式阀芯位置监测装置并向电控系统反馈阀芯位置信号。

5）电控（手动）闭门回路仅供调试及维修时用，正常工作时应处于关闭状态。

6）在液压系统中适当位置和最高点，均应设置排气阀。

7）每一套液压泵站设二台手动变量油泵—电动机组，同时工作，互为热备用，分别启动。（本段要求应根据具体工程情况确定。）

8）液压系统应满足油泵空载起动和稳压的要求。

9）重力补油箱的布置高度应满足闸门快速闭门时油缸上腔快速补油的要求。（本段要求应根据具体工程情况确定。）

10）每套液压泵站均应配置与 P、Q、T 检测仪和油液污染度检测仪的测试连接接头。

11）每套液压泵站均应配置与油水分离装置、管道循环冲洗设备、精细滤油车的接口（接头）。

12）液压系统最高油温不大于 50℃。

13）液压泵站旁设置专用的接线端子箱（接线端子不包括油箱附件）。

14）液压油

（1）应根据油泵类型、工作温度、工作环境和系统的压力选用进口抗磨无灰液压油。

（2）液压油应具有适当的粘度、良好的粘温特性，良好的润滑性、抗氧化性，无腐蚀作用、不破坏密封材料，并有一定的消泡能力。

（3）油液清洁度要求：NAS1638 标准 8 级，或 ISO4406 标准 17/14 等级。

15）油泵—电动机组

（1）进口手动变量轴向柱塞泵。

（2）油泵与油箱之间应设避震接头连接。

（3）电动机 TH 处理，防护等级 IP55。

16）液压阀及附件

（1）插装式主阀的制造应符合 GB/T 7934（等效于 ISO/DP7368 和 DIN24342）的规定。

（2）先导阀、压力变送器、压力继电器、压力表、精滤器、高压软管等采用性能先进的进口元器件。

（3）所有的插装式主阀或方向阀件（二选一）应具有阀芯位置反馈功能。

17）油箱及管路

（1）油箱采用不锈钢板制造，油箱上的空气滤清器应具有除水干燥功能。

（2）油箱设置电加热器、温度计、液位检测仪。

（3）油箱上的滤油器必须具有堵塞发讯装置。

（4）油箱旁设置专用的电气端子箱。

（5）油管采用不锈钢无缝管。

（6）管接头（法兰）应采用不锈钢制造。

（7）油管外径、壁厚等按 DL/T5167 中附录 H 的有关规定选用，确定壁厚时，还应考虑螺纹对油管强度削弱的影响。

（8）外径大于 50mm 的金属管应采用法兰连接。

（9）油管应尽量短、少转弯、布管整齐，弯曲角度不小于 90 度，最小曲率半径大于管子外径的 3 倍。高、低压油管应有明显的色彩区别。油管弯曲后，应避免截面出现过大的变形（椭圆度不大于 10%），弯曲部分的内外侧不应有锯齿形、凹凸不平、压坏或扭坏现象。油管悬伸太长应设支架，设置活接头时，应使装拆方便。主要油管应能单独装拆而不影响其它元件。油管平行布置，少交叉，平行或交叉的油管之间至少应有 10mm 间隙，以防接触和振动

（10）除焊接法兰外，压力油管不应进行其它焊接。

（11）油箱容量应考虑油缸所有的液压油回油箱。

（12）油箱和管路的冲洗工艺必须严格按照本液压启闭机安装、使用说明书的规定和有关的技术标准执行。

（13）工地安装后，必须对管路系统进行循环冲洗。冲洗流速应使油液呈紊流状态，滤器过滤精度 $10\mu m$。

4.2.6 油缸技术要求

1）活塞杆强度、稳定性计算，油缸内径、活塞宽度、活塞杆导向套长度等应符合 NB/T35020《水电水利工程液压启闭机设计规范》的要求。

2）缸体

（1）缸体材料优先采用 45 钢无缝钢管或 45 钢锻件，机械性能不低于 JB/T6397 正火后的技术性能。缸体材料应按 JB/T4730B 进行 100% 超声波探伤，达到 II 级质量

要求。

（2）缸体需要环向焊接时，必须采用与母材相匹配的焊丝进行自动焊。焊缝应用超声波进行 100% 探伤，达到 JB/T4730B Ⅰ 级要求。有疑问时进行射线探伤，达到 JB/T4730B Ⅰ 级要求。

（3）内径尺寸公差不低于 GB/T1801 中的 H8。

（4）内径圆度公差不低于 GB/T1184 中的 8 级。内表面母线的直线度公差不大于 1000∶0.2，且在缸体全长上不大于 0.3mm。

（5）缸体端面对轴线全跳动公差不低于 GB/T1184 中的 8 级。

（6）内表面粗糙度不大于 GB/T1031 中的 Ra0.35μm。

3）活塞杆

（1）活塞杆材料的机械性能不低于 JB/T6397 中的 45 钢的性能，Ⅰ 类锻件，100% 超声波探伤，达到 GB/T6402 的 Ⅱ 级质量要求。

（2）活塞杆两端螺纹公差不低于 GB/T197 中 7 级精度。

（3）活塞杆外表面喷涂陶瓷，喷涂工艺、涂层厚度和表面粗糙度按 NB/T35017《陶瓷涂层活塞杆技术条件》。

（4）活塞杆外表面镀铬，镀铬工艺和镀层厚度按 DL/T5167《水电水利工程启闭机设计规范》。

（5）活塞杆导向段外径公差不低于 GB/T1801 中的 f7，圆度公差不低于 GB/T1184 中的 8 级。母线直线度公差不大于 1000∶0.1，且在全长上不大于 0.25mm。

（6）导向段表面粗糙度不大于 GB/T1031 中的 Ra0.35μm。

4）活塞杆导向套

（1）导向套配合面尺寸公差不低于 GB/T1801 中的 H8 与 h8。

（2）导向面的圆柱度公差不低于 GB/T1184 中的 8 级。

（3）导向配合面的同轴度公差不低于 GB/T1184 中的 8 级。

（4）导向面粗糙度不大于 GB/T1031 中的 Ra0.35μm。

（5）导向套材料应选用性能优良、并在同类工程中使用过的材料。

5）活塞

（1）活塞材料性能不低于 JB/T6397 中 45 钢，采用减摩环导向。

（2）减摩环外径公差应不低于 GB/T1801 中 f7。

（3）外径对内径的同轴度公差不低于 GB/T1184 中的 8 级。

（4）减摩环外径圆柱度公差不低于 GB/T1184 中的 8 级。

（5）减摩环外圆粗糙度应不大于 GB/T1031 中 Ra0.35μm。

6）活塞杆吊头

油缸活塞杆连接吊头材料采用整体锻件，其机械性能不低于 JB/T6397 中 45 钢正火后的技术性能。吊头材料应按 GB/T6402Ⅱ级进行 100％超声波探伤。

7）上、下端盖

油缸的上、下端盖材料优先选用 45 钢整体锻件，其机械性能不低于 JB/T6397 中 45 钢正火后的技术性能。或选用合金铸钢 ZG35CrMo，其机械性能不低于 JB/ZQ4297 中 ZG35CrMo 调质后的技术性能。其材料均须按 GB/T6402Ⅱ级进行 100％超声波探伤。

8）密封件

（1）油缸中各种静密封件应选用耐油、耐水、抗老化密封圈。

（2）油缸的动密封在 0—1.5 倍工作压力时，应具有良好的密封性能和较低的起动压力。

（3）动密封件应具有足够的抗撕裂强度，耐油、耐水、抗老化、摩阻小、无粘着等良好特性，耐压 40MPa。

（4）动密封件应便于安装和调整。

（5）油缸中所有动、静密封件应采用性能优良的进口件。

（6）油缸活塞杆出口端部设防尘圈和青铜刮污圈。

4.2.7 机架技术要求

1）机架采用钢板焊接结构，主要板件材料性能不低于 GB/T3274 中 Q345B 的技术性能要求。

2）锥面支座材料不低于 GB/T11352 中 ZG310－570 的技术性能要求，100％超声波探伤达到 GB/T7233Ⅱ级要求。

3）机架在卖方的制造厂内整体加工。

4）机架主要受力焊缝为Ⅱ类焊缝，进行 100％超声波探伤达到 GB/T11345BⅡ级要求。焊后机架整体进行消应处理，机架的整体加工在消应处理后进行。

4.2.8 电力拖动和控制设备技术条件（需根据具体工程和运行操作技术要求及液压系统配置编写）

1）控制设备结构和技术要求

快速事故闸门液压启闭机每孔布置 X 台，共 X 台，由 X 套液压泵站按"一泵一机"方式驱动和控制。每套液压泵站系统设 2 台油泵电动机组，同时工作、互为热备用、分别启动。油泵的启停、闸门的开启和关闭均由 PLC 控制。

每台 XXXXX 启闭机设置 1 套控制设备，控制设备共 X 套。每套控制设备由动力柜、操作控制柜以及闸门开度位置检测装置和液压泵站压力、油位等传感元件组成。

（1）动力柜

动力柜内装设供电回路、双电源自动切换装置、动力主回路控制器件、驱动油泵电机启动装置和运行保护装置。

动力柜内驱动油泵电机的动力电源采用三相 380V 交流电源（AC380V，50Hz）。每台驱动油泵电机均设独立的供电回路。

买方提供 2 回独立的 380/220V 三相四线制电源至动力柜，

电缆采用上下进线。动力柜内除设有满足本本泵站用电设备的供电回路外，还应提供不小于 5kW 交流 380V 备用回路一回。动力柜内电源开关接线端子的设计应满足上述连接多根电缆的要求，油泵电机功率大于或等于 75kW 时，应采用软启动设备。

（2）操作控制柜

该柜中设有可编程控制器（PLC）及控制继电器和双电源供电装置、24V 直流开关电源（供电磁阀及其它自动化元件用）、测量仪表、控制开关、控制按钮、信号指示灯等设备和元器件。

控制柜内控制电源采用双电源供电，一回单相 220V 交流电源（AC220V，50Hz），一回 220V 直流电源（DC220V）。

控制柜内除设有满足本泵站用电设备的控制电源回路外，还应提供 1.5kW 交流 220V 备用回路一回。

（3）传感元件

①本启闭机设置行程检测装置，每扇闸门均配置一套，技术要求如下：

传感器类型：内置式绝对型编码器（根据项目具体情况填写）

测量范围：＞X__m

综合误差：±5mm

信号制式：数字量

分辨率：1mm

开度显示：5 位数显，字高 25mm

行程差显示：3 位数显＋符号位，字高 25mm

防护等级：IP65

②每扇闸门设置由开终位、关终置、检修位和极限位位置开关组成的闸门位置检测装置 1 套。位置开关防护等级为 IP67。位置检测装置安装在启闭机或闸门上，由主机承制厂设计配套。

③启闭机极限位置开关信号、行程开度信号应参与控制并应在现地控制柜显示，还应通过现地控制设备提供给电站计算机监控系统。

④极限位置开关和行程开度检测装置中关键元器件采用进口产品。

⑤压力变送器、差压变送器、液位变送器、温度变送器等传感元件由液压系统配套。

（4）端子箱

现地控制站还需配置若干个端子箱。在液压泵站油箱、阀组和油缸旁均设端子箱，油箱、阀组和油缸上所有电气设备的接线均采用多股软铜芯线穿钢管敷设接至端子箱。油箱、阀组旁端子箱及软芯线随液压站配套，油缸旁端子箱及软芯线随启闭机配套。

（5）设备配套电缆

动力柜、操作控制柜至所有电气设备和元器件之间的连接电缆以及 PLC 系统设备所使用的控制信号电缆由卖方配套提供。配套电缆应满足第 2.13.10 条要求。投标文件上应标明电缆型号、线芯截面及芯数、外径及电气性能等参数。

2）控制系统功能

（1）操作控制方式

可实现闸门的远方控制、现地控制、现地检修调试单步手动控制。三种操作控制方式相互联锁。

（2）油泵电动机控制

油泵电动机的启动应考虑限流措施。控制系统根据测量传感器传来的系统状态，对油泵电动机进行自动起停控制或人工手动控制。

（3）闸门关闭

当水轮发电机组发生飞逸事故和引水管破裂事故时，闸门应能快速关闭。闸门的关闭由一专用电磁阀控制，电磁阀可以由机组现地控制单元的输出接点直接控制，也可由本系统控制柜中 PLC 自动控制或控制柜上的手动按钮控制。当电磁阀通电打开时，闸门迅速关闭。闸门关闭时，油泵电机不启动，而是闸门靠自重和水柱下落关闭。

正常检修时（包括水轮发电机组检修和闸门检修），闸门能通过手动阀，慢慢关闭。

（4）闸门开启

闸门提升的命令可以由现地的控制柜发出，也可以由机组现地控制单元远方发出。闸门提升的命令发出后，油泵电动机启动泵油，开始提升闸门，闸门上的充水阀向引水管充水。当液压启闭机提升闸门到充水阀全开时，油泵电动机自动停机。

当充水至闸门前后水位平压时，液压启闭机自动投入运行，油泵电动机再次启动，继续提升闸门。

当闸门提升至全开位置时，油泵电动机自动停止，闸门保持在全开位置。

（5）下滑回升

当液压系统漏油，导致闸门下滑量达到200mm 时，油泵自动启动，将闸门提升至全开位置，启闭机停机。如果在启泵后 2min 内闸门未能及时复位，应停泵、报警，并向电站机组现地控制单元发出提升失败的报警信号。

如果闸门继续下滑到300mm时，发出音响报警和指示报警，同时也向机组现地控制单元发出报警信号，油泵自动启动，将闸门提升至全开位置，启闭机停机。如果闸门继续下滑，当下滑到600mm紧急事故位置时，立即发出事故紧急信号，并送至电站机组现地控制单元以防止事故扩大。

（6）检修状态下门停功能

闸门在开启或关闭过程中，如果发出停机命令，闸门能停在任何位置。

（7）远方连接与控制

各闸门控制系统应与电站计算机监控系统机组现地控制单元通过I/O方式硬线连接和通信方式进行连接，传送泵站和闸门设备运行信息，并接受机组现地控制单元送来的控制命令。所有输入/输出开关量应采用无源接点，模拟量输入/输出采用4－20mA，并连接至端子排。远方事故关门命令直接作用于关闭闸门的电磁阀。通信规约暂定为Modbus PLUS或Profibus DP，控制柜内还应提供与监控系统连接的光纤通信接口（含光电转换装置）具体通信接口方式及规约、上送和接受信号的具体内容、数量及方式由卖方与电站计算机监控系统卖方协调确定。上送信号和接受信号如下所示。

①上送信号

——控制状态信号；

——泵站运行信号；

——泵站电源监视信号；

——泵站保护动作信号；

——报警信号；

——事故信号（闸门下滑到事故位）；

——闸门位置信号；

——闸门开度信号；

——闸门前后差压模拟信号；

——上游水库水位模拟信号。

②接受信号

——闸门开启、快速关闭、慢速关闭和门停命令

——远方事故关门命令

（8）平压信号的采集与处理

通过采集每扇进水口快速事故闸门处水位计井的水位信号（4－20mA）和3个上游水库水位的信号（4－20mA），通过计算，形成6组进水口快速事故闸门前后的压差信号和平压信号。平压信号用于闸门静水启门条件，闸门前后的压差信号以模拟量（4－20mA）方式上送至电站计算机监控系统。

（9）保护

①油系统设置油温、油压和油位高、低、滤油器堵塞、超压、失压等油系统保护信号。

②油泵电机供电主回路设置缺相、短路和过流保护，并设置电压表和电流表。另外还设置动力电源和控制电源监视信号。

③闸门开终、关终及上下极限保护。

④在控制柜上均应有每种保护信号显示和音响报警。

（10）自诊断

①PLC装置中应具有各模块的故障、通信故障以及出口误动等自诊断。

②当出现供电电源故障或其它一些故障时，在故障消除之后PLC能自启动。

③故障信息能实时记入单元故障记录表，并通过PLC报警。

（11）接受上位机时钟信号，并以上位机时钟记录、报送动作顺序及故障。

（12）系统应具备闸门启闭次数、时间等记录功能。

3）控制系统硬件配置要求

（1）PLC

控制系统的核心部件是可编程序控制器（PLC）。PLC应具有通讯功能，其结构形式为模块化结构。PLC主要配有CPU模块、电源模块、模拟量输入模块（AI）、数字量输入/输出模块（DI/DO）等。CPU处理器通过对各种接口模块采集到的现场数据，进行运算处理以便完成对液压启闭机控制和操作。具体配置要求如下：

CPU主频≥133MHz

CPU负载率≤50%

后备电池供电时间≥8h

失电保护功能：CPU应具有掉电保护功能和电源恢复后的自动重新启动功能。

各现地控制站的核心控制器件PLC的型号必须统一，为了使各现地控制站的PLC等主要设备型号统一，必要时，买方将指定PLC等主要设备型号，并由卖方重新做出配置和报价。

（2）生产过程接口

①数字信号输入：

数字信号输入接口应采用光电隔离器和浪涌抑制器，光电隔离器的隔离电压有效值应不小于1500V；

每一数字输入端口应有发光二极管（LED）显示其状态；

每一数字输入回路应有防止接点抖动的滤波电路；

数字输入信号电压为：24VDC

②模拟量输入

模拟信号采用差分连接方式：

每一模拟量输入接口应采用有效的抗干扰措施；

模拟输入接口应提供模数变化精度自动校验或校正功能；

电信号范围：电流 4－20mA；或电压 0－10V

模数转换分辩率：12 位（含符号位）

测量精度：±0.25％（包括端口）

冲击耐压水平可达：1～1.5MHz 振荡峰值电压 2.5kV，持续时间不低于 2 秒

输入阻抗：电流回路：250Ω

电压回路：5kΩ

③数字输出

数字信号输出接口采用继电器，并光电隔离，每一数字输出应有发光二极管（LED）显示状态；

数字信号输出回路应由独立电源供电；

继电器接点持续容量为 DC220V/5A，AC220V/5A，DC24V/3A；

接点开断容量（感性负载）为 DC220V/1.1A，AC220V/5A，DC24V/3A。

（3）开关电源

电磁阀、压力传感器及温度计等自动化元件采用 24V 直流电源。每套控制设备配置 2 台 24V 直流开关电源，互为备用。2 套开关电源应分别采用 AC220V 和 DC220V 供电。

直流开关电源的输出电压为：DC24V±0.5％

各电源装置的容量按实际负荷的 1.5 倍确定。

4）控制系统软件要求

控制单元的软件应采用通用化、标准化的系统软件以及在此系统软件支持下开发的应用软件。应用软件应满足液压系统和快速事故闸门的各种控制工况要求，并能保证系统运行的安全性和可靠性。此外还应满足与电站计算机监控系统接口要求。

卖方应提供随机的全套系统支持软件及启闭机运行工艺流程控制应用软件及其说明、注释。

以上系统软件和应用软件应满足 IEEE 标准或中华人民共和国的相关标准，并具有较好的实时性、开放性和通用性。

5）其它要求见本招标文件第八章通用技术条件。

4.2.9　涂装

（1）涂装一般要求见第 2.14 节。

（2）涂装具体要求按第 4.1.8 条有关规定执行。

4.2.10 其它技术要求

（本节根据具体工程要求添加）

4.2.11 出厂试验和工地调试试验

卖方除应按照第 4.1.2 条的规定进行各项试验外，还必须在现场进行模拟机组故障紧急快速关闭闸门试验。

4.2.12 易损件清单

卖方应按本招标文件的要求，提供启闭机易损件清单（包括规格、型号、数量、使用部位和生产厂家）。

4.2.13 安全操作与要求

（根据工程项目提出具体要求）

4.2.14 供货范围

卖方的供货必须具有成套性，_____液压启闭机供货范围如下：

表 7 - 21 _____ 液压启闭机供货范围

序号	名　　称	数量	备　　注
1	油缸总成		
2	液压泵站		
3	电力拖动控制设备和电缆		
4	检测及冲洗设备		
5	专用安装及检修工具		
6	其他		

卖方应在投标文件中列出表 7 - 20 所需的电气设备和材料数量。

表 7 - 22　现地电力拖动和控制设备表

序号	设备名称	规格型号	单位	备　　注
1	动力柜		个	含双电源自动切换装置、断路器、接触器等
2	控制柜		个	含 PLC 和 DC24V 电源
3	闸门开度检测装置		套	
4	闸门位置检测装置		套	
5	动力电缆		m	
6	控制电缆		m	
7	信号电缆		m	
8	编程器		台	
9	专用工具		套	
10	其他			卖方认为有必要列明的电气元器件

4.2.14.1 油液提供

由卖方提供油液牌号及数量。

4.2.14.2 备品备件

备品备件是指责任期内设备运行所需备品备件，不是指调试备品备件。设备调试期间需要的备品备件由卖方自备，不能动用用户的运行备品备件。

卖方按表报价，并随机供货，所有的备品备件必须能够随时更换上机工作，并必须与设备相应的部件具有相同的材料和相同的工艺标准。

所有的备品备件应分类单独装箱保存。所有的包装箱应打上适当的记号以供识别。

卖方可根据自己的经验，在标书所提备品备件清单的基础上，另向买方推荐能满足启闭机质保期后正常运行备品备件清单，并列表报价，价格不计入合同总价。

表 7 - 23　指定备品备件清单（单个标段）

序号	名　　称	数　　量	备　　注
1	行程开关		
2	压力继电器		
3	O 形密封圈		
4	V 形组合密封圈		
5	防尘圈		
6	阀用电磁铁		
7	回油滤油器滤芯		
8	压力表		
9	继电器		
10	操作控制开关		
11	电源控制开关		
12	开关电源		
13	动力回路断路器		
14	动力回路接触器		
15	指示灯		
16	测量用电压电流表		
17	I/O 模块		
18	PLC 模拟量模块		
19	电源模块		
20	其他备品备件		

4.2.14.3 专用工具和仪器

表 7 - 24 专用工具和仪器（单个标段）

序号	名　　称	型号规格	数量	备　　注
1				
2				

4.2.14.4 油漆

工地安装焊缝油漆和表面油漆由卖方根据买方的进度要求提供，安装单位施工。

4.2.14.5 关于进口件

卖方应至少按下表所列的指定项目采购原产地进口元器件。在投标时，卖方还应根据设备的功能和使用要求，提出所需采购的其它进口元器件。所有进口件应在卖方的投标书中明确和单独报价。

表 7 - 25 指定进口件清单

序号	名　　称	数量		规　格	备　　注
		单台	数量		
1					
2					
3					
…	其他				卖方认为需要的进口元器件

4.2.15 供货界定及接口关系

1）所有在混凝土地面及结构上装设的设备埋件由卖方提供，卖方在混凝土中预留或布置的埋件、孔、槽、油管及电线、电缆走向应满足工程要求。对工程中原来已有的布置，卖方应进行确认，并对这些布置负责。

2）启闭机油缸的活塞杆吊头带有与闸门连接的轴及附件，应与闸门充水阀上吊耳孔相匹配。

3）启闭机布置用于启闭闸门时应不与闸门结构相干扰，所有设备与建筑物之间的关系应协调，便于安装、检修及使用。

4）机房内的照明、通风采暖、消防等所应具备的条件，由卖方提出。

5）卖方提供的材料是指启闭机在安装调试中需要的消耗性材料，如润滑油、脂、滤芯、纸垫等等，提供的数量应能使用至设备完成安装验收。

6）买方提供机房内照明、通风采暖用的动力电缆和电线，并提供机房启闭机动力电源至卖方指定的机房动力柜内，启闭设备要求的动力电缆、控制电缆、信号电缆（屏蔽电缆）及接线柱、接线端子、电控柜、动力柜等由卖方提供。

7）卖方提供的现地控制站与计算机监控系统机组 LCU 之间采用双重化的现场总线进行通信，通信介质为单模光纤，通信协议为 Modbus PLUS 或 Profibus DP，具体通信协议在设计联络会上确定。现地控制站至计算机监控系统机组 LCU 之间的通信光缆由买方提供，卖方应提供与通信光缆连接的所有连接件及通信附件。

8）液压泵站总成留有 P、Q、T 检测仪、油污染度检测仪及油箱用油水分离装置接头，并能随时方便地接上实现在线检测和进行油液净化。

第八章　投标文件格式

_____（项目名称及标段）_____招标

投　标　文　件

投标人：_____（盖单位章）

法定代表人或其委托代理人：_____（签字）

_____年_____月_____日

目录

一、投标函

致：＿＿＿＿＿＿＿（招标人名称）

1. 我方已仔细研究了＿＿＿＿＿（项目名称）＿＿＿＿标段招标文件的全部内容，愿意以人民币（大写）＿＿＿＿元（＿＿＿＿）的投标总报价，按照合同的约定交付货物及提供服务。

2. 我方承诺在招标文件规定的投标有效期＿＿＿天内不修改、撤销投标文件。

3. 随同本投标函提交投标保证金一份，金额为人民币（大写）＿＿＿＿元（＿＿＿ 元）。

4. 如我方中标：

（1）我方承诺在收到中标通知书后，在中标通知书规定的期限内与你方签订合同。

（2）我方承诺按照招标文件规定向你方递交履约保函。

（3）我方承诺在合同约定的期限内交付货物及提供服务。

5. 我方已经知晓中国长江三峡集团公司有关投标和合同履行的管理制度，并承诺将严格遵守。

6. 我方在此声明，所递交的投标文件及有关资料内容完整、真实和准确。

7. 我方同意按照你方要求提供与我方投标有关的一切数据或资料，完全理解你方不一定接受最低价的投标或收到的任何投标。

8. ＿＿＿＿＿＿＿＿＿＿＿＿＿＿＿＿＿＿＿＿＿＿＿（其他补充说明）。

投标人：＿＿＿＿＿＿＿＿＿＿＿＿（盖单位章）

法定代表人或其委托代理人：＿＿＿＿＿（签字）

地址＿＿＿＿＿＿＿＿＿邮编＿＿＿＿＿

电话＿＿＿＿＿＿＿＿＿传真＿＿＿＿＿

电子邮箱＿＿＿＿＿＿＿＿＿＿＿＿

网址：＿＿＿＿＿＿＿＿＿＿＿＿

＿＿＿＿年＿＿月＿＿日

二、授权委托书、法定代表人身份证明

授权委托书

本人＿＿（姓名）＿系＿（投标人名称）＿的法定代表人，现委托＿＿（姓名）＿为我方代理人。代理人根据授权，以我方名义签署、澄清、说明、补正、递交、撤回、修改＿＿（项目名称）＿标段投标文件、签订合同和处理有关事宜，其法律后果由我方承担。

代理人无转委托权。

附：法定代表人身份证明

投　标　人：＿＿＿＿（盖单位章）＿＿

法定代表人：＿＿＿＿（签字）

身份证号码：＿＿＿＿＿＿＿＿

委托代理人：＿＿＿＿（签字）

身份证号码：＿＿＿＿＿＿＿＿

＿＿＿＿年＿＿月＿＿日

注：若法定代表人不委托代理人，则只需出具法定代表人身份证明。

附：法定代表人身份证明

投标人名称：＿＿＿＿＿＿＿＿＿＿＿＿

单位性质：＿＿＿＿＿＿＿＿＿＿＿＿

地址：＿＿＿＿＿＿＿＿＿＿＿＿＿＿

成立时间：＿＿＿＿年＿＿＿月＿＿＿日

经营期限：＿＿＿＿＿＿＿＿＿＿＿＿

姓名：＿＿＿＿性别：＿＿＿＿年龄：＿＿＿＿职务：＿＿＿＿

系＿＿（投标人名称）＿＿的法定代表人。

特此证明。

附：法定代表人身份证件扫描件

＿＿＿＿＿＿＿＿＿＿＿＿＿＿＿＿＿＿＿
|　　　法定代表人身份证件复印件粘贴处　　　|
＿＿＿＿＿＿＿＿＿＿＿＿＿＿＿＿＿＿＿

投标人：＿＿＿＿＿（盖单位章）＿＿

＿＿＿＿年＿＿月＿＿日

三、联合体协议书

牵头人名称：＿＿＿＿＿＿＿＿＿＿＿＿

法定代表人：＿＿＿＿＿＿＿＿＿＿＿＿

法定住所：＿＿＿＿＿＿＿＿＿＿＿＿

成员二名称：＿＿＿＿＿＿＿＿＿＿＿＿

法定代表人：＿＿＿＿＿＿＿＿＿＿＿＿

法定住所：＿＿＿＿＿＿＿＿＿＿＿＿

······

鉴于上述各成员单位经过友好协商，自愿组成＿＿＿（联合体名称）＿＿＿联合体，共同参加＿＿＿（招标人名称）＿＿＿（以下简称招标人）＿＿＿（项目名称及标段）＿＿＿（以下简称本工程）的投标并争取赢得本项目承包合同（以下简称合同）。现就联合体投标事宜订立如下协议：

1. ＿＿＿（某成员单位名称）＿＿＿为＿＿＿（联合体名称）＿＿＿牵头人。

2. 在本工程投标阶段，联合体牵头人合法代表联合体各成员负责本工程投标文件编制活动，代表联合体提交和接收相关的资料、信息及指示，并处理与投标和中标有关的一切事务；联合体中标后，联合体牵头人负责合同订立和合同实施阶段的主办、组织和协调工作。

3. 联合体将严格按照招标文件的各项要求，递交投标文件，履行投标义务和中标后的合同，共同承担合同规定的一切义务和责任，联合体各成员单位按照内部职责的部分，承担各自所负的责任和风险，并向招标人承担连带责任。

4. 联合体各成员单位内部的职责分工如下：＿＿＿＿＿＿＿＿＿＿＿＿＿。按照本条上述分工，联合体成员单位各自所承担的合同工作量比例如下：＿＿＿＿＿＿＿＿＿＿＿。

5. 投标工作和联合体在中标后工程实施过程中的有关费用按各自承担的工作量分摊。

6. 联合体中标后，本联合体协议是合同的附件，对联合体各成员单位有合同约束力。

7. 本协议书自签署之日起生效，联合体未中标或者中标时合同履行完毕后自动失效。

8. 本协议书一式＿＿＿＿＿＿份，联合体成员和招标人各执一份。

牵头人名称：＿＿＿（盖单位章）

法定代表人或其委托代理人：＿＿＿（签字）

成员一名称：＿＿＿（盖单位章）

法定代表人或其委托代理人：＿＿＿（签字）

成员二名称：＿＿＿（盖单位章）

法定代表人或其委托代理人：＿＿＿（签字）

＿＿＿年＿＿月＿＿日

四、投标保证金

（一）采用在线支付（企业银行对公支付）或线下支付（银行汇款）方式

采用在线支付（企业银行对公支付）或线下支付（银行汇款）方式时，提供以下文件：

投标保证金承诺（格式）

致：三峡国际招标有限责任公司

鉴于＿＿＿（投标人名称）＿＿＿已递交＿＿＿（项目名称及标段）＿＿＿招标的投标文件，根据招标文件规定，本投标人向贵公司提交人民币＿＿＿＿万元整的投标保证金，作为参与该项目招标活动的担保，履行招标文件中规定义务的担保。

若本投标人有下列任何一种行为，同意贵公司不予退还投标保证金：

（1）在开标之日到投标有效期满前，撤销或修改其投标文件；

（2）在收到中标通知书 30 日内，无正当理由拒绝与招标人签订合同；

（3）在收到中标通知书 30 日内，未按招标文件规定提交履约担保；

（4）在投标文件中提供虚假的文件和材料，意图骗取中标。

附：投标保证金退还信息及中标服务费交纳承诺书（格式）

投标保证金递交凭证扫描件

投标人：＿＿＿（加盖投标人单位章）＿＿＿

法定代表人或其委托代理人：＿＿＿（签字）＿＿＿

日期：＿＿＿年＿＿月＿＿日

（二）采用银行保函方式

采用银行保函方式时，按以下格式提供投标保函及《投标保证金退还信息及中标服务费交纳承诺书》

投标保函（格式）

受益人：三峡国际招标有限责任公司

鉴于_____（投标人名称）_____（以下称"投标人"）于_____年___月___日参加_____（项目名称及标段）_____的投标，_____（银行名称）_____（以下称"本行"）无条件地、不可撤销地具结保证本行或其继承人和其受让人，一旦收到贵方提出的下述任何一种事实的书面通知，立即无追索地向贵方支付总金额为_____的保证金。

（1）在开标之日到投标有效期满前，投标人撤销或修改其投标文件；

（2）在收到中标通知书30日内，投标人无正当理由拒绝与招标人签订合同；

（3）在收到中标通知书30日内，投标人未按招标文件规定提交履约担保；

（4）投标人未按招标文件规定向贵方支付中标服务费；

（5）投标人在投标文件中提供虚假的文件和材料，意图骗取中标。

本行在接到受益人的第一次书面要求就支付上述数额之内的任何金额，并不需要受益人申述和证实他的要求。

本保函自开标之日起(投标文件有效期日数) 日历日内有效，并在贵方和投标人同意延长的有效期内（此延期仅需通知而无需本行确认）保持有效，但任何索款要求应在上述日期内送到本行。贵方有权提前终止或解除本保函。

银行名称：___（盖单位章）___

许可证号：_____

地址：_____

负责人：_____（签字）_____

日期：_____年___月___日

附件：投标保证金退还信息及中标服务费交纳承诺书

三峡国际招标有限责任公司：

我单位已按招标文件要求，向贵司递交了投标保证金。信息如下：

序号	名称	内容
1	招标项目名称及标段	
2	招标编号	
3	投标保证金金额	合计：¥_____元，大写_____
4	投标保证金缴纳方式（请在相应的"□"内划"√"）	□4.1　在线支付（企业银行对公支付） 汇款人：_____ 汇款银行：_____　银行账号：_____ 汇款行所在省市：_____ □4.2　线下支付（银行汇款） 汇款人：_____ 汇款银行：_____　银行账号：_____ 汇款行所在省市：_____ □4.3　银行投标保函 投标保函开具行：_____
5	中标服务费发票开具（请在相应的"□"内划"√"）	□5.1　增值税普通发票 □5.2　增值税专用发票（请提供以下完整开票信息）： ● 名称： ● 纳税人识别税号（或三证合一号码）： ● 地址、电话： ● 开户行及账号：

我单位确认并承诺：

1. 若中标，将按本招标文件投标须知的规定向贵司支付中标服务费用，拟支付贵司的中标服务费已包含在我单位报价中，未在投标报价表中单独出项。

2. 如通过方式4.1或4.2缴纳投标保证金，贵司可从我单位保证金中扣除中标服务费用后将余额退给我单位，如不足，接到贵司通知后5个工作日内补足差额；如通过方式4.3缴纳投标保证金，将在合同签订并提供履约担保（如招标文件有要求）后5日内支付中标服务费，否则贵司可以要求投标保函出具银行支付中标服务费。

3. 对于通过方式4.1或4.2提交的保证金，请按原汇款路径退回我单位，如我单位账户发生变化，将及时通知贵司并提供情况说明；对于通过方式4.3提交的银行投标保函，贵司收到我单位汇付的中标服务费后将银行保函原件按下列地址寄回：

投标人名称（盖单位章）：_____

地址：_____邮编：_____联系人：_____联系电话：_____

法定代表人或委托代理人：_____年____月____日

说明：1. 本信息由投标人填写，与投标保证金递交凭证或银行投标保函一起密封提交。

2. 本信息作为招标代理机构退还投标保证金和开具中标服务费发票的依据，投标人必须按要求完整填写并加盖单位章（其余用章无效），由于投标人的填写错误或遗漏导致的投标担保退还失误或中标服务费发票开具失误，责任由投标人自负。

五、投标报价表

说明：投标报价表按第五章"采购清单"中的相关内容及格式填写。构成合同文件的投标报价表包括第五章"采购清单"的所有内容。

六、技术方案

1. 技术方案总体说明：应说明厂家制造能力、设备原材料、产品设备性能；拟投入本项目的加工、试验和检测仪器设备情况、制造工艺等；质量保证措施等。

2. 除技术方案总体说明外，还应按照招标文件要求提交包括但不限于下列附件对技术方案做进一步说明。

附件一　货物特性及性能保证

附件二　设计、制造和安装标准

附件三　工厂检验项目及标准

附件四　工作进度计划

附件五　技术服务方案

附件六　投标设备汇总表

附件七　投标人提供的图纸和资料

附件八　其他资料

投标人：_____（盖单位章）_____

法定代表人或其委托代理人：_____（签字）_____

_____年___月___日

附件一　货物特性及性能保证

投标人必须用准确的数据和语言在下表中阐明其拟提供的设备的性能保证，投标人应保证所提供的合同设备特性及性能保证值不低于招标文件第六章技术参数要求。

投标人一旦被授予合同，所提供的性能保证值经买方认可后将作为合同中设备的性能保证值。

序号	招标文件要求值	投标响应值

投标人：_____（盖单位章）

法定代表人或其委托代理人：_____（签字）

_____年___月___日

附件二　设计、制造和安装标准

投标人应列明投标设备的设计、制造、试验、运输、保管、安装和运行维护的标准和规范目录。

投标人：_____（盖单位章）

法定代表人或其委托代理人：_____（签字）

_____年___月___日

附件三　工厂检验项目及标准

投标人应列明工厂制造检查和测试所遵循的最新版本标准。

投标人应指出拟提供设备的初步检查和测试项目。

投标人：＿＿＿＿（盖单位章）＿＿＿＿

法定代表人或其委托代理人：＿＿＿＿＿（签字）＿＿＿＿

＿＿＿＿年＿＿月＿＿日

附件四　工作进度计划

投标人应按技术条款的要求提出完成本项目的下述计划进度表。

1. 制造进度表

2. 交货批次及进度计划表

3. 其他

投标人：＿＿＿＿（盖单位章）＿＿＿＿

法定代表人或其委托代理人：＿＿＿＿＿（签字）＿＿＿＿

＿＿＿＿年＿＿月＿＿日

附件五　技术服务方案

投标人应按技术条款的要求提出本项目的技术服务方案，如安装方案（若有）、现场调试方案、技术指导、培训和售后服务计划等。

投标人：＿＿＿＿（盖单位章）＿＿＿＿

法定代表人或其委托代理人：＿＿＿＿＿（签字）＿＿＿＿

＿＿＿＿年＿＿月＿＿日

附件六 投标设备汇总表

序号	名称	主要技术规范	数量	包装	每件尺寸（cm³）（长×宽×高）	每件重量（吨）	总重量（吨）	发货时间	发运港/发运点	备注
1										
2										
3										

注：本表应包括报价表中所列的所有分项设备、备品备件、专用工具、维修试验设备和仪器仪表。

投标人：_____（盖单位章）_____

法定代表人或其委托代理人：_____（签字）_____

_____年___月___日

附件七 投标人提供的图纸和资料

1. 概述

投标人应与其投标文件一起提供与本招标文件技术条款相应的足够详细和清晰的图纸资料和数据，这些图纸资料和数据应详细地说明设备特点，同时对与技术条款有异或有偏差之处应清楚地说明。除非买方批准，设备的最终设计应按照这些图纸、资料和数据的详细说明进行。

2. 随投标文件提供的图纸资料

投标人应根据本招标文件所述的供图要求，提供工厂图纸的目录及供图时间表，图纸应包括招标文件所列的内容和招标人认为应增加的内容。

3. 随投标文件提供的技术文件

设备清单及描述（含设备名称、型号、规格、数量、产地、用途等）。

投标人认为必要的其他技术资料。

投标人：_____（盖单位章）_____

法定代表人或其委托代理人：_____（签字）_____

_____年___月___日

附件八　其他资料

（根据项目情况，加入与项目特点相关的其他需要投标人提供的技术方案，如：运输方案等。）

投标人：＿＿＿＿＿（盖单位章）＿＿＿＿＿

法定代表人或其委托代理人：＿＿＿＿＿＿（签字）＿＿＿＿＿＿

＿＿＿＿年＿＿＿月＿＿＿日

七、偏差表

表 7－1　商务偏差表

投标人可以不提交一份对本招标文件第四章"合同条款及格式"的逐条注释意见，但应根据下表的格式列出对上述条款的偏差（如果有）。未在商务偏差表中列明的商务偏差，将被视为满足招标文件要求。

项目	条款编号	偏差内容	备注

备注：对投标人须知前附表中规定的实质性偏差的内容提出负偏差，无论是否在本表中填写，将被认为是对招标文件的非实质性响应，其投标文件将被否决。

投标人：＿＿＿＿（盖单位章）＿＿＿＿

法定代表人或其委托代理人：＿＿＿＿（签字）＿＿＿＿

＿＿＿＿年＿＿月＿＿日

表 7－2　技术偏差表

投标人可以不提交一份对本招标文件第六章"技术标准和要求"的逐条注释意见，但应根据下表的格式列出对上述条款的偏差（如果有）。未在技术偏差表中列明的技术偏差，将被视为满足招标文件要求。

项目	条款编号	偏差内容	备注

备注：对投标人须知前附表中规定的实质性偏差的内容提出负偏差，无论是否在本表中填写，将被认为是对招标文件的非实质性响应，其投标文件将被否决。

投标人：＿＿＿＿（盖单位章）＿＿＿＿

法定代表人或其委托代理人：＿＿＿＿（签字）＿＿＿＿

＿＿＿＿年＿＿月＿＿日

八、拟分包（外购）项目情况表

表 8－1　分包（外购）人资格审查表

序号	拟分包项目名称、范围及理由	拟选分包人					备注
			拟选分包人名称	注册地点	企业资质	有关业绩	
		1					
		2					
		3					
		1					
		2					
		3					
		1					
		2					
		3					

表 8－2　分包（外购）计划表

序号	分包（外购）单位	分包（外购）部件	到货时间
1			
2			
3			
...			

备注：投标人需根据拟分包的项目情况提供分包意向书/分包协议、分包人资质证明文件。

投标人：_____（盖单位章）_____

法定代表人或其委托代理人：_____（签字）_____

_____年____月____日

九、资格审查资料

（一）投标人基本情况表

投标人名称						
投标人组织机构代码或统一社会信用代码						
注册地址				邮政编码		
联系方式	联系人			电话		
	传真			网址		
组织结构						
法定代表人	姓名		技术职称		电话	
技术负责人	姓名		技术职称		电话	
成立时间			员工总人数：			
许可证及级别		其中	高级职称人员			
营业执照号			中级职称人员			
注册资金			初级职称人员			
基本账户开户银行			技工			
基本账户账号			其他人员			
经营范围						
备注						

注：1. 本表后应附企业法人营业执照、生产许可证等材料的扫描件。

附件一　生产（制造）商资格声明

1. 名称及概况：

（1）生产（制造）商名称：_____

（2）总部地址：_____

　　　传真/电话号码：_____邮政编码：_____

（3）成立和/或注册日期：_____

（4）法定代表人姓名：_____

2.（1）关于生产（制造）投标货物的设施及有关情况：

　　　工厂名称地址　　　生产的项目　　　年生产能力　　　职工人数

　　　_____　　　_____　　　_____　　　_____

　　　_____　　　_____　　　_____　　　_____

（2）本生产（制造）商不生产，而需从其他生产（制造）商购买的主要零部件：

生产（制造）商名称和地址 　　　　　　　　主要零部件名称

_____　　　　　　_____

_____　　　　　　_____

3. 其他情况：<u>组织机构、技术力量等</u>。

兹证明上述声明是真实、正确的，并提供了全部能提供的资料和数据，我们同意遵照贵方要求出示有关证明文件。

生产（制造）商名称___（盖单位章）___

签字人姓名和职务_____

签字人签字_____

签字日期_____

传真_____

电话_____

电子邮箱_____

（二）近年财务状况表

投标人须提交近_____年（_____年～_____年）的财务报表，并填写下表。

序号	项目	_____年	_____年	_____年
1	固定资产（万元）			
2	流动资产（万元）			
	其中：存货（万元）			
3	总资产（万元）			
4	长期负债（万元）			
5	流动负债（万元）			
6	净资产（万元）			
7	利润总额（万元）			
8	资产负债率（%）			
9	流动比率（%）			
10	速动比率（%）			
11	销售利润率（%）			

（三）近＿＿＿年完成的类似项目情况表

项目名称	
项目所在地	
采购人名称	
采购人地址	
采购人电话	
合同价格	
供货时间	
货物描述	
备注	

注：应附中标通知书（如有）和合同协议书以及货物验收证表（货物验收证明文件）等的彩色扫描件（复印件），具体年份时间要求见投标人须知前附表。每张表格只填写一个项目，并标明序号。

（四）正在进行的和新承接的项目情况表

项目名称	
项目所在地	
采购人名称	
采购人地址	
采购人电话	
合同价格	
供货时间	
货物描述	
备注	

注：应附中标通知书（如有）和合同协议书等的彩色扫描件（复印件），具体年份时间要求见投标人须知前附表。每张表格只填写一个项目，并标明序号。

（五）近年发生的诉讼及仲裁情况

序号	案由	双方当事人名称	处理结果或进度情况
…	…	…	…

注：（1）本表为调查表。不得因投标人发生过诉讼及仲裁事项作为否决其投标、作为量化因素或评分因素，除非其中的内容涉及其他规定的评标标准，或导致中标后合同不能履行。

（2）诉讼及仲裁情况是指投标人在招投标和中标合同履行过程中发生的诉讼及仲裁事项，以及投标人认为对其生产经营活动产生重大影响的其他诉讼及仲裁事项。投标人仅需提供与本次招标项目类型相同的诉讼及仲裁情况。

（3）诉讼包括民事诉讼和行政诉讼；仲裁是指争议双方的当事人自愿将他们之间的纠纷提交仲裁机构，由仲裁机构以第三者的身份进行裁决。

（4）"案由"是事情的原由、名称、由来，当事人争议法律关系的类别，或诉讼仲裁情况的内容提要。如"工程款结算纠纷"。

（5）"双方当事人名称"是指投标人在诉讼、仲裁中原告（申请人）、被告（被申请人）或第三人的单位名称。

（6）诉讼、仲裁的起算时间为：提起诉讼、仲裁被受理的时间，或收到法院、仲裁机构诉讼、仲裁文书的时间。

（7）诉讼、仲裁已有处理结果的，应附材料见第二章"投标人须知"3.5.3；还没有处理结果，应说明进展情况，如某某人民法院于某年某月某日已经受理。

（8）如招标文件第二章"投标人须知"3.5.3条规定的期限内没有发生的诉讼及仲裁情况，投标人在编制投标文件时，需在上表"案由"空白处声明："经本投标人认真核查，在招标文件第二章"投标人须知"3.5.3条规定的期限内本投标人没有发生诉讼及仲裁纠纷，如不实，构成虚假，自愿承担由此引起的法律责任。特此声明。

（六）其他资格审查资料

投标人：_____（盖单位章）_____

法定代表人或其委托代理人：_____（签字）

_____年____月____日

十、构成投标文件的其他材料

1. 初步评审需要的材料

投标人应根据招标文件具体要求，提供初步评审需要的材料，包括但不限于下列内容，请将所需材料在投标文件中的对应页码填入表格中。

序号	名称	网上电子投标文件	纸质投标文件正本	备注
1	营业执照			
2	生产许可证（如果有）			根据项目实际情况填写
3	业绩证明文件			
4	⋯⋯			
5	经审计的财务报表			＿＿＿～＿＿＿年
6	投标函签字盖章			电子版为扫描件
7	授权委托书签字盖章			电子版为扫描件
8	投标保证金凭证或投保保函			电子版为扫描件
9	⋯			

注：（1）所提供的资质证书等应为有效期内的文件，其他材料应满足招标文件具体要求；

（2）投标保证金采用银行保函时应提供原件，单独密封提交。

2. 招标文件规定的其他材料；

3. 投标人认为需要提供的其他材料。